南海及邻域海洋地质系列丛书

Series on Marine Geology of the South China Sea and Its Adjacent Areas

南海及邻域地形地貌图集

Atlas of Topography and Geomorphology of the South China Sea and Its Adjacent Areas

罗伟东　胡小三　唐江浪　等　编制

科学出版社

审图号：琼S（2023）105号

图书在版编目(CIP)数据

南海及邻域地形地貌图集 / 罗伟东等编制. -- 北京：科学出版社，2024.3

（南海及邻域海洋地质系列丛书）

ISBN 978-7-03-077142-1

Ⅰ. ①南⋯ Ⅱ. ①罗⋯ Ⅲ. ①南海－海域－地形－地图集 Ⅳ. ①P758.2

中国版本图书馆CIP数据核字(2023)第217734号

责任编辑：韦　沁 / 责任校对：何艳萍
责任印制：肖　兴 / 封面设计：杨　柳

科学出版社 出版
北京东黄城根北街16号
邮政编码：100717
http://www.sciencep.com

中煤地西安地图制印有限公司印制
科学出版社发行　各地新华书店经销

*

2024年3月第 一 版　开本：889×1194　1/8
2024年3月第一次印刷　印张：13 3/4
字数：334 000
定价：890.00元

（本图集中国国界线系按照中国地图出版社1989年出版的1∶4 000 000《中华人民共和国地形图》绘制）

"南海及邻域海洋地质系列丛书"编委会

指导委员会

主　任：李金发
副主任：徐学义　叶建良　许振强
成　员：张海啟　肖桂义　秦绪文　伍光英　张光学　赵洪伟　石显耀　邱海峻
　　　　李建国　张汉泉　郭洪周　吕文超

咨询委员会

主　任：李廷栋
副主任：金庆焕　侯增谦　李家彪
成　员（按姓氏笔画排序）：
　　　　朱伟林　任纪舜　刘守全　孙　珍　孙卫东　李三忠　李春峰　杨经绥
　　　　杨胜雄　吴时国　张培震　林　间　徐义刚　高　锐　黄永样　谢树成
　　　　解习农　翦知湣　潘桂棠

编纂委员会

主　编：李学杰
副主编：杨楚鹏　姚永坚　高红芳　陈泓君　罗伟东　张江勇
成　员：钟和贤　彭学超　孙美静　徐子英　周　娇　胡小三　郭丽华　祝　嵩
　　　　赵　利　王　哲　聂　鑫　田成静　李　波　李　刚　韩艳飞　唐江浪
　　　　李　顺　李　涛　陈家乐　熊量莉　鞠　东　伊善堂　朱荣伟　黄永健
　　　　陈　芳　廖志良　刘胜旋　文鹏飞　关永贤　顾　昶　耿雪樵　张伙带
　　　　孙桂华　蔡观强　吴峤岐　崔　娟　李　越　刘松峰　杜文波　黄　磊
　　　　黄文凯

《南海及邻域地形地貌图集》

编者名单

罗伟东　胡小三　唐江浪　郭丽华　李学杰　周　娇　孙美静　韩艳飞
伊善堂　张伙带

丛书序

华夏文明历史上是由北向南发展的，海洋的开发也不例外。当秦始皇、曹操"东临碣石"的时候，遥远的南海不过是蛮荒之地。虽然秦汉年代在岭南一带就已经设有南海郡，我们真正进入南海水域还是近千年以来的事。阳江岸外的沉船"南海一号"，和近来在北部陆坡1500 m深处发现的明代沉船，都见证了南宋和明朝海上丝绸之路的盛况。那时候最强的海军也在中国，15世纪初郑和下西洋的船队雄冠全球。

然而16世纪的"大航海时期"扭转了历史的车轮，到19世纪中国的大陆文明在欧洲海洋文明前败下阵来，沦为半殖民地。20世纪，尽管我国在第二次世界大战之后已经收回了南海诸岛的主权，可最早来探索南海深水的还是西方的船只。20世纪70年代在联合国"国际海洋考察十年（International Decade of Ocean Exploration，IDOE）"的框架下，美国船在南海深水区进行了地球物理和沉积地貌的调查，接着又有多个发达国家的船只来南海考察。截至十年前，至少有过16个国际航次，在南海200多个站位钻取岩心或者沉积柱状样。我国自己在南海的地质调查，基本上是改革开放以来的事。

我国海洋地质的早期工作，是在建国后以石油勘探为重点发展起来的，同样也是由北向南先在渤海取得突破，到1970年才开始调查南海，然而南海很快就成为我国深海地质的主战场。1976年，在广州成立的南海地质调查指挥部，到1989年改名为广州海洋地质调查局（简称广海局），正式挑起了我国海洋地质，尤其是深海地质基础调查的重担，开启了南海地质的系统工作。

南海1∶100万比例尺的区域地质调查，是广海局完成的一件有深远意义的重大业绩。调查范围覆盖了南海全部深水区，在长达20年的时间里，近千名科技人员使用10余艘调查船舶和百余套调查设备，完成了惊人数量的海上工作，包括30多万千米的测深剖面，各长10多万千米的重、磁和地震测量，以及2000多站位的地质取样，史无前例地对一个深水盆地进行全面系统的地质调查。现在摆在你面前的"南海及邻域海洋地质系列丛书"，包括其整套的专著和图件，就是这桩伟大工程的盈枝硕果。

近二十年来，南海经历了学术上的黄金时期。我国"建设海洋强国"，无论深海技术或者深海科学，都以南海作为重点。从载人深潜到深海潜标，从海底地震长期观测到大洋钻探，种种新手段都应用在南海深水。在资源勘探方面，深海油气和天然气水合物都取得了突破；在科学研究方面，"南海深部计划"胜利完成，作为我国最大规模的海洋基础研究，赢得了南海深海科学的主导权。今天的南海，已经在世界边缘海的深海研究中脱颖而出，面临的题目是如何在已有进展的基础上再创辉煌，更上层楼。

多年前我们说过，背靠亚洲面向太平洋的南海，是世界最大的大陆和最大的大洋之间，一个最大的边缘海。经过这些年的研究之后，现在可以说得更加明确：欧亚非大陆是板块运动新一代超级大陆的雏形，西太平洋是古老超级大洋板块运动的终端。介于这两者之间的南海，无论海底下的地质构造，还是海底上的沉积记录，都有可能成为海洋地质新观点的突破口。

就板块学说而言，当年大西洋海底扩张的研究，揭示了超级大陆聚合崩解的旋回，从而撰写了威尔逊旋回的上集；现在西太平洋俯冲带，是两亿年来大洋板片埋葬的坟场，因而也是超级大洋演变历史的档案库。如果以南海为抓手，揭示大洋板块的俯冲历史，那就有可能续写威尔逊旋回的下集。至于深海沉积，那是记录千万年气候变化的史书，而南海深海沉积的质量在西太平洋名列前茅。当今流行的古气候学从第四纪冰期旋回入手，建立了以冰盖演变为基础的米兰科维奇学说，然而二十多年来南海的研究已经发现，地质历史上气候演变的驱动力主要来自低纬而不是高纬过程，从而对传统的学说提出了挑战，亟待作进一步的深入研究实现学术上的突破。

科学突破的基础是材料的积累，"南海及邻域海洋地质系列丛书"所汇总的海量材料，正是为实现这些学术突破准备了基础。当前世界上深海研究程度最高的边缘海有三个：墨西哥湾、日本海和南海。三者相比，南海不仅面积最大、海水最深，而且深部过程的研究后来居上，只有南海的基底经过了大洋钻探，是唯一从裂谷到扩张，都已经取得深海地质证据的边缘海盆。相比之下，墨西哥湾厚逾万米的沉积层，阻挠了基底的钻探；而日本海封闭性太强、底层水温太低，限制了深海沉积的信息量。

总之，科学突破的桅杆已经在南海升出水面，只要我们继续攀登、再上层楼，南海势必将成为边缘海研究的国际典范，成为世界海洋科学的天然实验室，为海洋科学做出全球性的贡献。追今抚昔，回顾我国海洋地质几十年来的历程；鉴往知来，展望南海今后在世界学坛上的前景，笔者行文至此感慨万分。让我们在这里衷心祝贺"南海及邻域海洋地质系列丛书"的出版，祝愿多年来为南海调查做出贡献的同行们更上层楼，再铸辉煌！

中国科学院院士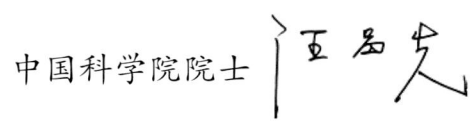

2023 年 6 月 8 日

前 言

海洋总面积约占地球表面积的 71%，人类对海底世界的认知始于海底地形的探测，海底地形是人类认识海洋最简单、最直接的视觉景物。随着全球经济的持续发展，海底地形探测和人类活动的关系越来越紧密，不仅是海洋地质学研究的重要手段，而且对海洋渔业、海洋工程建设、海洋资源开发等具有重要意义。由于南海所处的构造位置独特，导致这里的构造运动、沉积作用、岩浆活动、变质作用和成矿作用等纷繁复杂，海底地形起伏大，地貌单元类型丰富齐全，跨越了海岸带、陆（岛）架、陆（岛）坡和深海盆地等地貌单元，是我国乃至世界海洋学家观测海底世界的一个绝佳场所。

《南海及邻域海底地形地貌图集》是《南海及邻域海底地形地貌》专著配套出版的图集，本图集使用的数据是以 1999 年以来中国地质调查局开展的"1:100 万海洋区域地质调查"工作所获得的实测地形数据（单波束数据和多波束数据）、地质与地球物理资料为基础的，该数据是目前国内最系统、最高精度、覆盖面积最大的地形数据，充分展示了南海及台湾岛东部海域陆坡区、海盆区的地形地貌特征。

根据图集的设计思路，本图集主要分海底地形地貌图、典型地貌单元和典型地形地貌剖面三大部分。

第一部分为海底地形地貌图，首先展示的是南海及邻域海底地形图和地貌图，以及台湾岛东部海域地形图、晕渲地形图和地貌图，接下来从北到南、自东向西依次展示的是东沙海域、神狐海域、西沙海槽海域、西沙群岛海域、中沙群岛海域、中建岛海域、中建南盆地海域、万安滩海域、南沙海槽海域、礼乐滩海域、南海海盆等地形图、晕渲地形图和地貌图。

第二部分为典型地貌单元，主要是以三维地形图和剖面图相结合的形式展示南海及邻域典型地貌，如峡谷、峡谷群、海沟、海槽、麻坑群、海盆、沙波、海台、海脊、海岭、海隆、海山（群）、海丘（群）、火山口、阶地、深海扇、深海平原等地貌单元，每种地貌单元均有简单介绍。

第三部分为典型地形地貌剖面，本图集首次采用地形剖面和表层沉积物类型相结合的形式展示，增强了可读性。

本图集是"南海及邻域海洋地质系列丛书"的组成部分，系广州海洋地质调查局海洋区域地质调查多年成果的总结，由罗伟东教授级高工牵头完成；海底地形地貌图部分由罗伟东、胡小三、唐江浪、郭丽华、李学杰、周娇、韩艳飞、伊善堂、张伙带等编制；典型地貌单元部分由罗伟东、胡小三、唐江浪、李学杰、孙美静、周娇、伊善堂、郭丽华等编制；典型地形地貌剖面部分由胡小三、罗伟东、郭丽华、孙美静、张伙带等编制。最后由罗伟东、李学杰审核统稿。

本图集在制作上，力求从整体到局部精细刻画南海及邻域地形地貌，相信本图集的出版必将使读者对南海及邻域地形地貌系统、直观认识提升到一个前所未有的高度，可为同行研究提供大量新的资料和新的研究视角，同时为高校从事海洋科学学习研究的师生提供参考，为我国南海及邻域资源勘探开发、海洋工程建设以及国防安全等提供科学依据。

  本图集的出版得到了中国地质调查局相关部门领导和专家的大力支持和帮助，在此一并表示衷心的感谢！由于编者水平有限，难免有疏忽错漏，不足之处恳请读者不吝赐教，我们将不断地修改完善！

编者

2023 年 12 月于广州

目 录
Contents

丛书序
Foreword

前言
Preface

南海及邻域地形概略图
Overview of topographic map of the South China Sea and its adjacent areas

南海及邻域海底地势图
Hypsometric map of the South China Sea and its adjacent areas

海底地形地貌图
Topographic and Geomorphologic Map of Seabed

区域地形地貌
General View of Topography and Geomorphology

南海及邻域海底地形图 Topographic map of the South China Sea and adjacent sea areas	2
南海及邻域海底地貌图 Geomorphologic map of the South China Sea and adjacent sea areas	3
台湾岛东部海域地形图 Topographic map of eastern sea area of Taiwan Island	4
台湾岛东部海域晕渲地形图 Shaded-relief map of eastern sea area of Taiwan Island	4
台湾岛东部海域地貌图 Geomorphologic map of eastern sea area of Taiwan Island	5

南海北部
Northern South China Sea

东沙海域地形图 Topographic map of Dongsha sea area	5
东沙海域晕渲地形图 Shaded-relief map of Dongsha sea area	6
东沙海域地貌图 Geomorphologic map of Dongsha sea area	6
神狐海域地形图 Topographic map of Shenhu sea area	7
神狐海域晕渲地形图 Shaded-relief map of Shenhu sea area	7
神狐海域地貌图 Geomorphologic map of Shenhu sea area	8
西沙海槽海域地形图 Topographic map of Xisha Trough sea area	8
西沙海槽海域晕渲地形图 Shaded-relief map of Xisha Trough sea area	9
西沙海槽海域地貌图 Geomorphologic map of Xisha Trough sea area	9
西沙群岛海域地形图 Topographic map of Xisha Islands sea area	10
西沙群岛海域晕渲地形图 Shaded-relief map of Xisha Islands sea area	11
西沙群岛海域地貌图 Geomorphologic map of Xisha Islands sea area	12

南海西部
Western South China Sea

中沙群岛海域地形图 Topographic map of Zhongsha Islands sea area	13
中沙群岛海域晕渲地形图 Shaded-relief map of Zhongsha Islands sea area	14

中沙群岛海域地貌图·· 15
Geomorphologic map of Zhongsha Islands sea area

中建岛海域地形图·· 16
Topographic map of Zhongjian Island sea area

中建岛海域晕渲地形图·· 16
Shaded-relief map of Zhongjian Island sea area

中建岛海域地貌图·· 17
Geomorphologic map of Zhongjian Island sea area

中建南海盆海域地形图·· 18
Topographic map of Zhongjiannan Basin sea area

中建南海盆海域晕渲地形图··· 19
Shaded-relief map of Zhongjiannan Basin sea area

中建南海盆海域地貌图·· 20
Geomorphologic map of Zhongjiannan Basin sea area

南海南部
Southern South China Sea

万安滩海域地形图·· 21
Topographic map of Wan'an Bank sea area

万安滩海域晕渲地形图·· 22
Shaded-relief map of Wan'an Bank sea area

万安滩海域地貌图·· 23
Geomorphologic map of Wan'an Bank sea area

南沙海槽海域地形图·· 24
Topographic map of Nansha Trough sea area

南沙海槽海域晕渲地形图··· 25
Shaded-relief map of Nansha Trough sea area

南沙海槽海域地貌图·· 26
Geomorphologic map of Nansha Trough sea area

礼乐滩海域地形图·· 27
Topographic map of Reed Tablemount sea area

礼乐滩海域晕渲地形图·· 28
Shaded-relief map of Reed Tablemount sea area

礼乐滩海域地貌图·· 29
Geomorphologic map of Reed Tablemount sea area

南海海盆
South China Sea Basin

南海海盆中央地形图1··· 30
Topographic map 1 of central South China Sea Basin

南海海盆中央晕渲地形图1··· 31
Shaded-relief map 1 of central South China Sea Basin

南海海盆中央地貌图1··· 32
Geomorphologic map 1 of central South China Sea Basin

南海海盆中央地形图2··· 33
Topographic map 2 of central South China Sea Basin

南海海盆中央晕渲地形图2··· 34
Shaded-relief map 2 of central South China Sea Basin

南海海盆中央地貌图2··· 35
Geomorphologic map 2 of central South China Sea Basin

南海海盆中央地形图3··· 36
Topographic map 3 of central South China Sea Basin

南海海盆中央晕渲地形图3··· 37
Shaded-relief map 3 of central South China Sea Basin

南海海盆中央地貌图3··· 38
Geomorphologic map 3 of central South China Sea Basin

典型地貌单元
Typical Feature of Geomorphology

峡谷和峡谷群
Canyon and Canyons

台湾岛东侧海底峡谷群·· 42
Submarine canyons on east side of Taiwan Island

澎湖海底峡谷群 ··· 43
Penghu Submarine Canyons

笔架海底峡谷群 ··· 44
Bijia Submarine Canyons

珠江海谷 ··· 45
Pearl River Sea Valley

一统海底峡谷群 ··· 46
Yitong Submarine Canyons

神狐海底峡谷特征区 ·· 47
Characteristic region of Shenhu Submarine Canyon

西沙北海底峡谷群 ·· 48
Xishabei Submarine Canyons

永乐海底峡谷 ··· 49
Yongle Submarine Canyon

中建阶地东侧峡谷群 ·· 50
Canyons on east side of Zhongjian Terrace

中建阶地南侧峡谷群 ·· 51
Canyons on south side of Zhongjian Terrace

盆西海底峡谷 ··· 52
Penxi Submarine Canyon

南沙陆坡东峡谷群 ·· 53
Canyons on the eastern Nansha Slope

海沟和海槽
Trench and Trough

马尼拉海沟 ·· 54
Manila Trench

琉球海沟 ·· 55
Ryukyu Trench

西沙海槽 ·· 56
Xisha Trough

中沙海槽 ·· 57
Zhongsha Trough

南沙海槽 ·· 58
Nansha Trough

吕宋岛西北侧未命名海槽A ·· 59
Unnamed trough A on the northwest side of Luzon Island

麻坑群
Pockmarks

中建南斜坡典型麻坑和峡谷 ·· 60
Typical pockmarks and canyons on Zhongjiannan Slope

南沙海域典型麻坑 ·· 61
Typical pockmarks on Nansha sea area

海盆
Sea Basin

中建南海盆 ·· 62
Zhongjiannan Sea Basin

龙珠海山西南侧海盆 ·· 63
Sea basin on the southwest side of Longzhu Seamount

沙波
Sand-wave

海底沙波1 ··· 64
Seabed sand-wave 1

海底沙波2 ··· 65
Seabed sand-wave 2

海台
Plateau

东沙岛东南侧斜坡 ·· 66
Southeast slope of Dongsha Island

西沙永乐群岛 ··· 67
Xisha Yongle Islands

中沙群岛 ·· 68
Zhongsha Islands

宣德群岛 ··· 69
Xuande Islands

海脊、海岭和海隆
Ridge and Rise

加瓜海脊 ··· 70
Agua Ridge

盆西海岭 ··· 71
Penxi Ridge

盆西南海岭 ·· 72
Penxi'nan Ridge

永乐海隆 ··· 73
Yongle Rise

中沙北海隆 ·· 74
Zhongshabei Rise

海山（群）和海丘（群）
Seamounts and Seaknolls

珍贝-黄岩海山链 ··· 75
Zhenbei-Huangyan Seamount Chain

中南海山 ··· 76
Zhongnan Seamount

笔架海丘及周围海山、海丘 ··· 77
Bijia Seaknoll and surrounding Seamounts and Seaknolls

南海海盆中央海丘群 ·· 78
Seaknolls of central South China Sea Basin

未命名平顶海山和玳瑁海山 ··· 79
Unnamed flat topped seamount and Daimao seamount

火山口
Submarine Crater

未命名火山口1 ·· 80
Unnamed submarine crater 1

未命名火山口2 ·· 81
Unnamed submarine crater 2

阶地和深海扇
Terrace and Abyssal Fan

中建阶地 ··· 82
Zhongjian Terrace

盆西南海岭东侧深海扇 ··· 83
Abyssal fan on the east side of Penxi'nan Ridge

深海平原
Abyssal Plain

南海海盆中央深海平原1 ··· 84
Abyssal plain 1 of central South China Sea Basin

南海海盆中央深海平原2 ··· 85
Abyssal plain 2 of central South China Sea Basin

西菲律宾深海平原 ··· 86
West Philippines Abyssal Plain

典型地形地貌剖面
Typical Topographic and Geomorphologic Profile

典型剖面
Typical Profile

剖面1—剖面3 ·· 90
Profile 1 to Profile 3

剖面4—剖面6 ·· 91
Profile 4 to Profile 6

剖面7和剖面8 ·· 92
Profile 7 to Profile 8

剖面9和剖面10 ·· 93
Profile 9 to Profile 10

地理底图图例

⊙	首都、首府	—·—·—	国界
⊙	省会	—··—··—	省、自治区、直辖市界
◎	地级市	------	特别行政区界
∽/＼/∷	珊瑚礁/浅滩/暗沙	〰〰	常年河及湖泊

专题图例

一、海域地貌界线
- 海岸线
- —·· 二级地貌界线
- —··· 三级地貌界线

二、海岸带地貌
- CL18 水下岸坡
- CL23 潮流三角洲

三、陆架和岛架地貌
- SH1 陆架堆积平原
- SH3 陆(岛)架侵蚀-堆积平原
- SH7 大型水下浅滩
- SH9 陆架潮流沙脊群
- SH11 陆架阶地
- SH12 岛架斜坡
- SH14 陆架洼地
- SH20 古三角洲
- SH22 陆(岛)架外缘斜坡
- SH24 陆架槽谷群
- SH25 陆架浅谷

四、陆坡(岛坡)地貌
- SL1 陆(岛)坡斜坡
- SL2 陆坡陡坡
- SL3 大型峡谷群
- SL4 陆(岛)坡阶地
- SL5 陆坡海台
- SL6 陆(岛)坡海槽槽底平原
- SL7 陆(岛)坡盆地
- SL9 陆坡海脊
- SL10 陆坡海岭
- SL11 陆坡海隆
- SL12 陆坡高地
- SL14 大型海谷
- SL15 岛坡海槛
- Sm 陆坡海山群
- Sk 大型海山(丘)

五、深海盆地地貌
- MS1 深海平原
- MS2 深海扇
- MS4 深海海山群
- MS5 深海海丘群
- MS7 深海海沟
- MS14 深海海山链
- MS15 深海大型盆地

六、地貌形态与结构
- 现代水下三角洲
- 古三角洲
- 水下浅滩
- 水下沙坡
- 潮流沙脊群
- 陆(岛)架浅谷
- 海底谷
- 海山/海丘
- 大型海山
- 大型海丘
- 海台顶面
- 海盆
- 阶地
- 陡崖
- 海脊线
- 洼地
- 麻坑
- 浅层气
- 小型隆起
- 海穴
- 断层
- 火山口
- 古河道

南海及邻域地形概略图
Overview of topographic map of the South China Sea and its adjacent areas

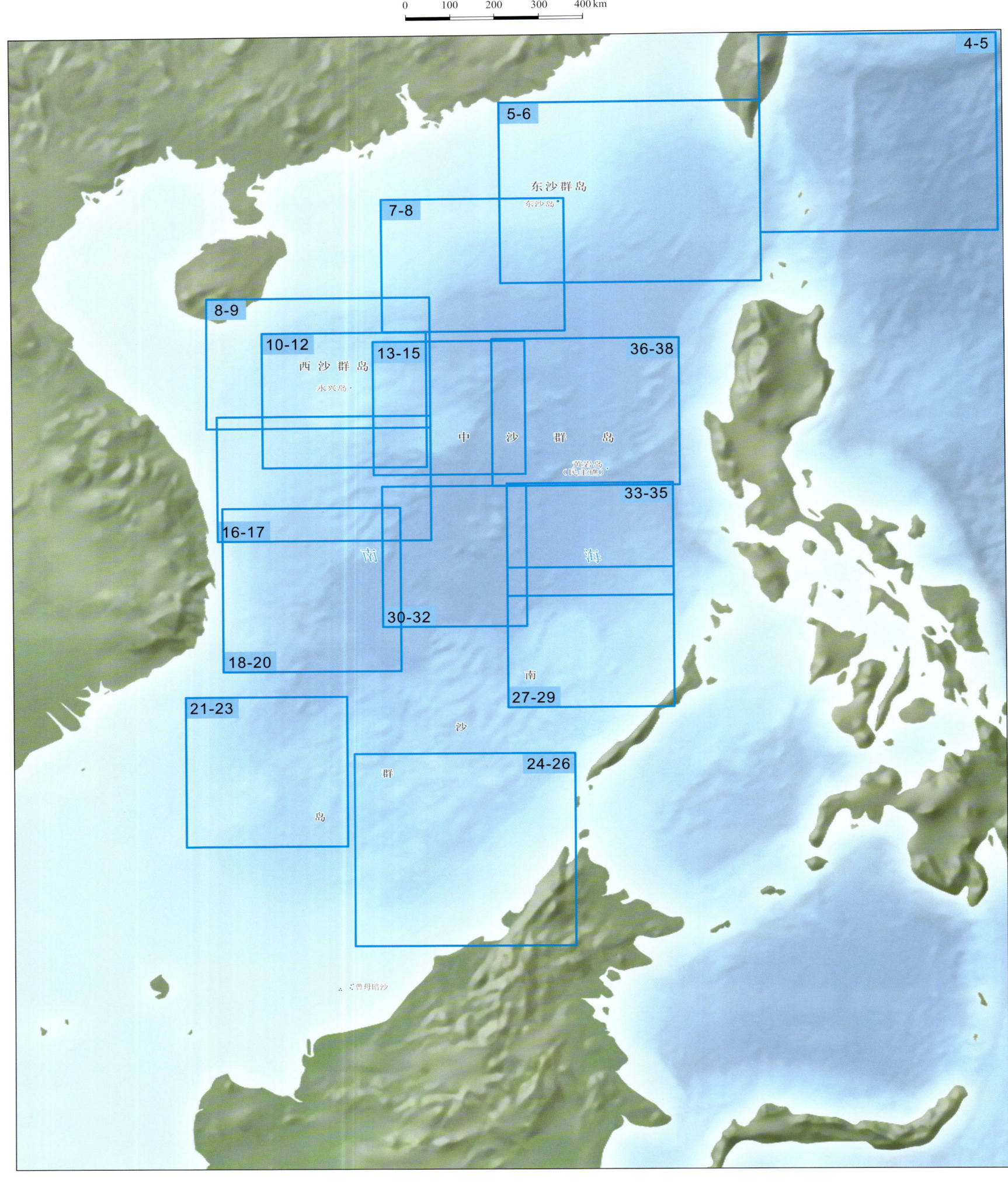

南海及邻域海底地势图

Hypsometric map of the South China Sea and its adjacent areas

0　91　182　273　364 km

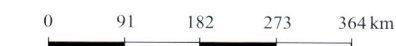

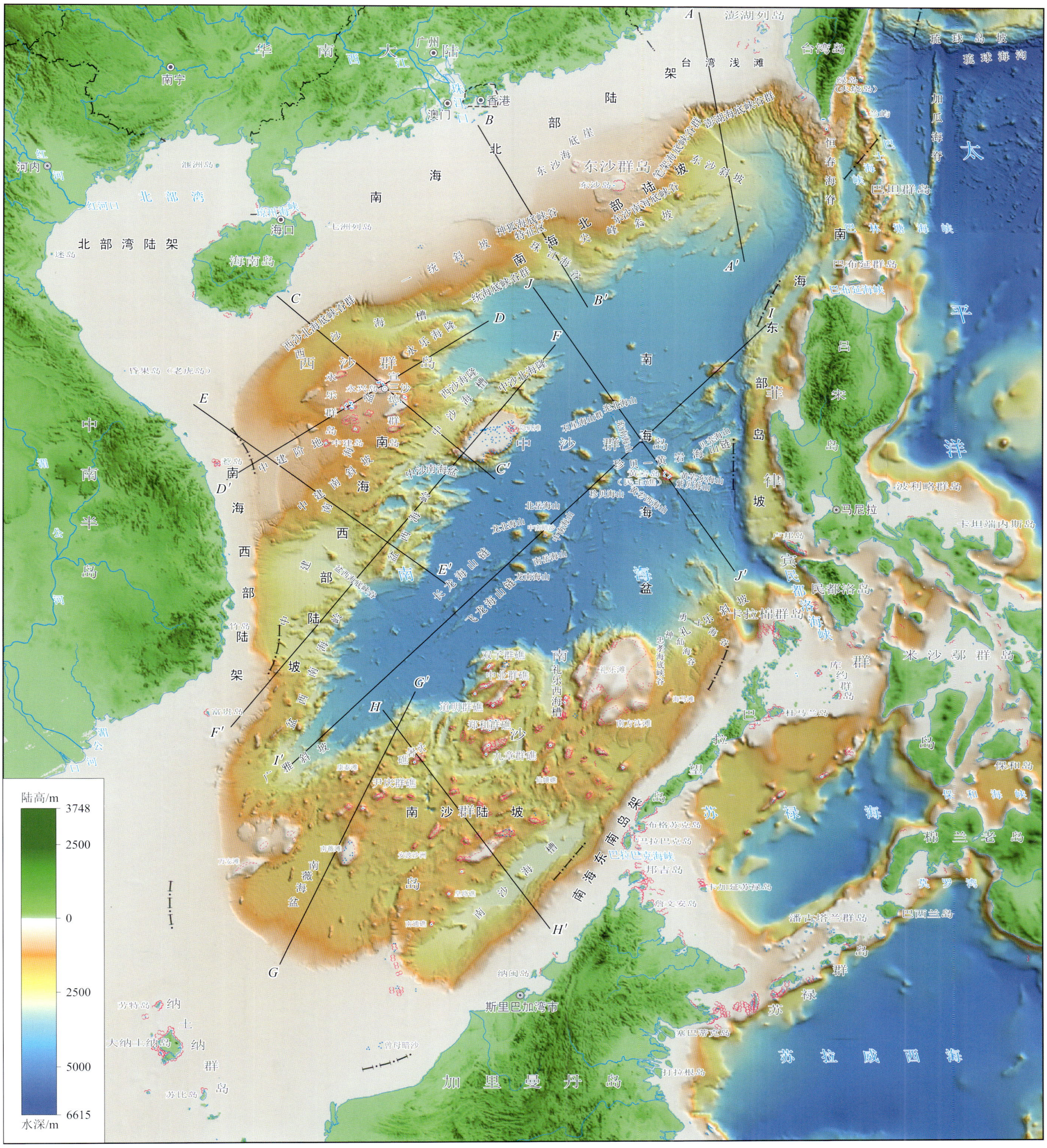

南海是西太平洋的边缘海之一，面积近300万km²。从地图上俯视，南海整体上呈菱形，东北－西南向延伸，北接中国华南大陆及台湾海峡，西临中南半岛，东界和南界为一系列岛弧围绕。这些岛弧北起台湾岛，往南和西南方向主要岛屿有吕宋岛、民都洛岛、巴拉望岛、加里曼丹岛及苏门答腊岛等，构成南海外缘的自然边界。南海的整体海底地形从周边向中央倾斜，水深逐渐增大，由外向内依次发育陆（岛）架、陆（岛）坡、深海盆地，陆架和岛架的坡折线水深范围为50～300m，陆（岛）坡和深海盆地的坡角线水深范围为2800～4700m。南海最大水深位于马尼拉海沟南端，为5218m。台湾岛以东海域平均水深较大，海底地形起伏大，总体地势呈北陡南缓、西浅东深。

海底地形地貌图
Topographic and Geomorphologic Map of Seabed

海底地形地貌图
Topographic and Geomorphologic Map of Seabed

南海及邻域海底地形图
Topographic map of the South China Sea and adjacent sea areas

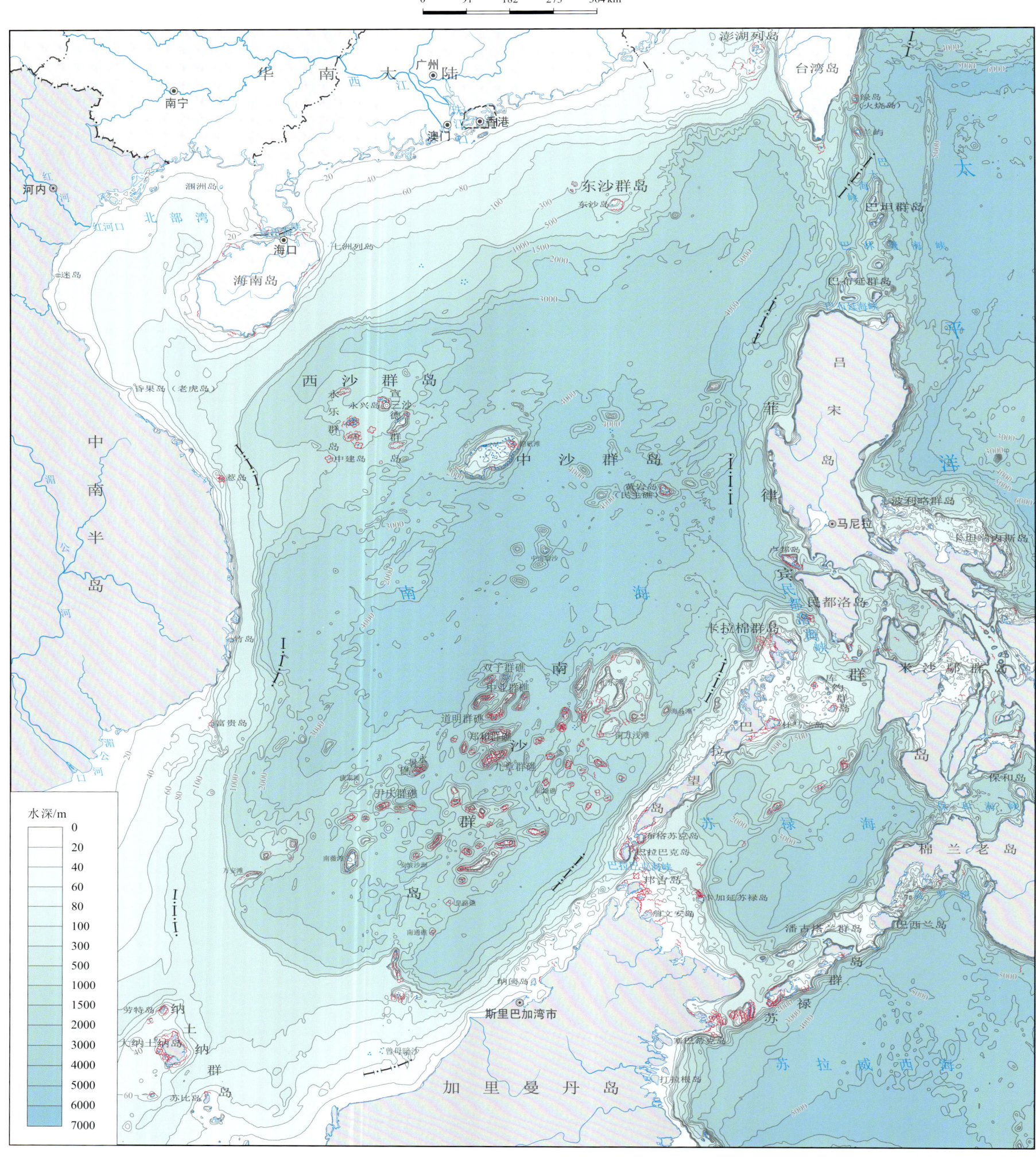

区域地形地貌
General View of Topography and Geomorphology

南海及邻域海底地貌图
Geomorphologic map of the South China Sea and adjacent sea areas

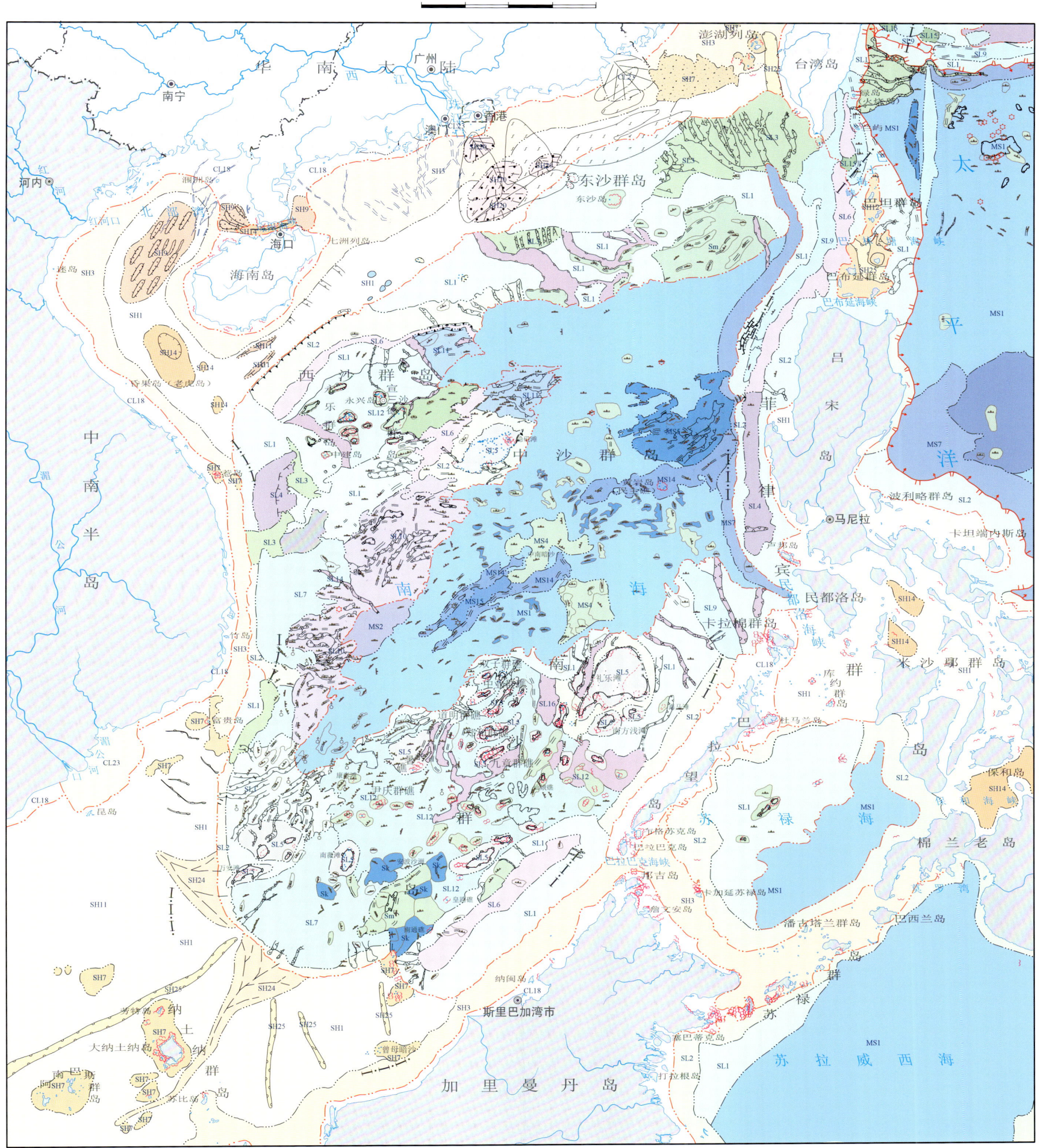

海底地形地貌图
Topographic and Geomorphologic Map of Seabed

台湾岛东部海域地形图
Topographic map of eastern sea area of Taiwan Island

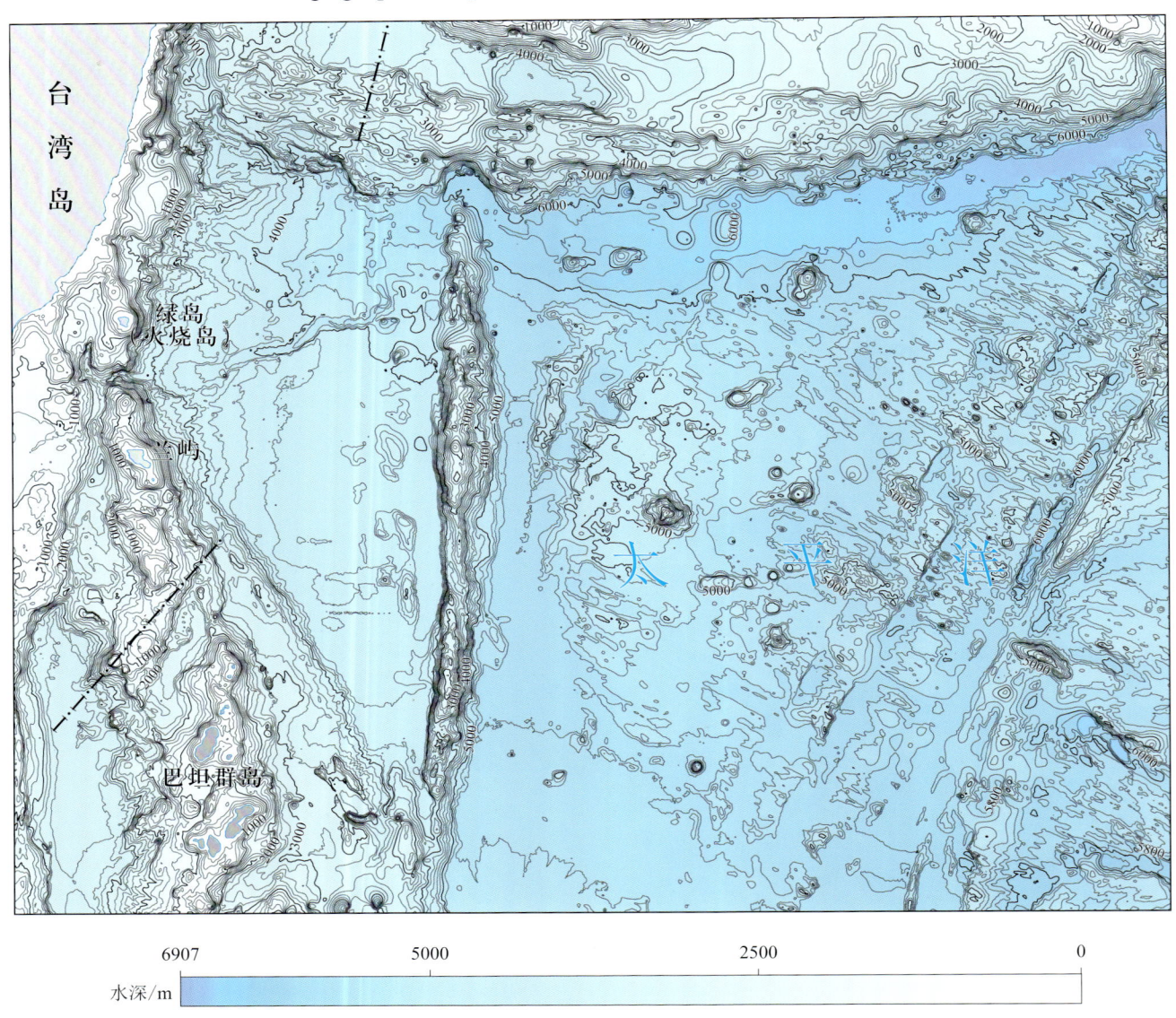

台湾岛东部海域晕渲地形图
Shaded-relief map of eastern sea area of Taiwan Island

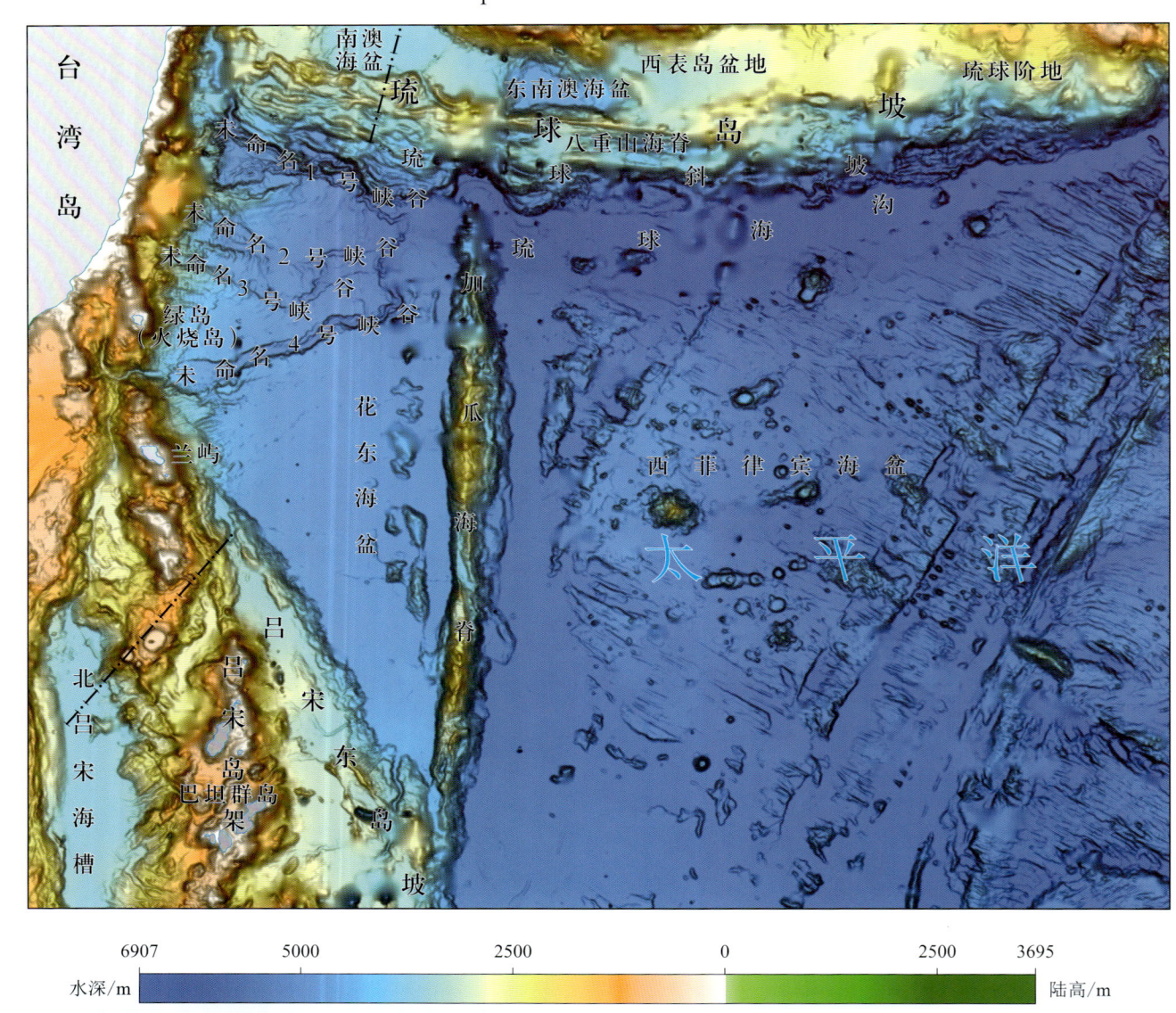

区域地形地貌
General View of Topography and Geomorphology

台湾岛东部海域地貌图
Geomorphologic map of eastern sea area of Taiwan Island

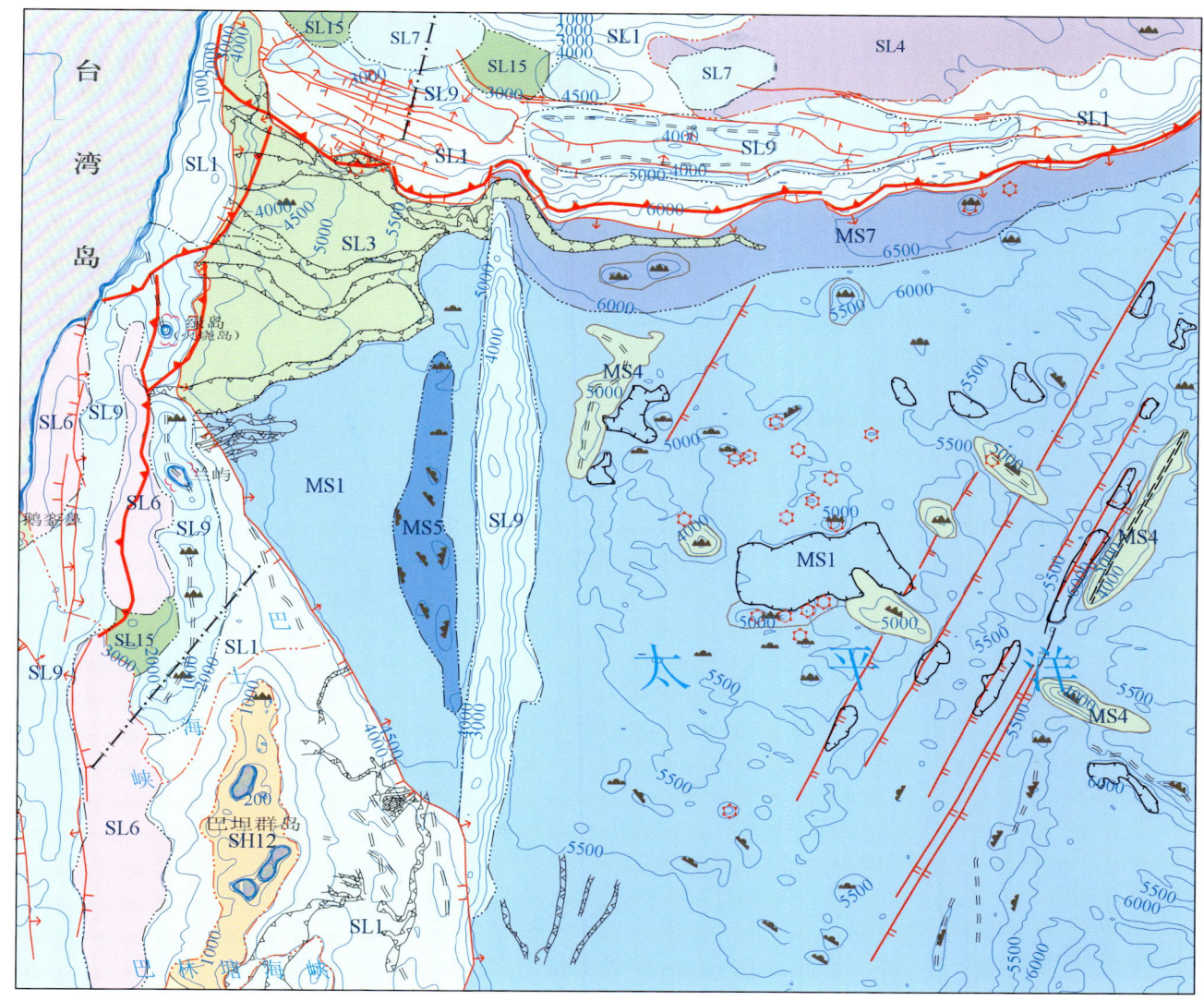

南海北部
Northern South China Sea

东沙海域地形图
Topographic map of Dongsha sea area

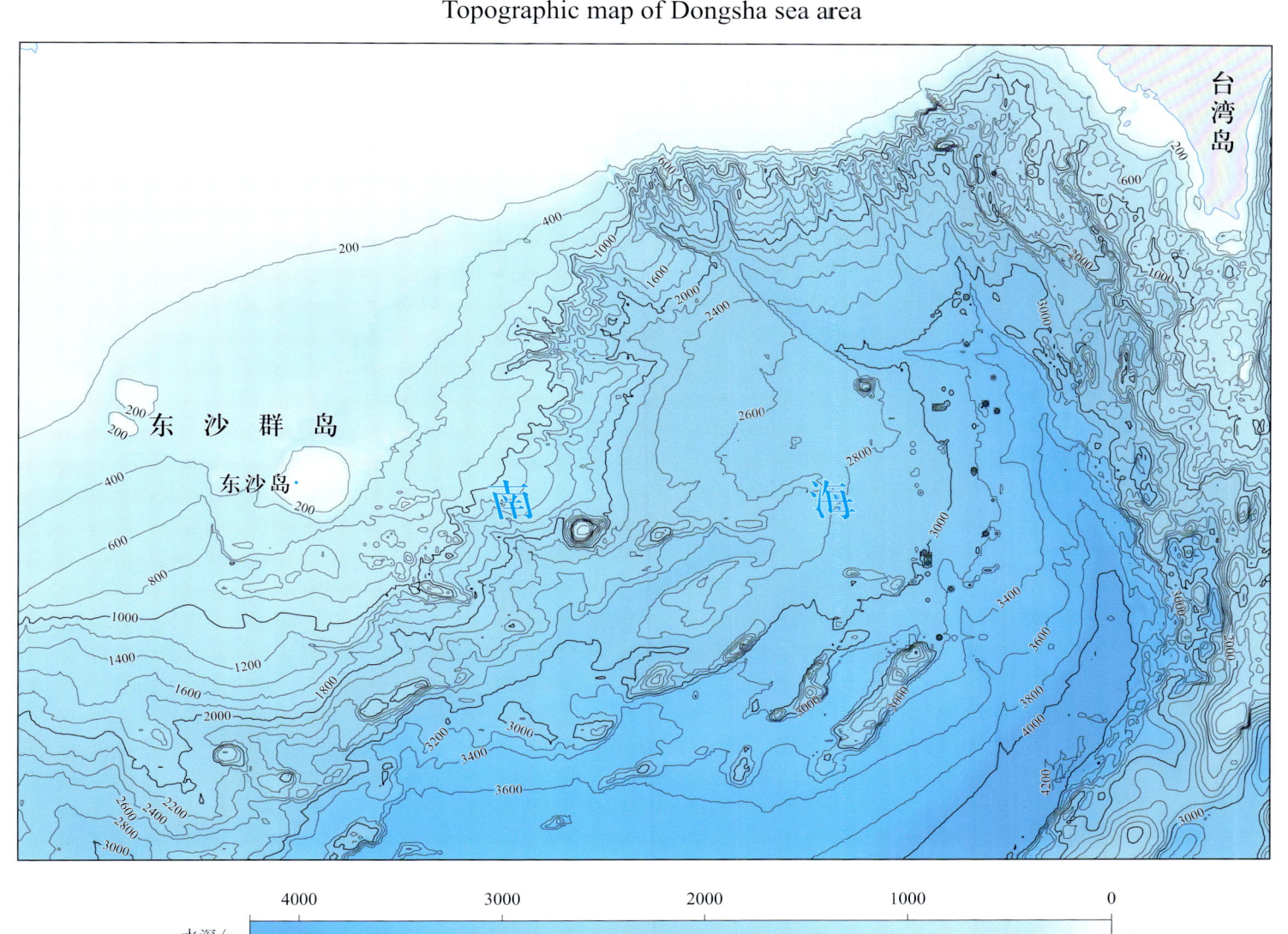

海底地形地貌图
Topographic and Geomorphologic Map of Seabed

东沙海域晕渲地形图
Shaded-relief map of Dongsha sea area

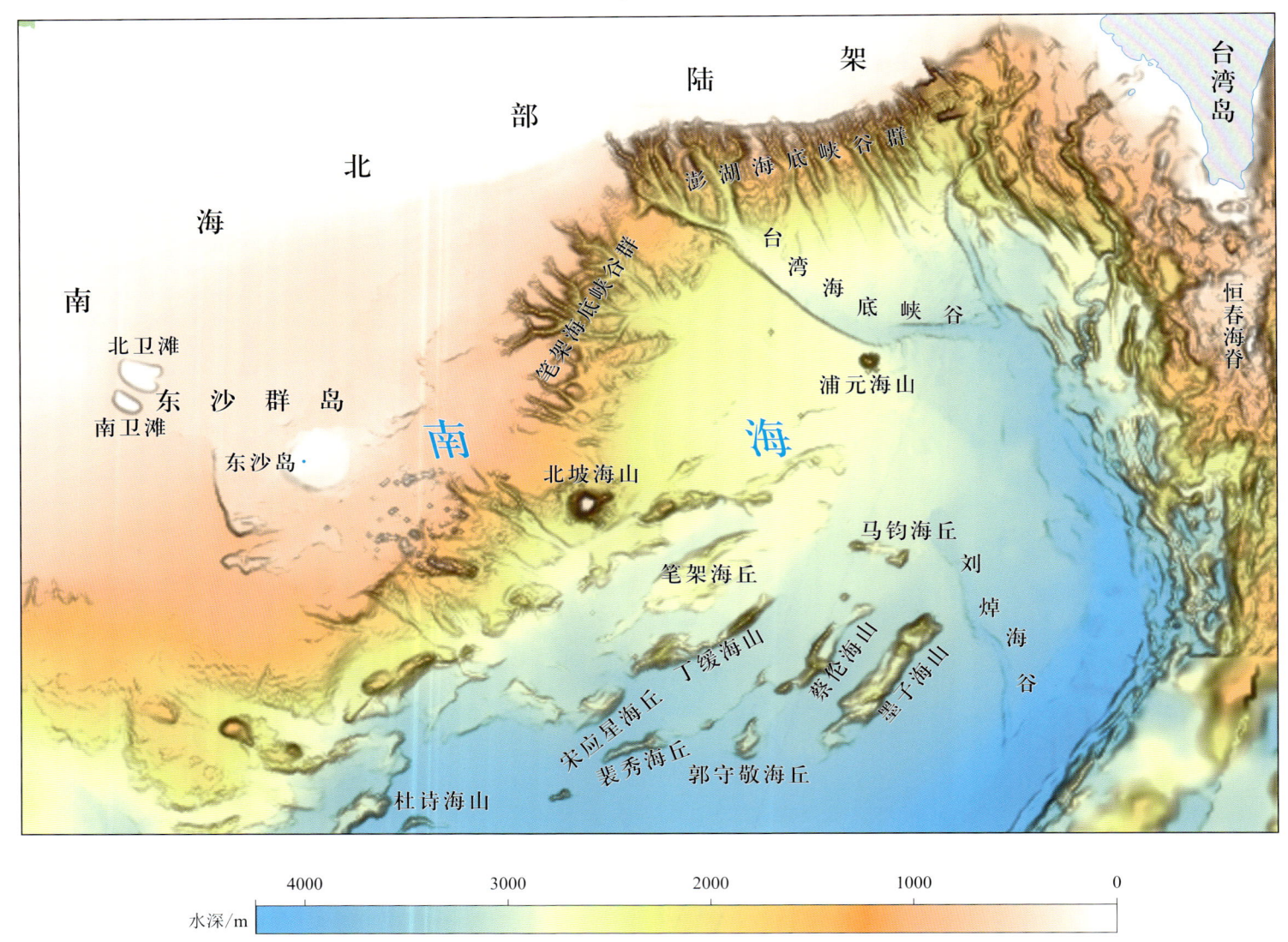

东沙海域地貌图
Geomorphologic map of Dongsha sea area

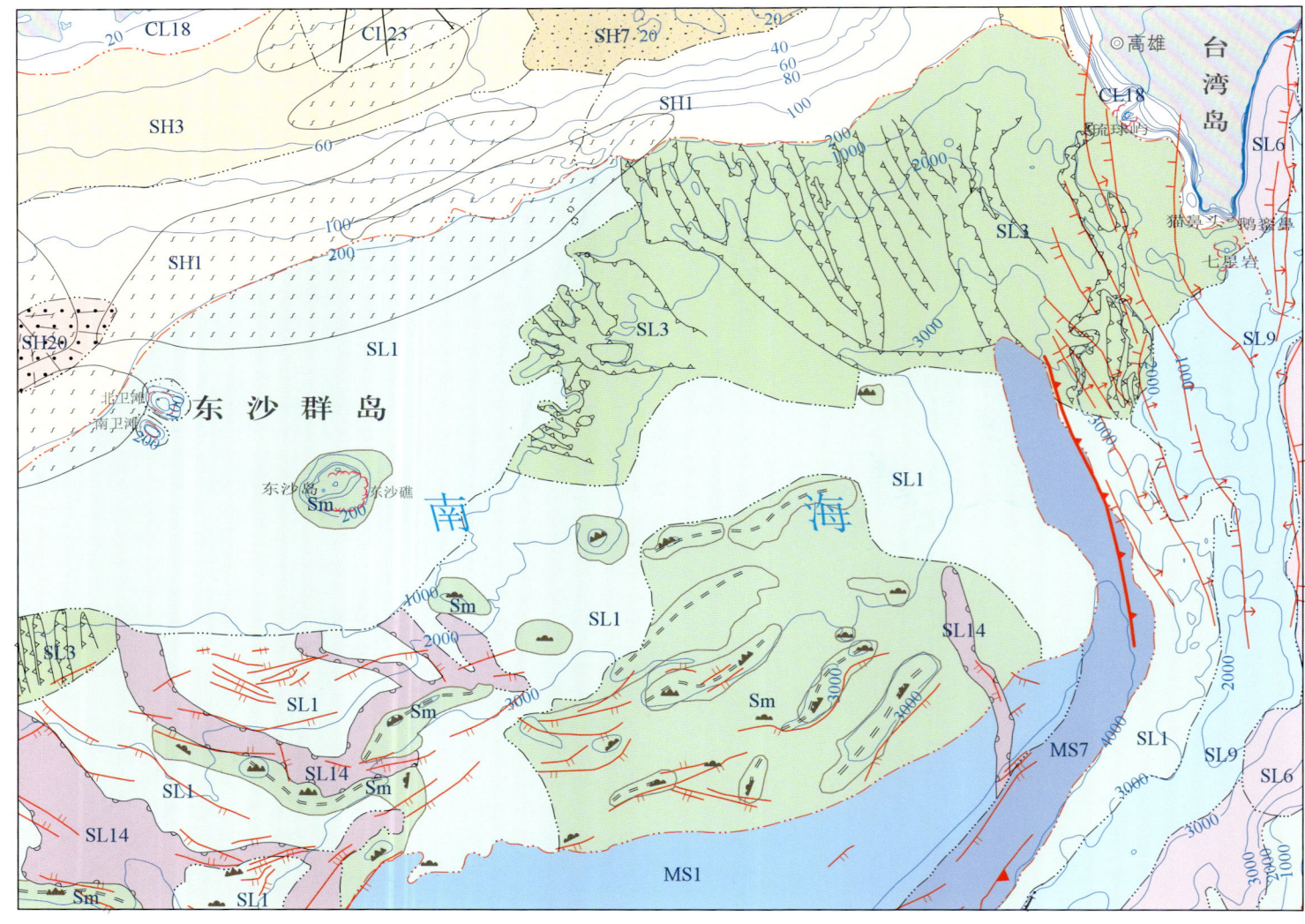

南海北部
Northern South China Sea

神狐海域地形图
Topographic map of Shenhu sea area

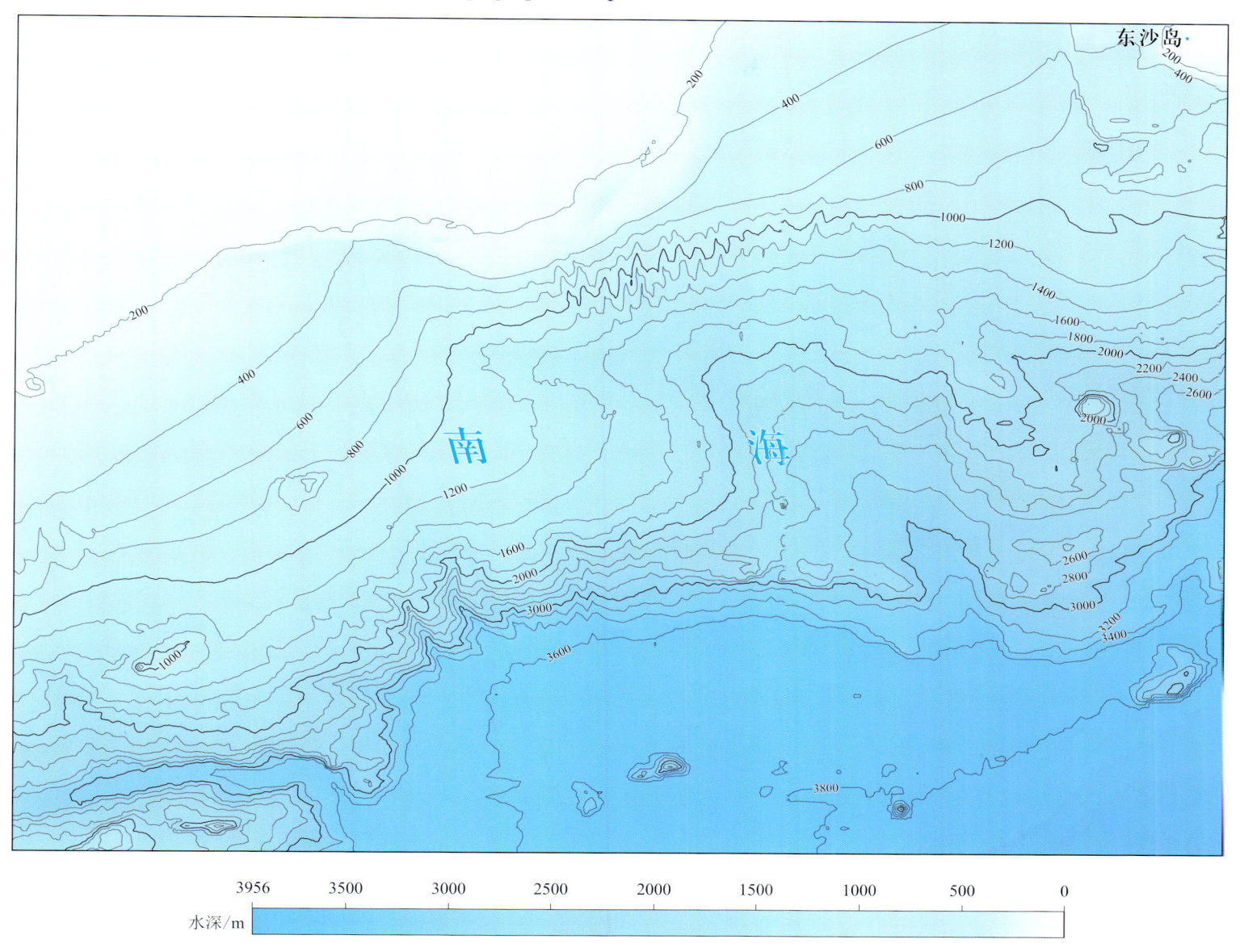

神狐海域晕渲地形图
Shaded-relief map of Shenhu sea area

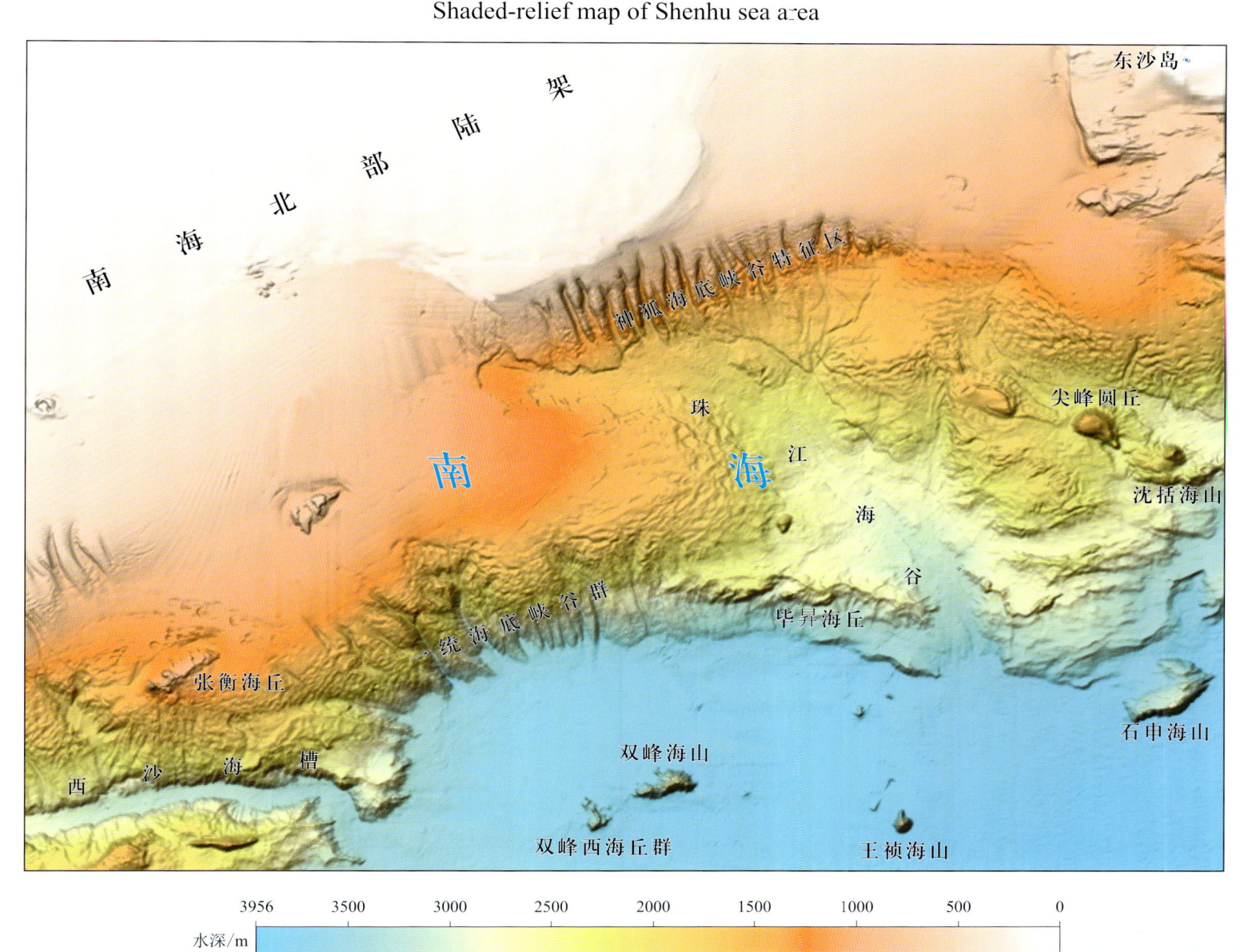

海底地形地貌图
Topographic and Geomorphologic Map of Seabed

神狐海域地貌图
Geomorphologic map of Shenhu sea area

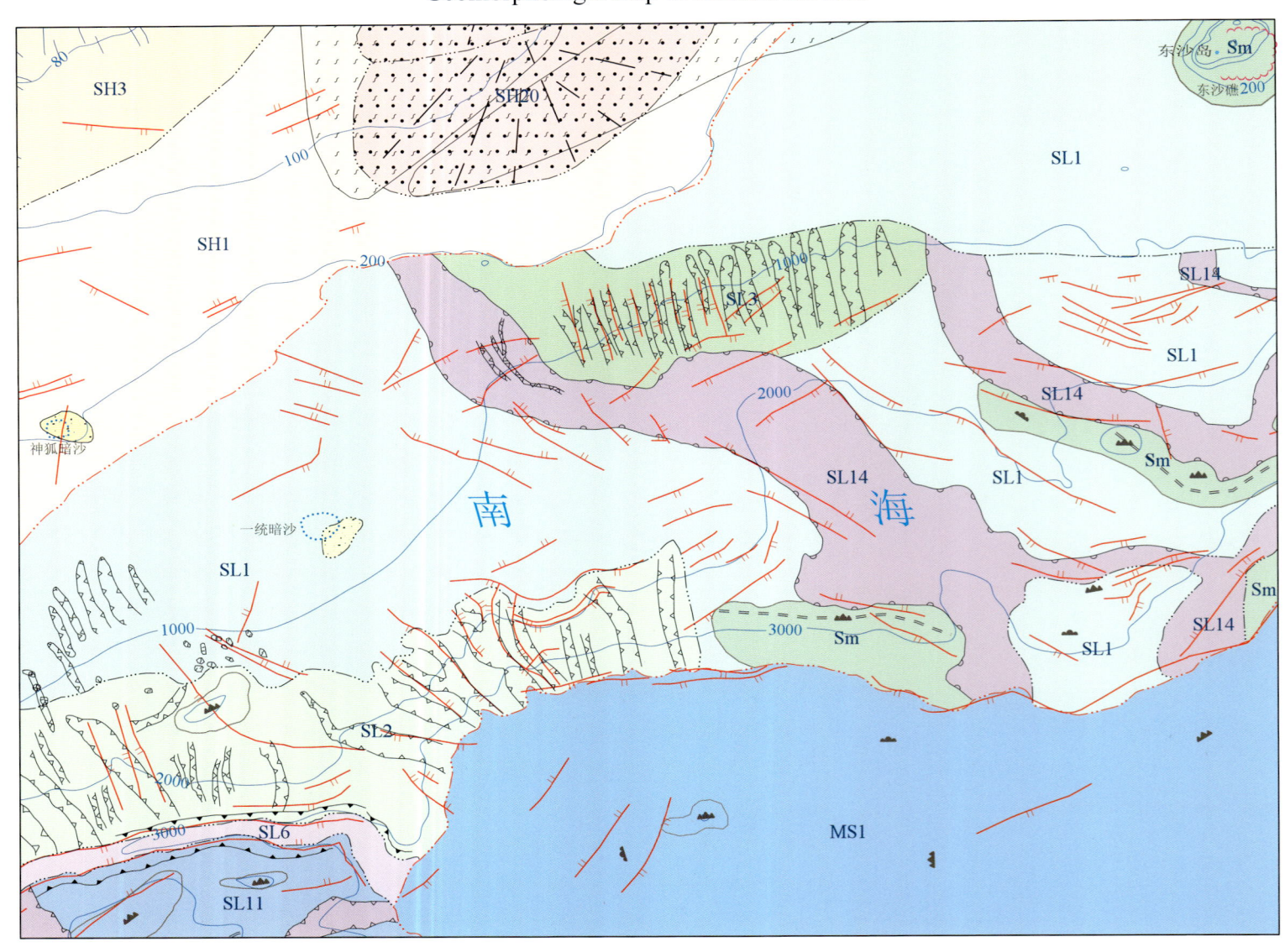

西沙海槽海域地形图
Topographic map of Xisha Trough sea area

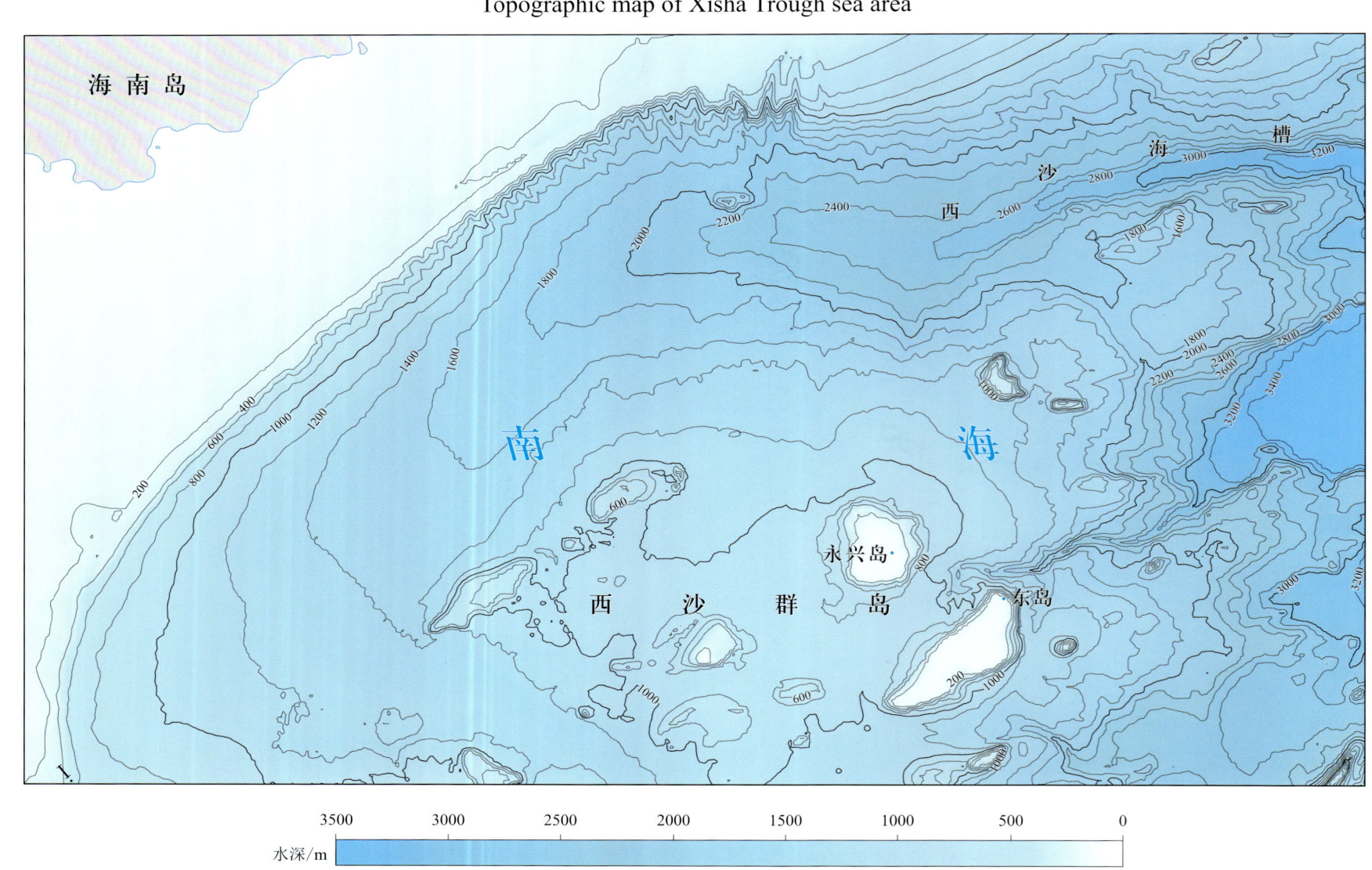

南海北部
Northern South China Sea

西沙海槽海域晕渲地形图
Shaded-relief map of Xisha Trough sea area

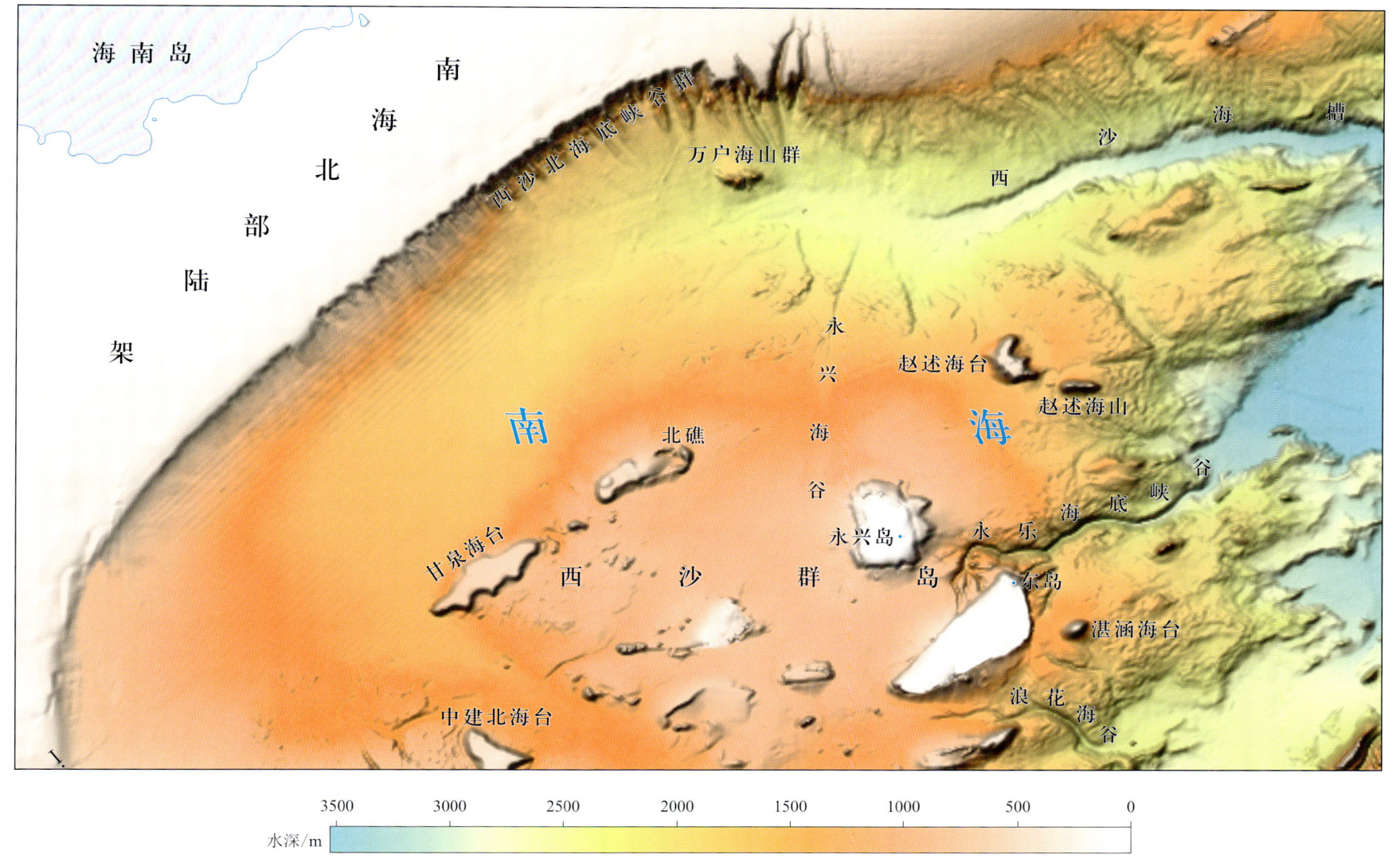

西沙海槽海域地貌图
Geomorphologic map of Xisha Trough sea area

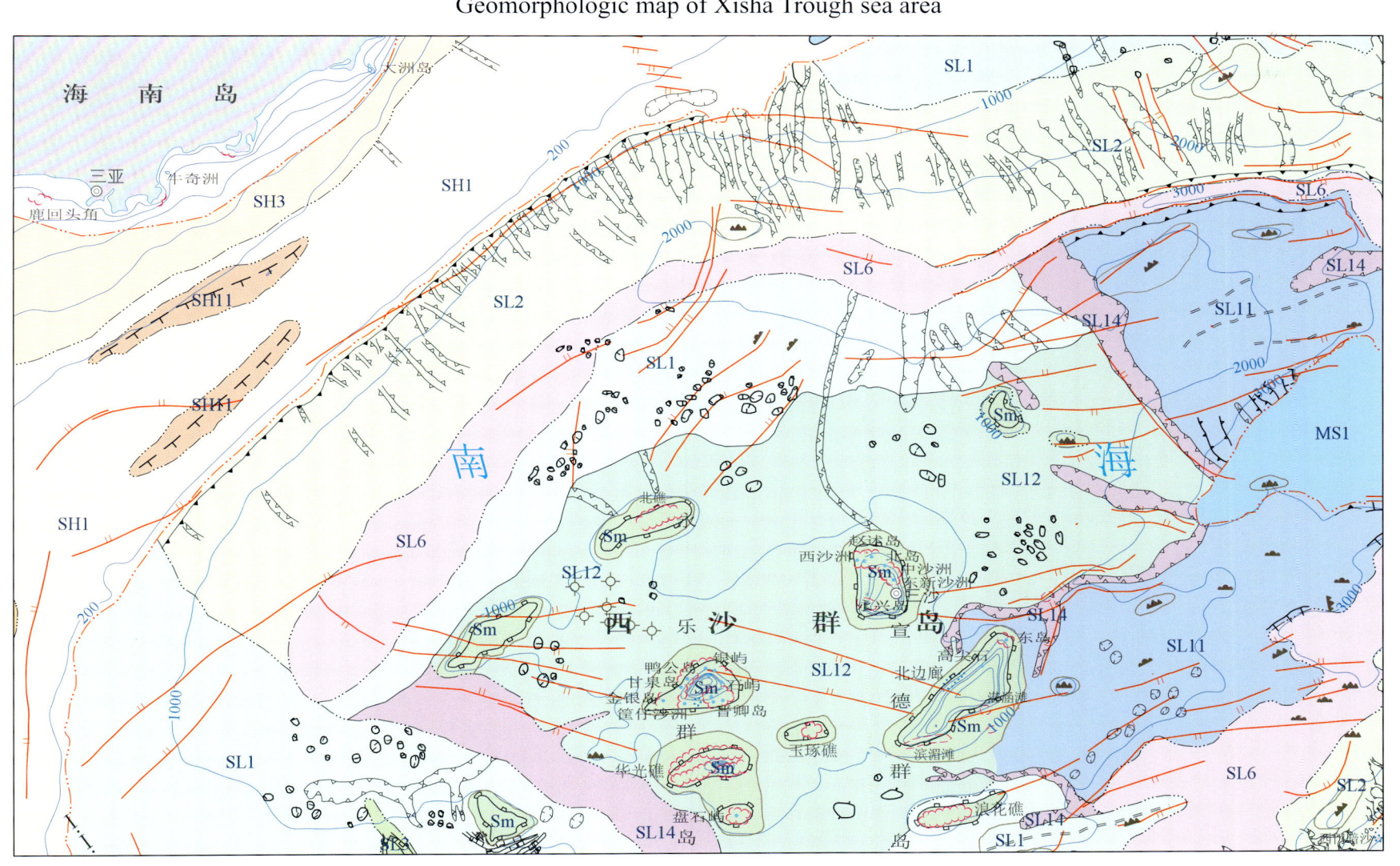

海底地形地貌图
Topographic and Geomorphologic Map of Seabed

西沙群岛海域地形图
Topographic map of Xisha Islands sea area

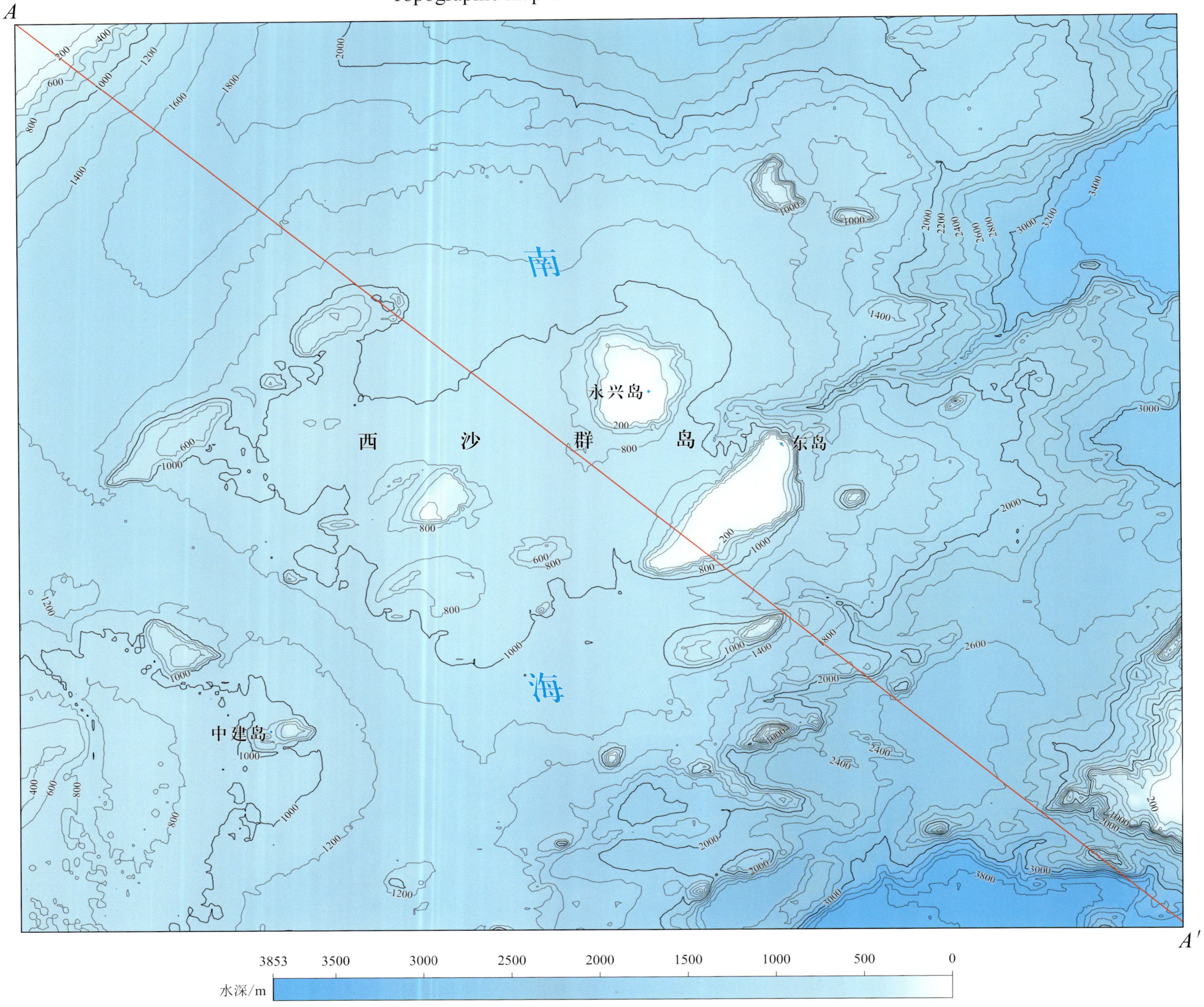

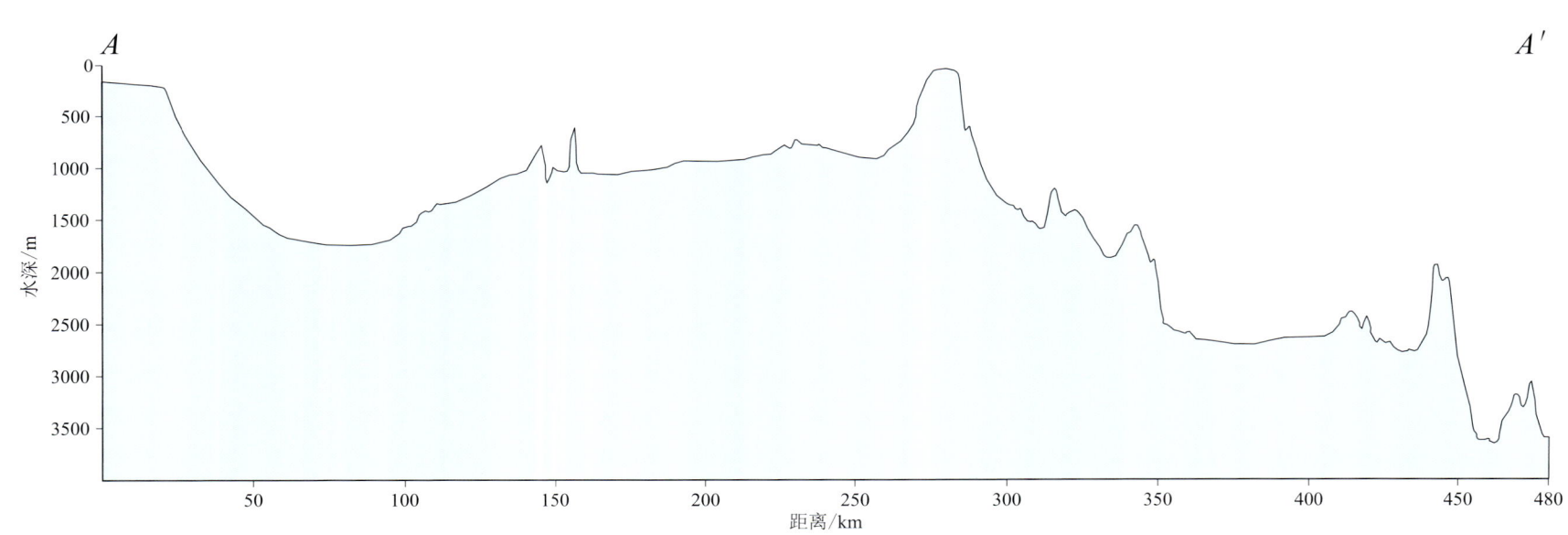

南海北部
Northern South China Sea

西沙群岛海域晕渲地形图
Shaded-relief map of Xisha Islands sea area

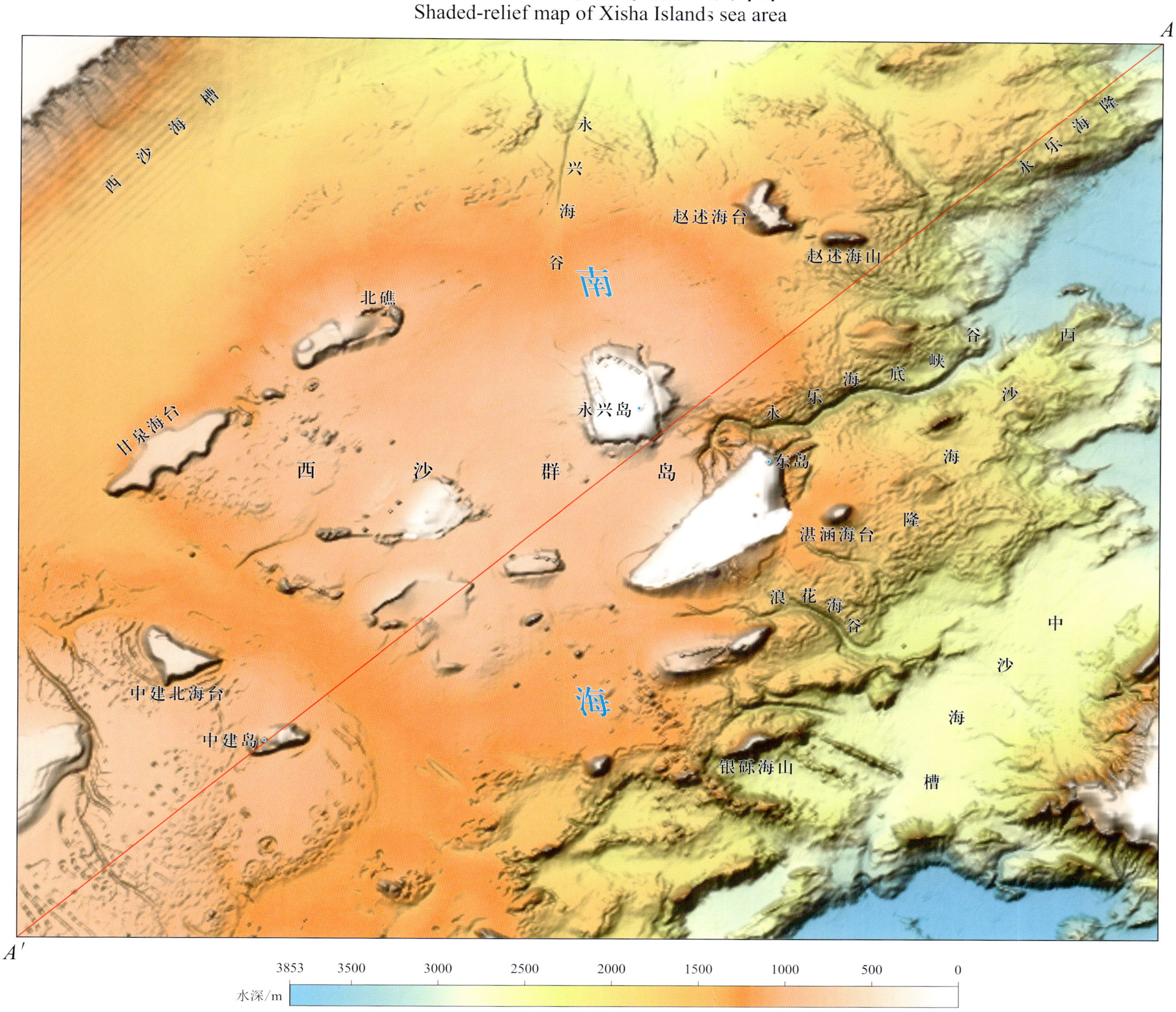

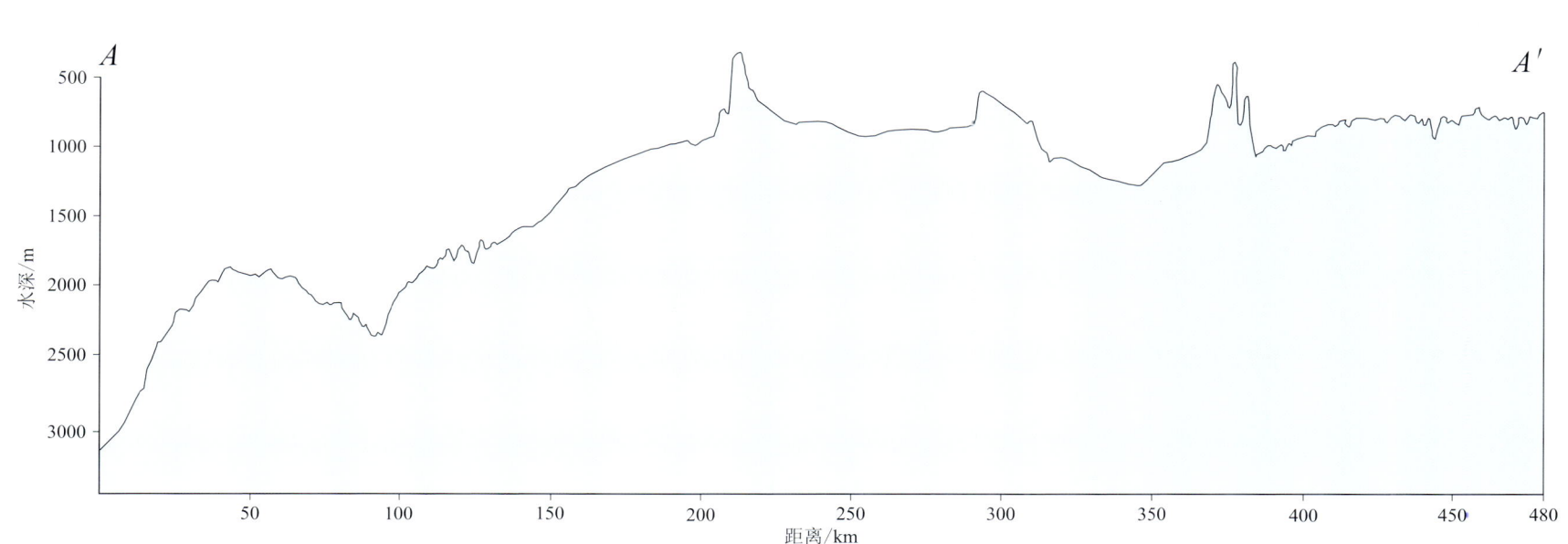

海底地形地貌图
Topographic and Geomorphologic Map of Seabed

西沙群岛海域地貌图
Geomorphologic map of Xisha Islands sea area

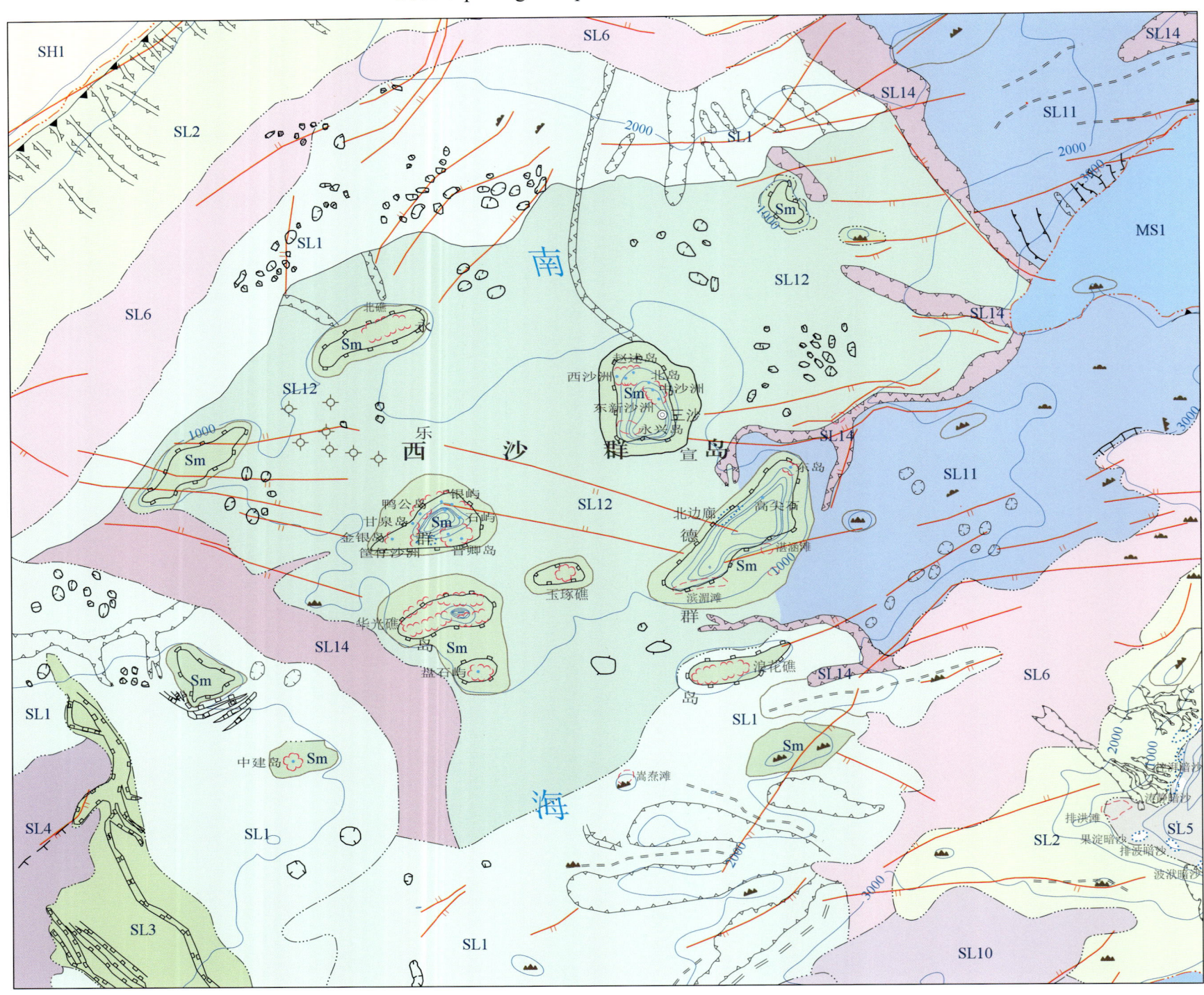

西沙群岛海域位于南海北部海域和南海西部海域交接带。其中，西沙群岛是我国南海诸岛四大群岛之一，发育在南海西北部大陆坡的台地上，由永乐群岛和宣德群岛组成。永乐群岛由永乐环礁、北礁、华光礁、玉琢礁、盘石屿共5个环礁组成，永乐环礁上有12岛1礁1沙洲；盘石屿环礁上有1岛。宣德群岛由宣德环礁、东岛环礁、浪花礁共3个环礁组成，宣德环礁上有6岛6沙洲1滩，东岛环礁上有2岛4滩。西沙群岛西北部为海槽南斜坡和西沙海槽，其中海槽长约555km，宽22～130km。槽底平原水深范围为1158～3482m，自西南向东北地形缓倾斜，水深逐渐加大，坡度为0.2°～0.3°，宽度也逐渐变窄，由80km收窄至20km。海槽槽底在东部2500m以深海域宽度急剧缩小为7～8km。海槽两侧槽坡地形陡峭，坡度变化大，从2°变化到10°，且有众多沟谷发育。海槽继续向东延伸，至3482m水深段融入深海平原。西沙群岛西南侧为金银海谷，海谷长约181km，宽17～26km，面积约为4017km^2，海谷南北向缓慢倾斜下降，南部和北部终点水深分别为1277m和1400m，落差小，底部地形平缓下降，坡度约为0.1°。海谷两侧坡度较大，在0.5°～0.7°，高差100～200m。西沙群岛东南侧依次为西沙东海隆、中沙海槽。其中，西沙东海隆水深范围为160～3400m，自西南向东北方向，海隆水深逐渐加大，坡度也逐渐变大；海隆上地形高差变化大，发育多类次级地理实体，如海山、海谷、海台和海穴等；海隆平面形态不规则，东北向长约245km，西南向宽约61km，区域面积约为$1.7×10^4$km^2。中沙海槽地形低陷且呈长条带状，北东-南西走向，长约223km，宽约29km，总面积约为$0.6×10^4$km^2；海槽槽底平原水深从西南往东北逐渐加大，水深为2680～3440m；槽底平原地形平坦，坡度小于0.3°。

南海西部
Western South China Sea

中沙群岛海域地形图
Topographic map of Zhongsha Islands sea area

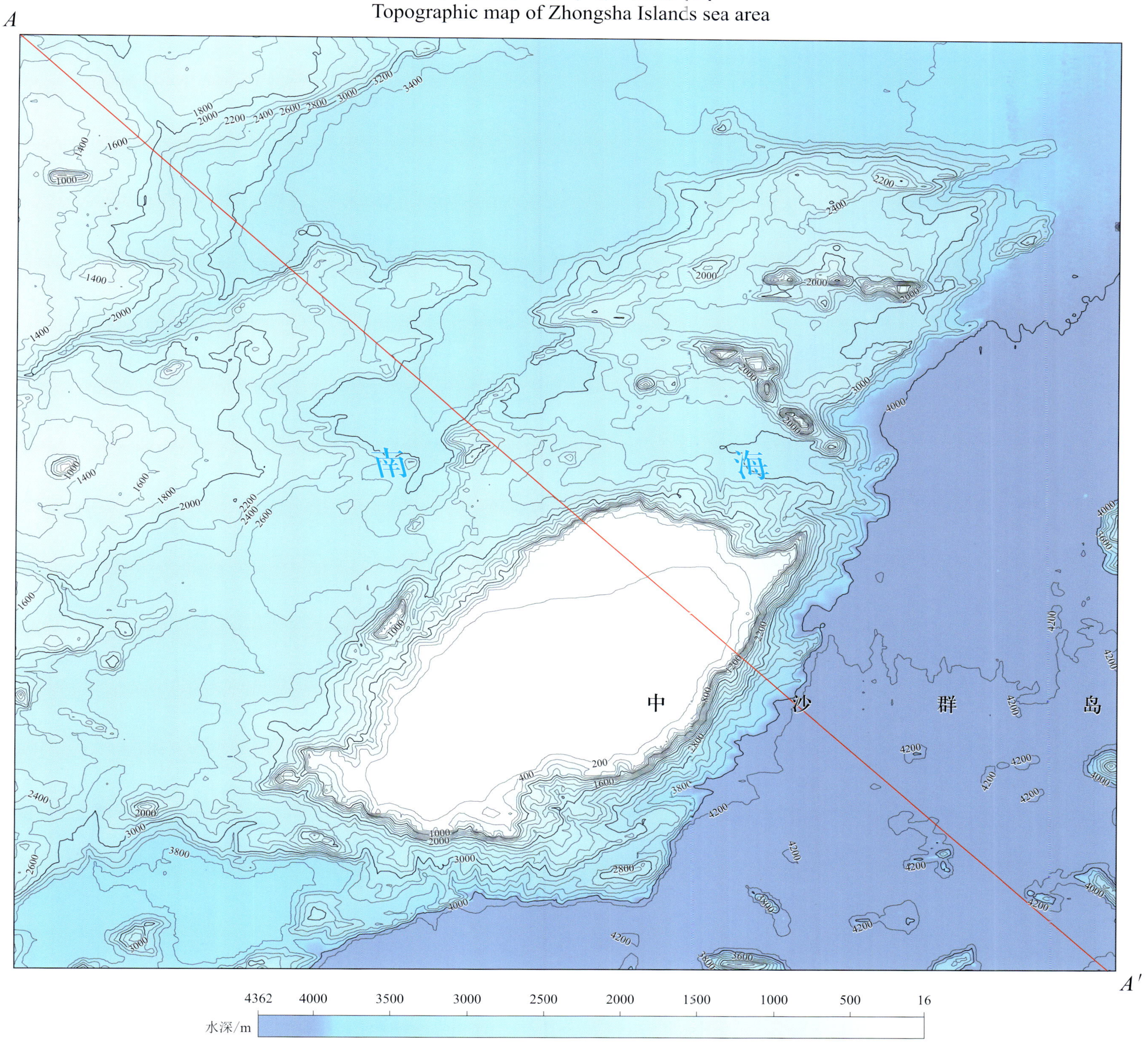

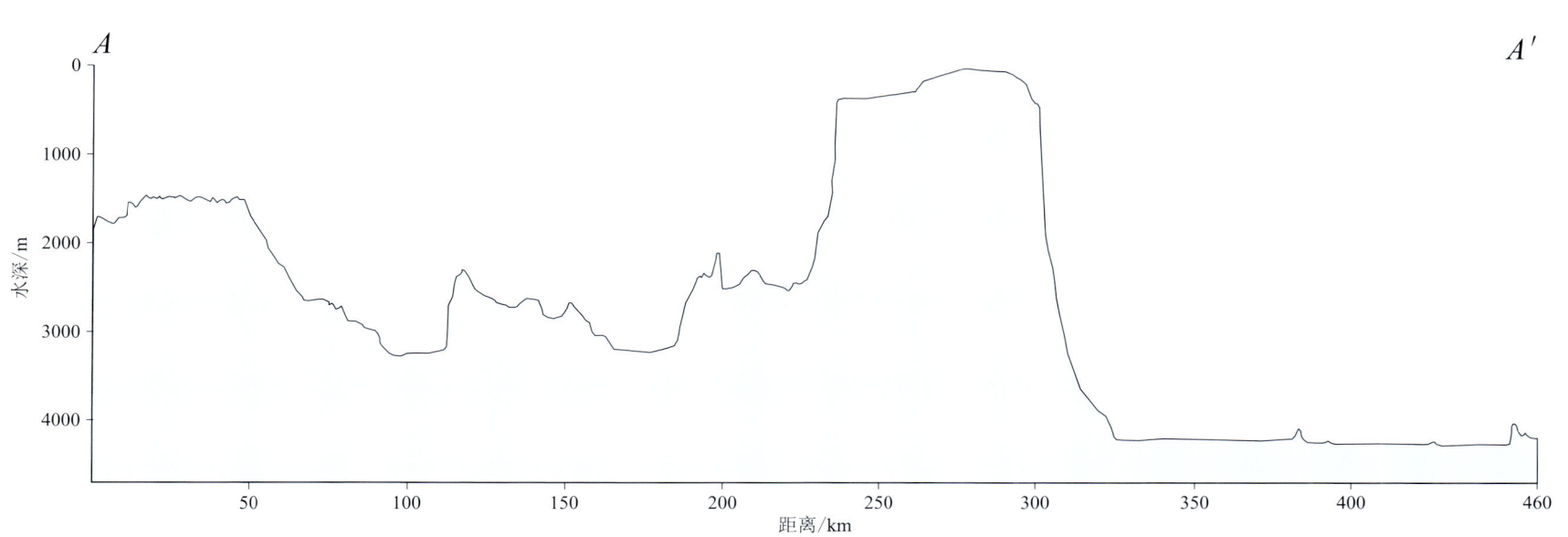

海底地形地貌图
Topographic and Geomorphologic Map of Seabed

中沙群岛海域晕渲地形图
Shaded-relief map of Zhongsha Islands sea area

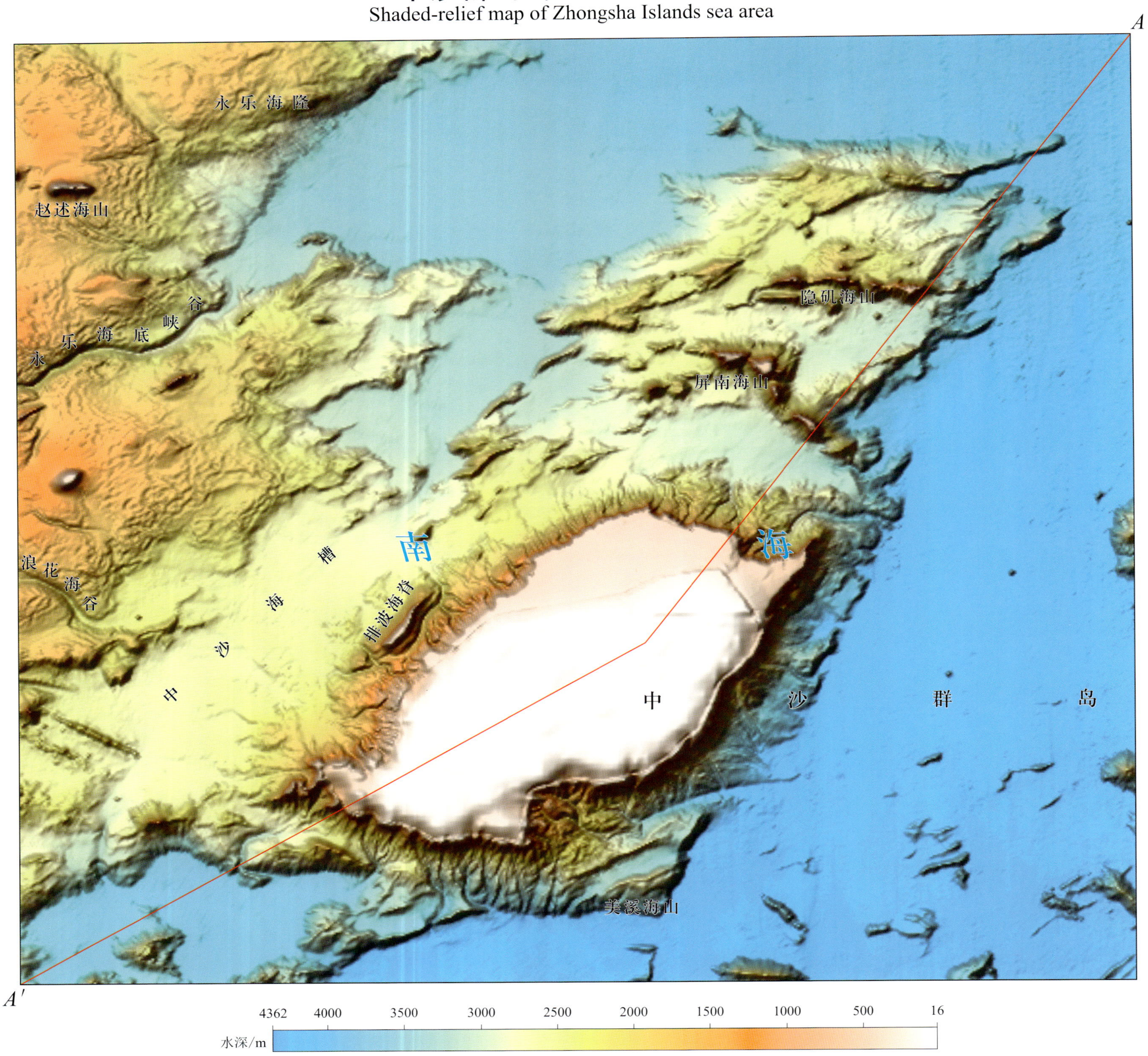

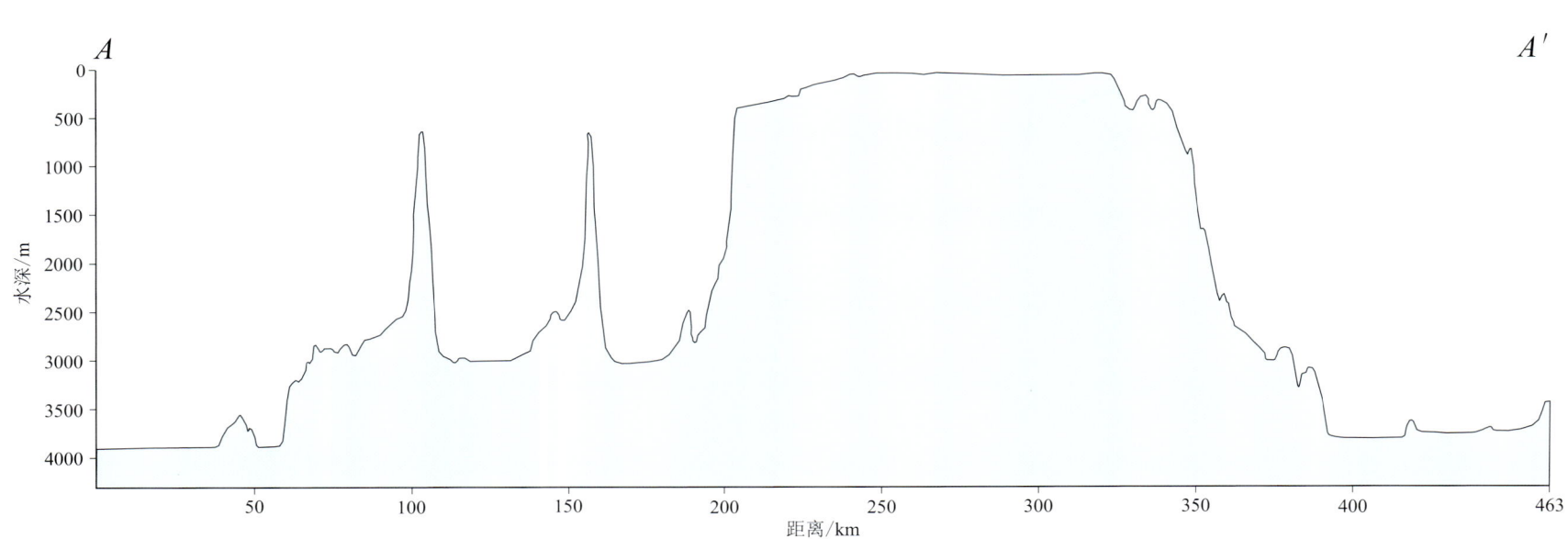

中沙群岛海域地貌图
Geomorphologic map of Zhongsha Islands sea area

　　中沙群岛位于南海中北部，是南海西部陆坡的一部分，其北部为中沙北海隆，西部为中沙海槽，南部是中沙南盆地，东部和东南部与深海平原相接，是南海规模最大的海台，平面面积达23500km²。海台平面形态呈近椭圆形，长轴呈北东-南西方向，长轴长约281km，最大宽度约为142km。海台顶面的平面形态也呈近椭圆形，长轴呈北东-南西方向，长轴长约16.5km，最大宽度约为76.5km，平面面积达8370km²。海台水深范围为30～4280m，海台顶面大致以200～600m等深线圈闭，海台顶面水深范围为30～600m，地形相对平坦。海台发育南北两级台面，南部台面水深范围为30～400m，面积约6360km²；北部台面水深范围为240～600m。南部浅面积大、北部深面积小。南部顶面整体地形自中部向四周缓慢倾斜下降，坡度约0.1°，地形平缓；北部顶面整体地形自北向南缓慢倾斜下降，坡度约0.38°。海台台坡地形陡峭，水深范围为200～4280m，东南部在4100～4200m水深段融入深海平原，最大高差达4000m，坡度在4.1°～13.5°，反映陆坡陡坡地形特征，其中，最大坡度出现在东部台坡上坡段，达到28°，形成陡崖。周缘台坡上发育众多峡谷和海山，切割强烈。海台顶面上发育了中沙大环礁，环礁由20多座暗沙和暗滩组成，它们全都淹没在水下20m左右。

海底地形地貌图
Topographic and Geomorphologic Map of Seabed

中建岛海域地形图
Topographic map of Zhongjian Island sea area

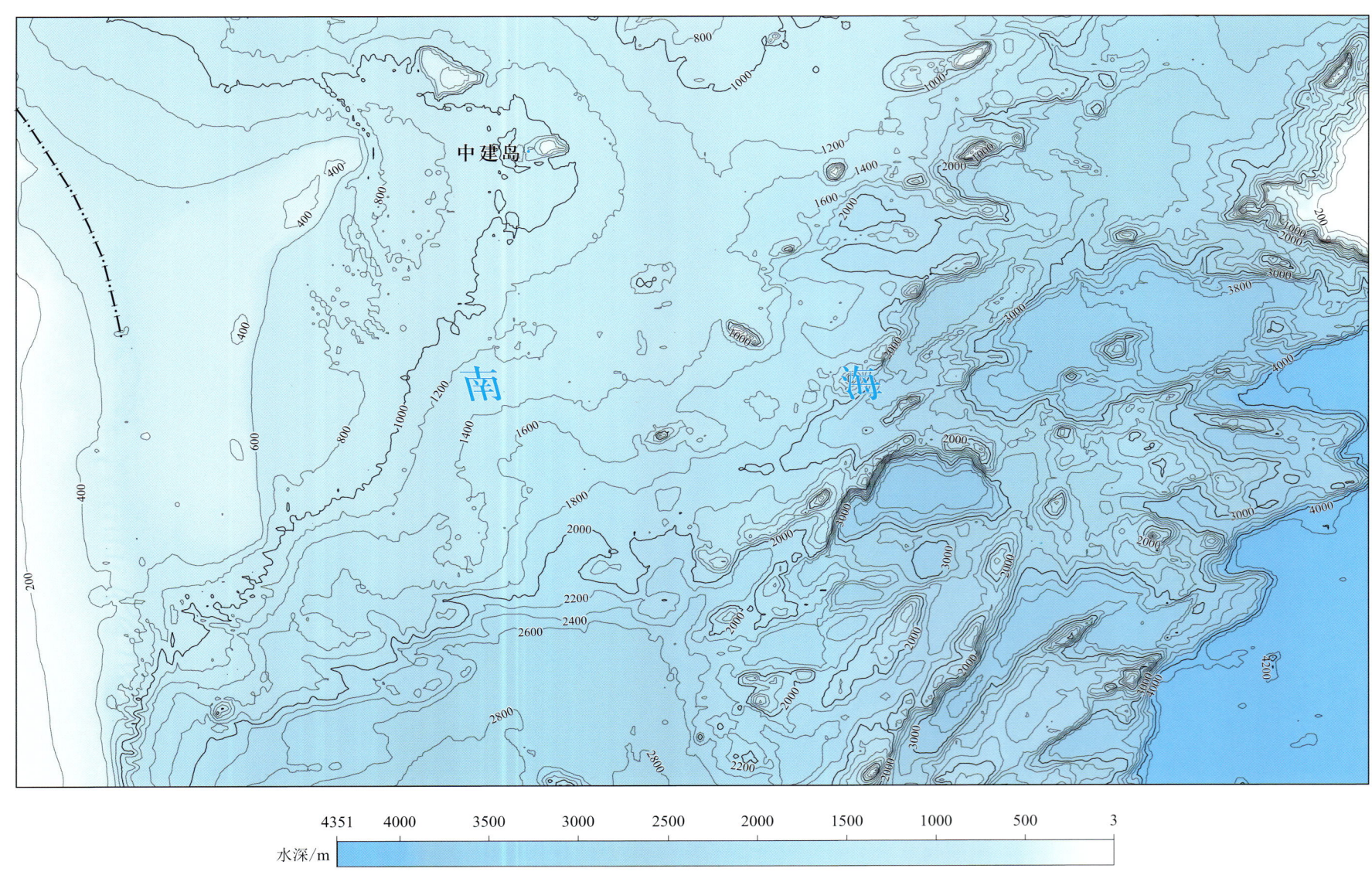

中建岛海域晕渲地形图
Shaded-relief map of Zhongjian Island sea area

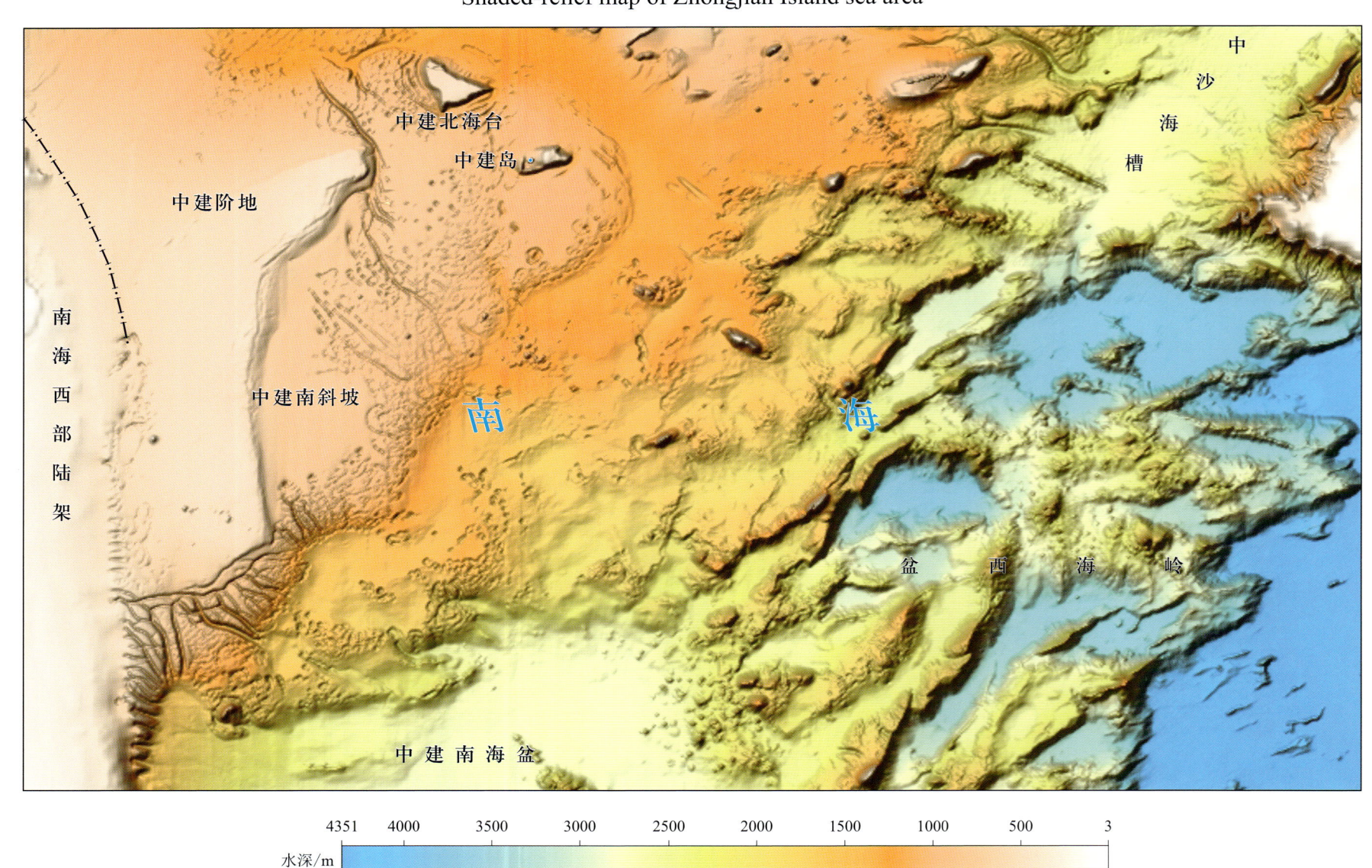

中建岛海域地貌图
Geomorphologic map of Zhongjian Island sea area

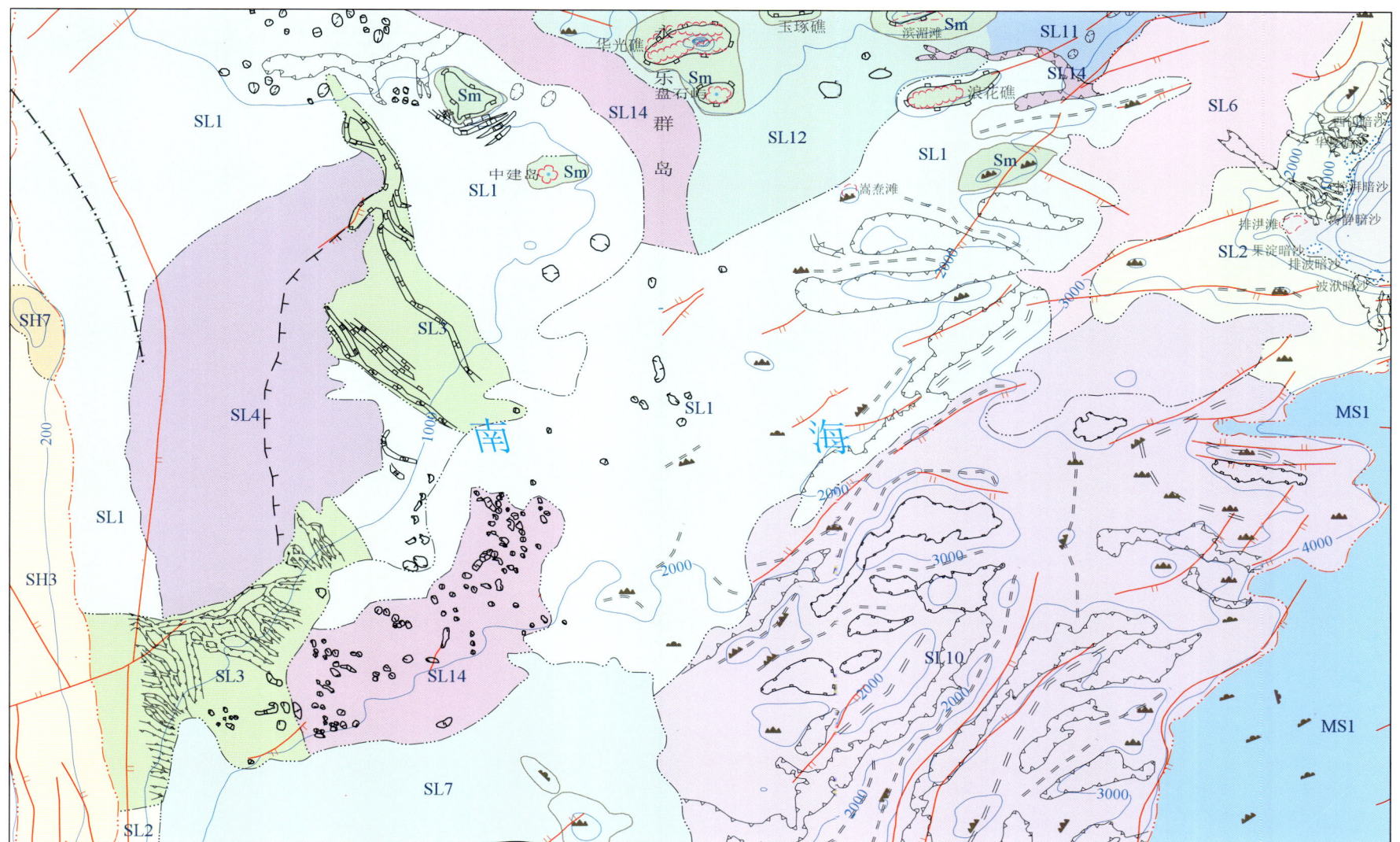

海底地形地貌图
Topographic and Geomorphologic Map of Seabed

中建南海盆海域地形图
Topographic map of Zhongjiannan Basin sea area

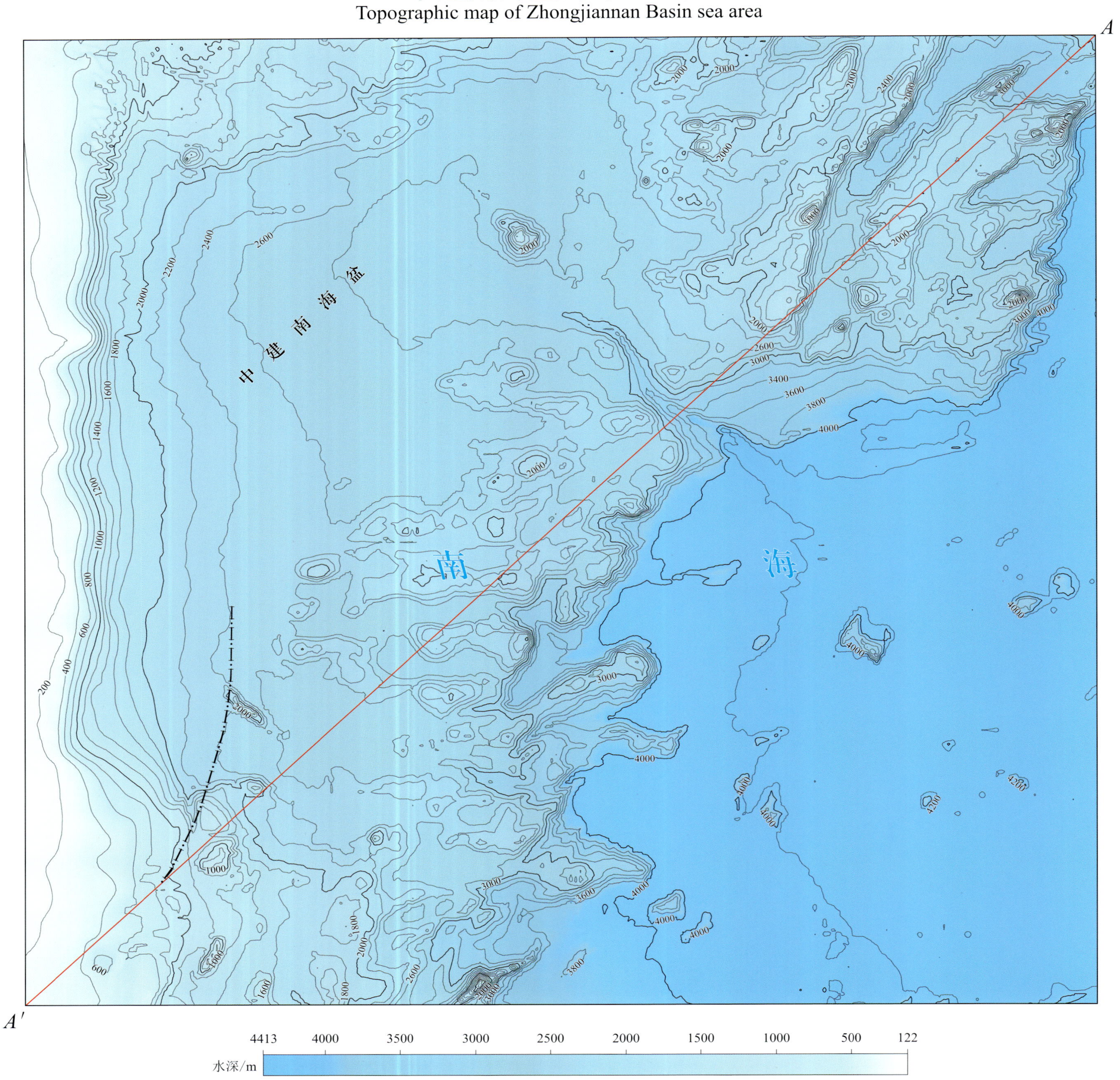

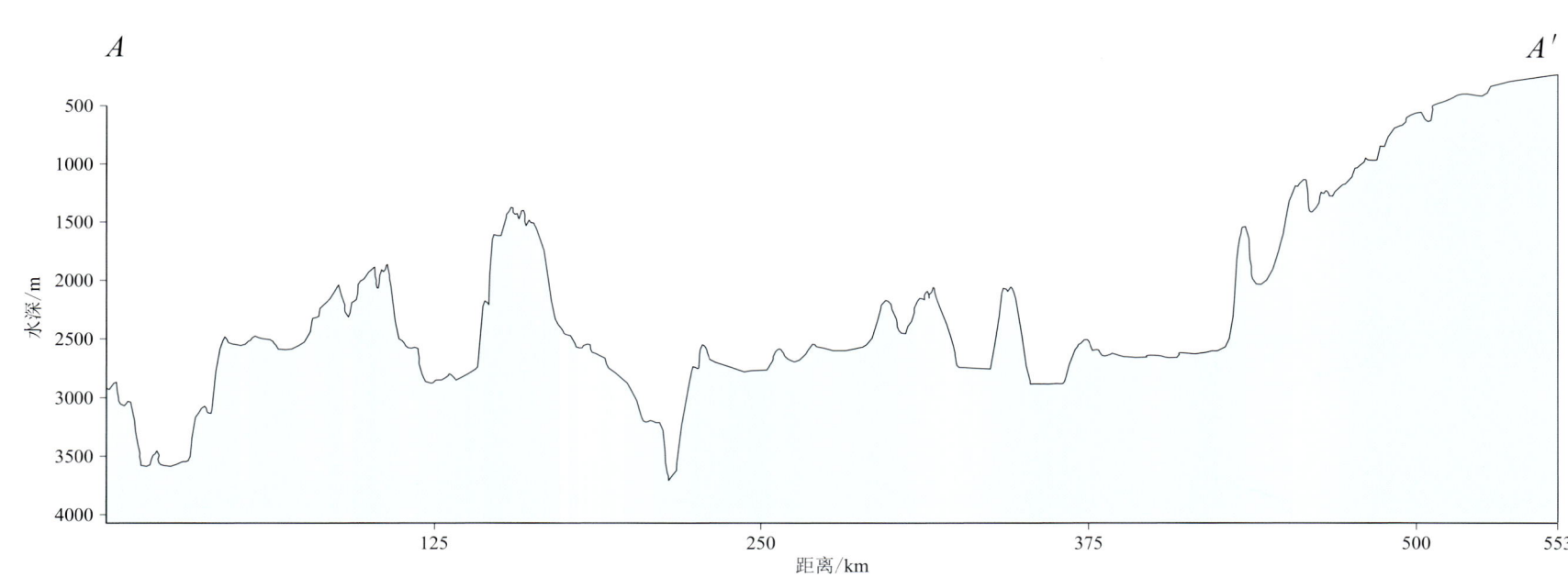

南海西部
Western South China Sea

中建南海盆海域晕渲地形图
Shaded-relief map of Zhongjiannan Basin sea area

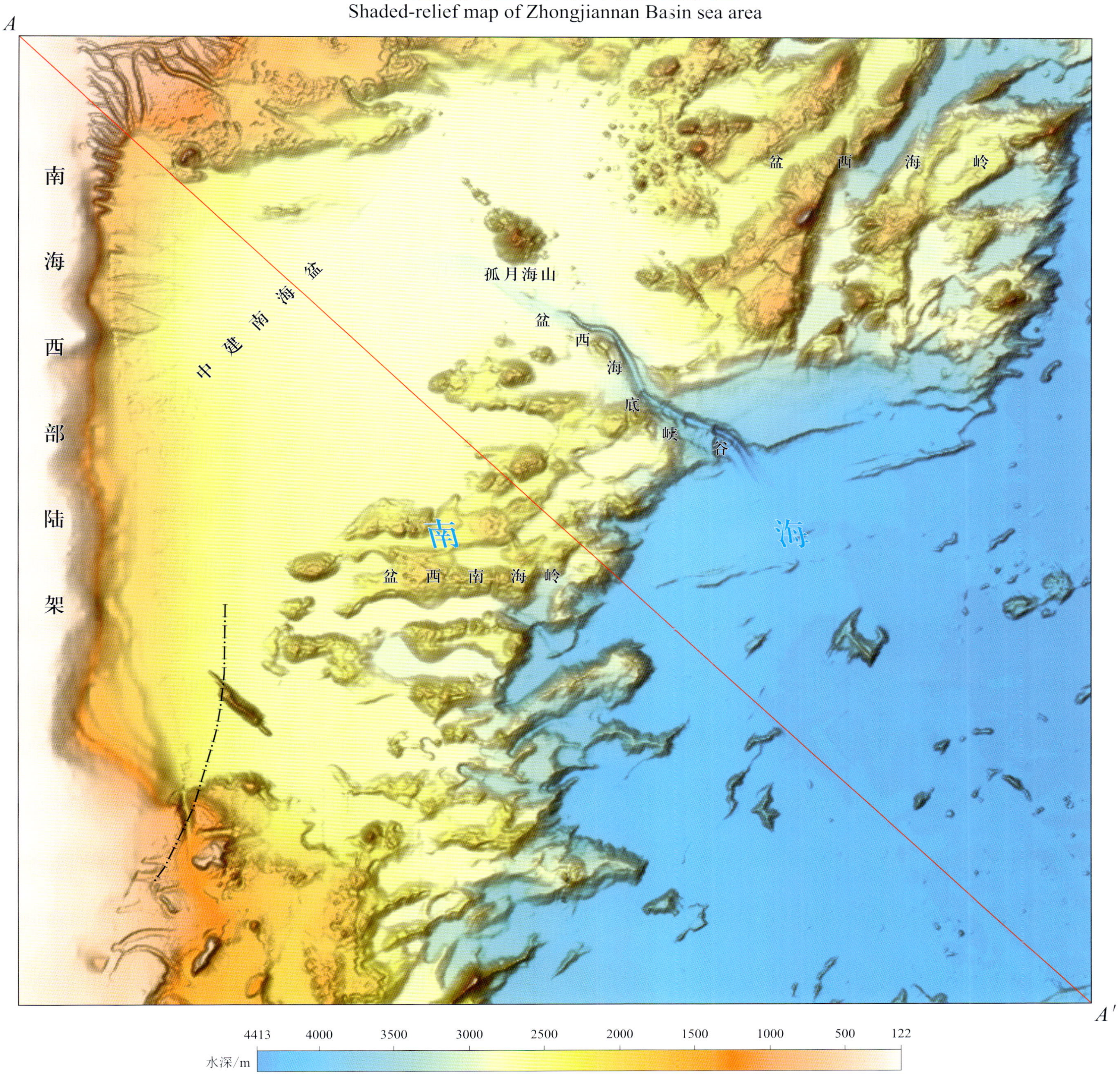

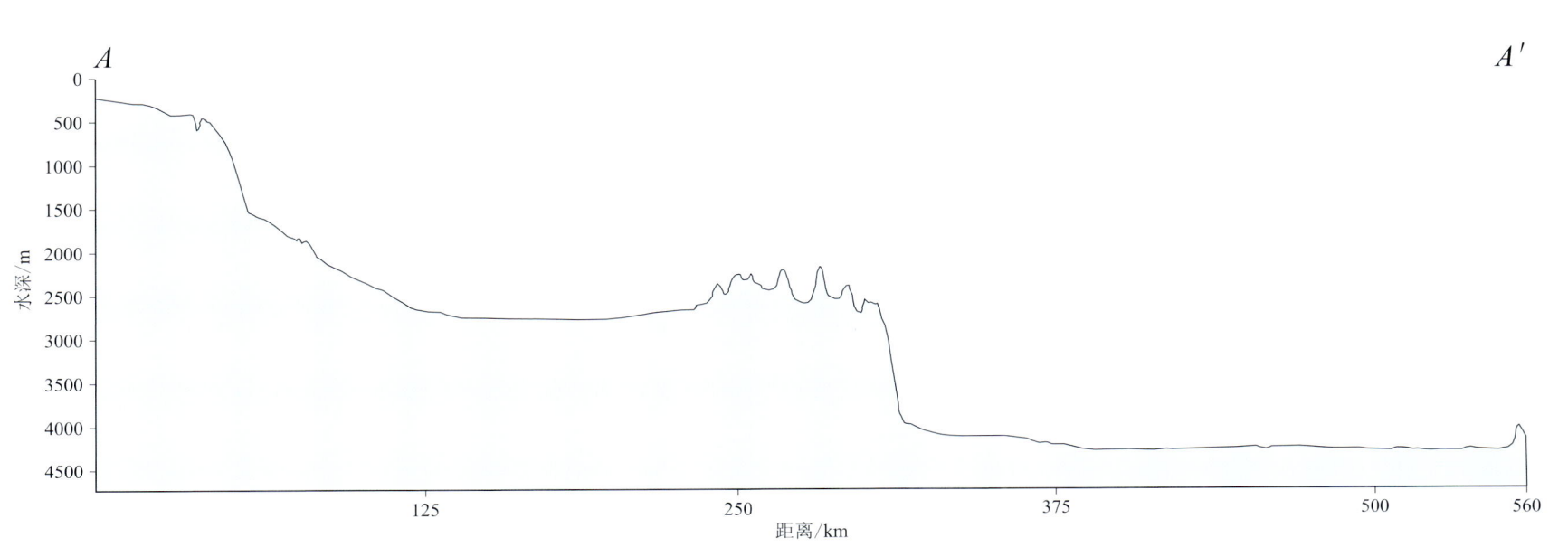

海底地形地貌图
Topographic and Geomorphologic Map of Seabed

中建南海盆海域地貌图
Geomorphologic map of Zhongjiannan Basin sea area

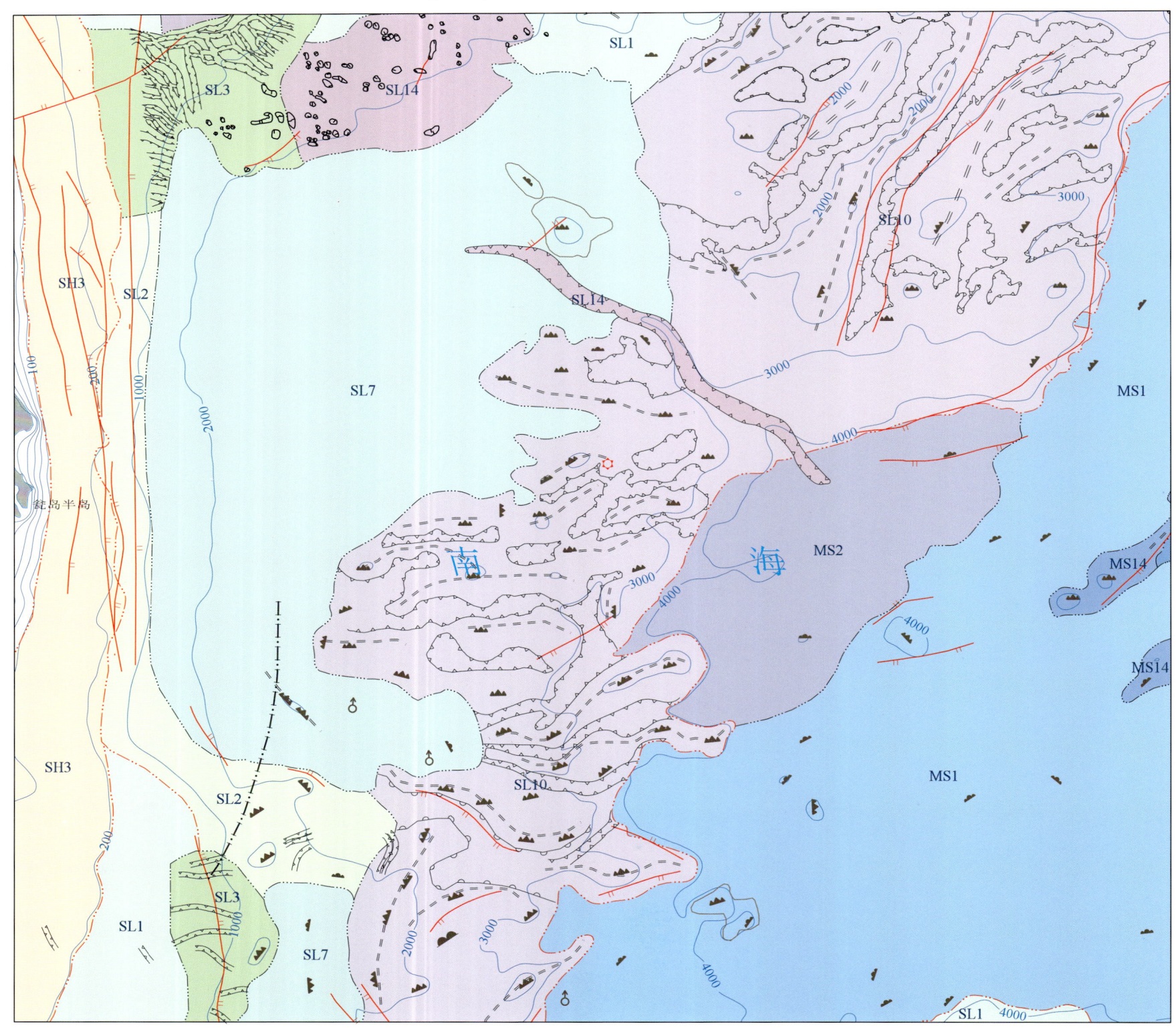

中建南海盆海域位于南海西部，横跨南海西部陆架、南海西部陆坡和西南次海盆三个地貌单元，水深在200m到4249m之间变化，地形变化较大。中建南海盆被南海西部陆架、中建阶地和盆西南海岭包围，平均水深为2190m，比四周地形低1200～2000m；平面形态上，南北长约257km，东西宽78～217km，北边最宽，南边渐窄；面积约为3.7万km²；从西向东，水深逐渐加深，从200m逐渐加深到2957m；坡度从西向东逐渐减小，从4°逐渐减小到0.1°。中建南盆地东部为盆西海岭和盆西南海岭，两个大型海岭被盆西峡谷分割，均由众多海山、海丘及山间盆地呈带状排列构成，区域内峰谷相间，地形连续绵起伏，其中盆西海岭发育十多条北东向或者北东东向线状延伸的海山，它们的长度各地不一，长者可达150km。区域内水深变化大，水深范围为296～4325m，平均水深为2784m。海岭平面形态似椭圆形，长边东北走向，长约273km、宽约167km，区域总面积约为4.3万km²。盆西南海岭水深范围为1700～4170m，地形多变，平均水深为2588m。区域平面形态呈四边形，长形方向为东北偏北，长边长度范围为115～176km，宽度范围为62～112km，区域总面积约为1.37万km²。区域平均坡度为4.8°。盆西南海岭的北半部，海山基本呈东西走向；而在南半部，既有南北走向，也有东北走向。两个海岭的海山之间形成了众多的山间盆地。海山山体及其山间谷地地形向深海平原延伸切割，使海岭东西部地形呈锯齿状，较为凌乱复杂。

南海南部
Southern South China Sea

万安滩海域地形图
Topographic map of Wan'an Bank sea area

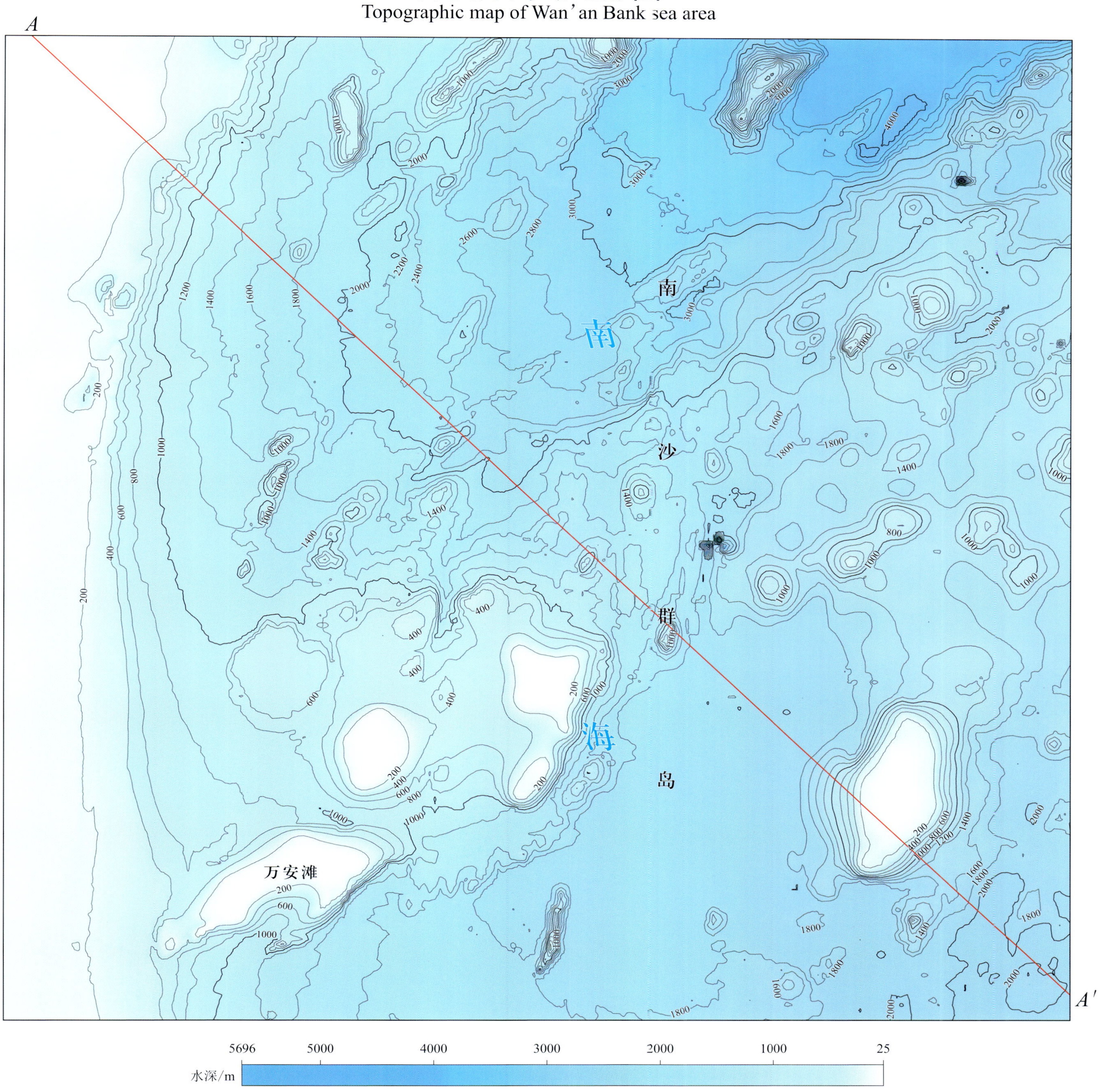

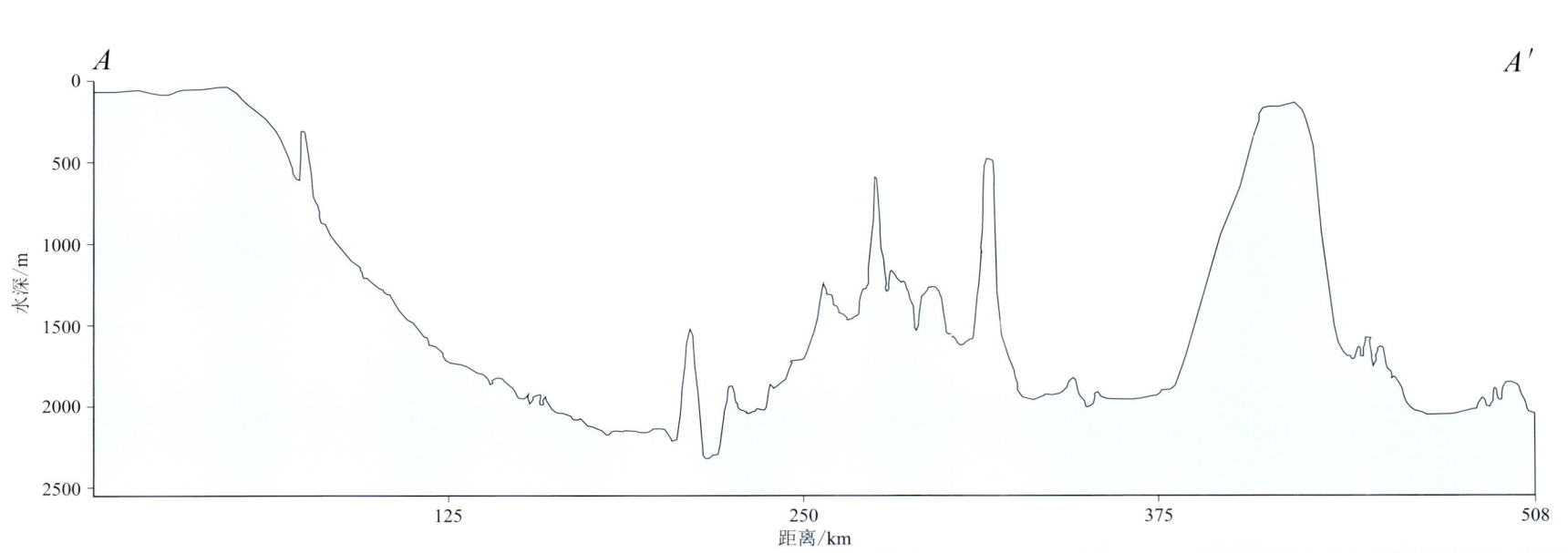

海底地形地貌图
Topographic and Geomorphologic Map of Seabed

万安滩海域晕渲地形图
Shaded-relief map of Wan'an Bank sea area

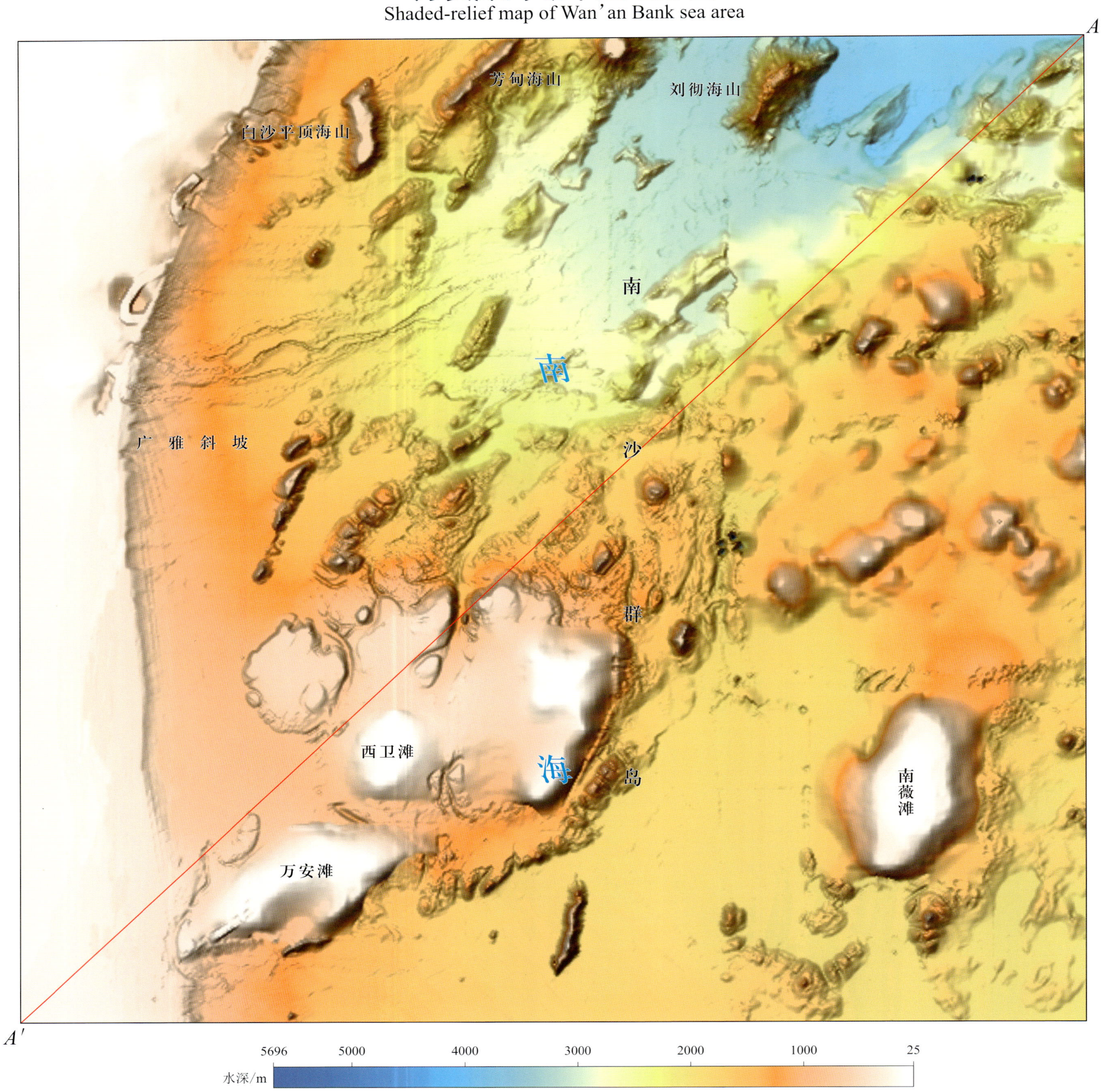

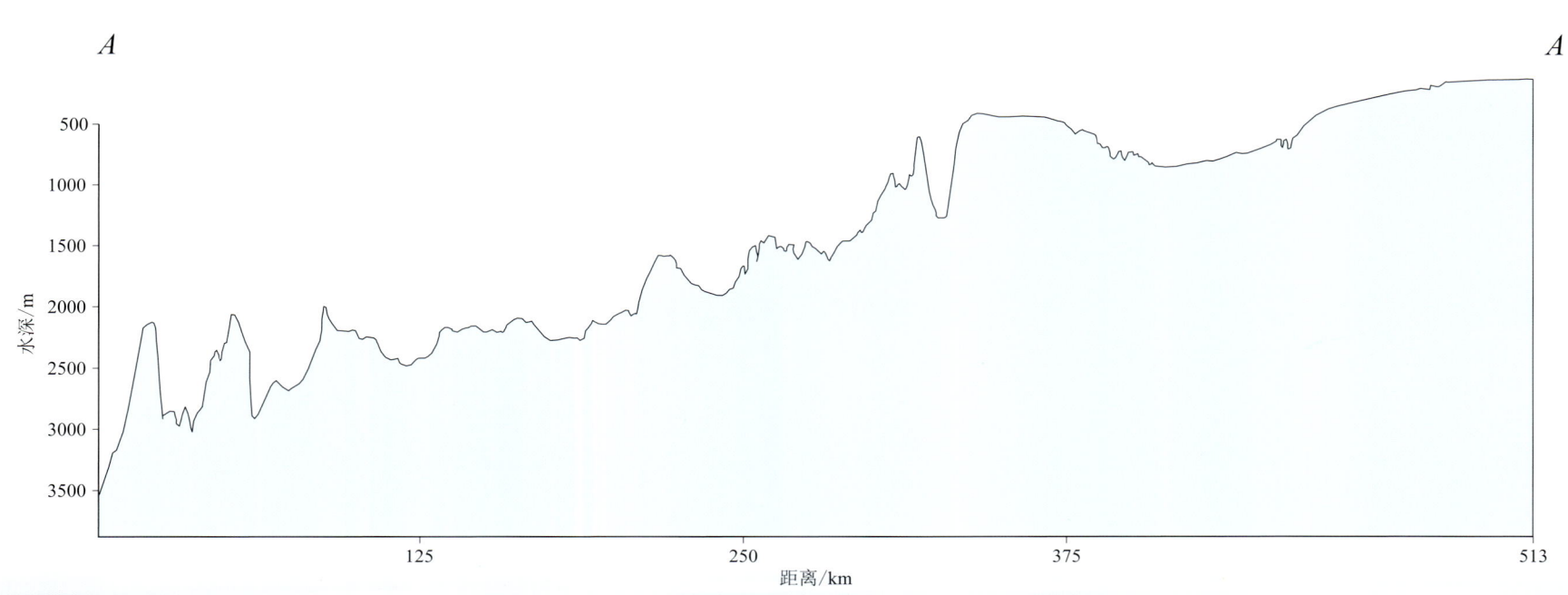

万安滩海域地貌图
Geomorphologic map of Wan'an Bank sea area

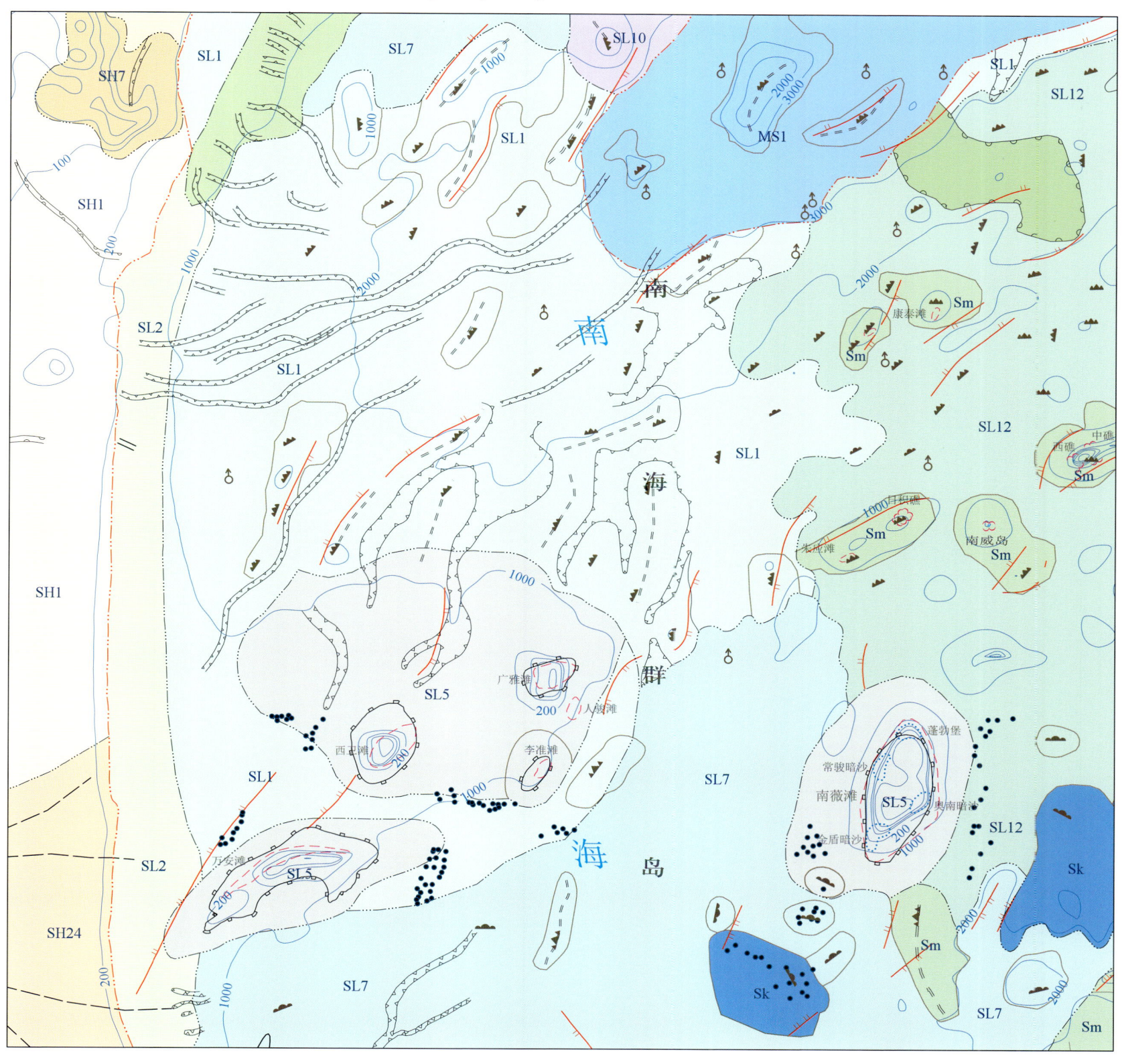

万安滩海域位于南海西南部区域，大部分水深范围在 200～3500m，水深变化较大，海底地形起伏不平，跨越了陆架、陆坡和海盆三大地貌单元，地貌类型多，有陆架槽谷、陆坡斜坡、陆坡陡坡、陆坡海脊、陆坡海台、陆坡山谷、陆坡海槽、陆坡盆地、陆坡高地、陆坡大型浅滩和陆坡大型峡谷等三级地貌单元。其中，万安海台西邻巽他陆架，东接南薇海盆，面积为 21930km²，海台上发育多个礁滩，发育海台台面、海台陡坡和陆坡斜坡等三级地貌，海台面周围台坡地形较陡峭，坡度为 3.5°～4.5°。海台陡坡的坡脚水深范围为 400～1480m。西北边陡坡的坡脚水深较浅，东南边陡坡的坡脚水深较深，广雅滩周围发育六个大型的平坦海台顶面，分别位于西卫滩、万安滩、广雅滩、南水洲、中沙洲和北沙洲。六个海台顶面形状不一，大小各异，但都非常平坦，边缘水深大约为 500m。海台之间被地形深陷的沟谷所分隔。南薇滩为一环形暗滩，水深范围为 22～83m，滩内发育有蓬勃堡、常骏暗沙、金盾暗沙和奥南暗沙等，南薇海盆为位于巽他陆架的东北边，万安滩的东边，发育多个海山和海丘。

海底地形地貌图
Topographic and Geomorphologic Map of Seabed

南沙海槽海域地形图
Topographic map of Nansha Trough sea area

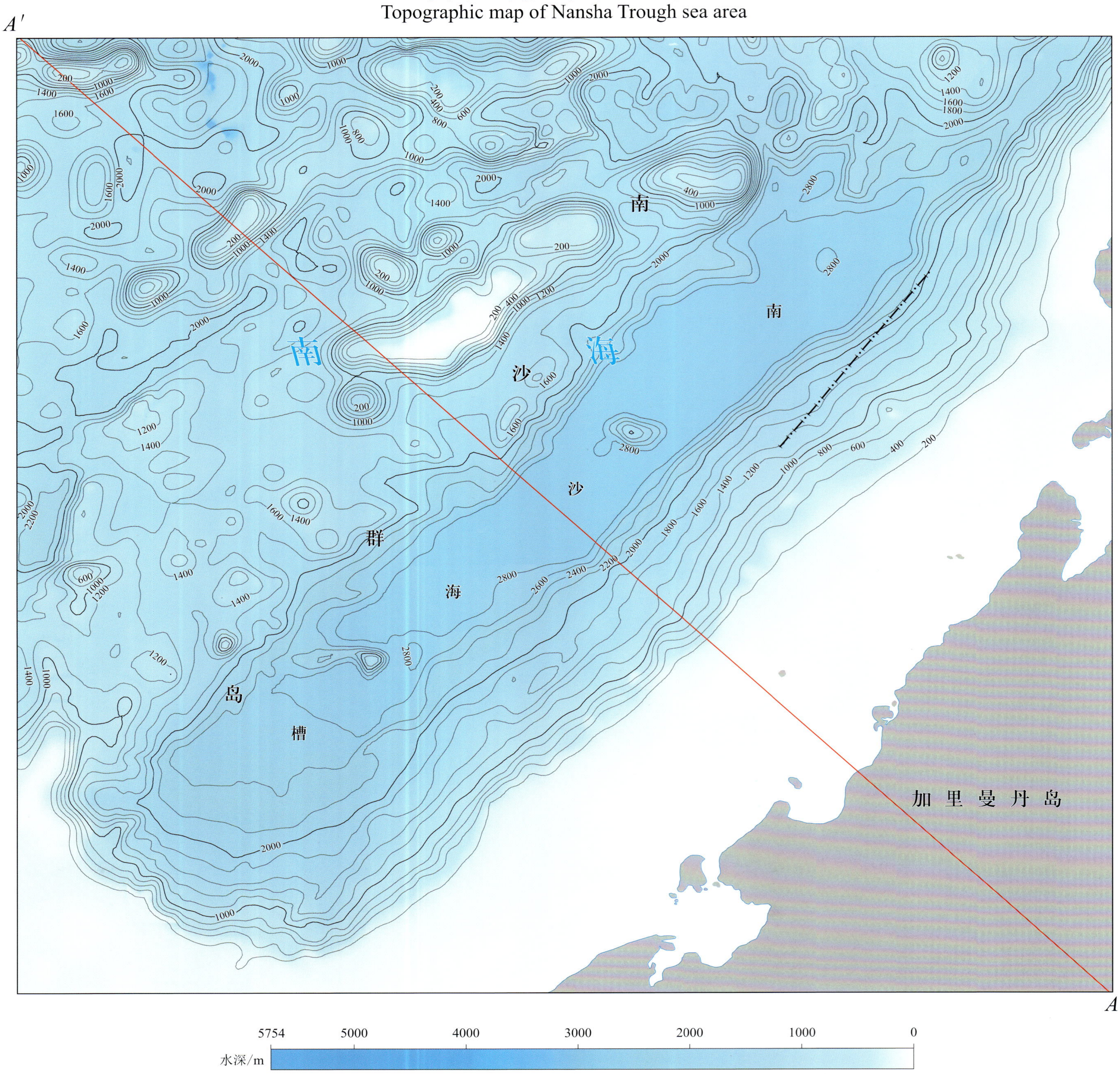

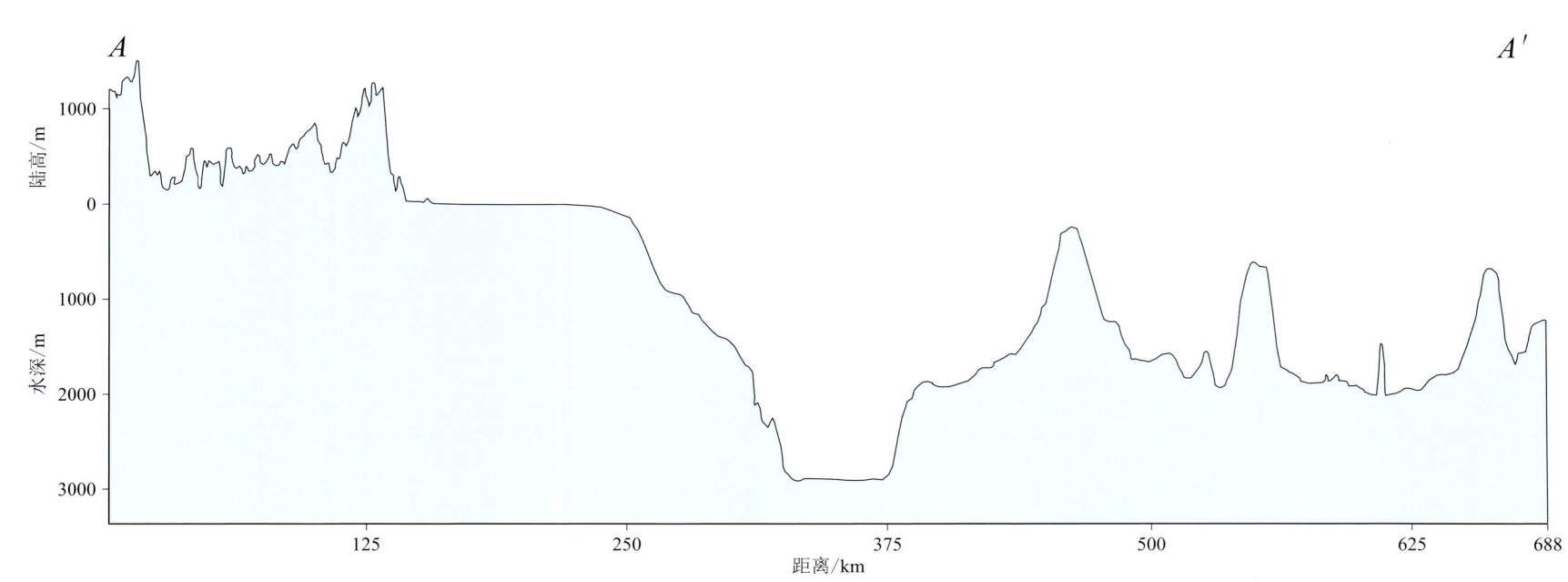

南海南部
Southern South China Sea

南沙海槽海域晕渲地形图
Shaded-relief map of Nansha Trough sea area

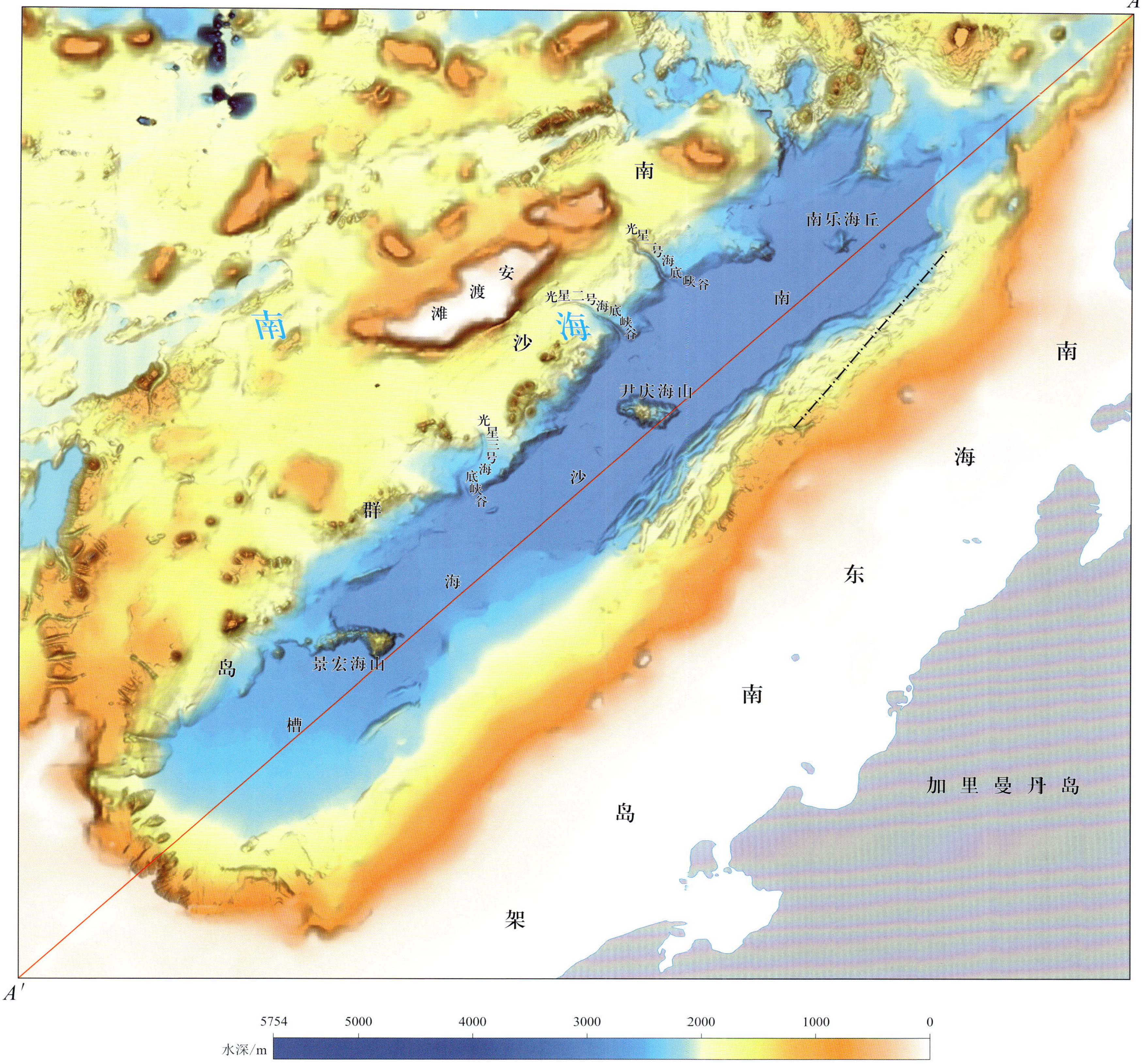

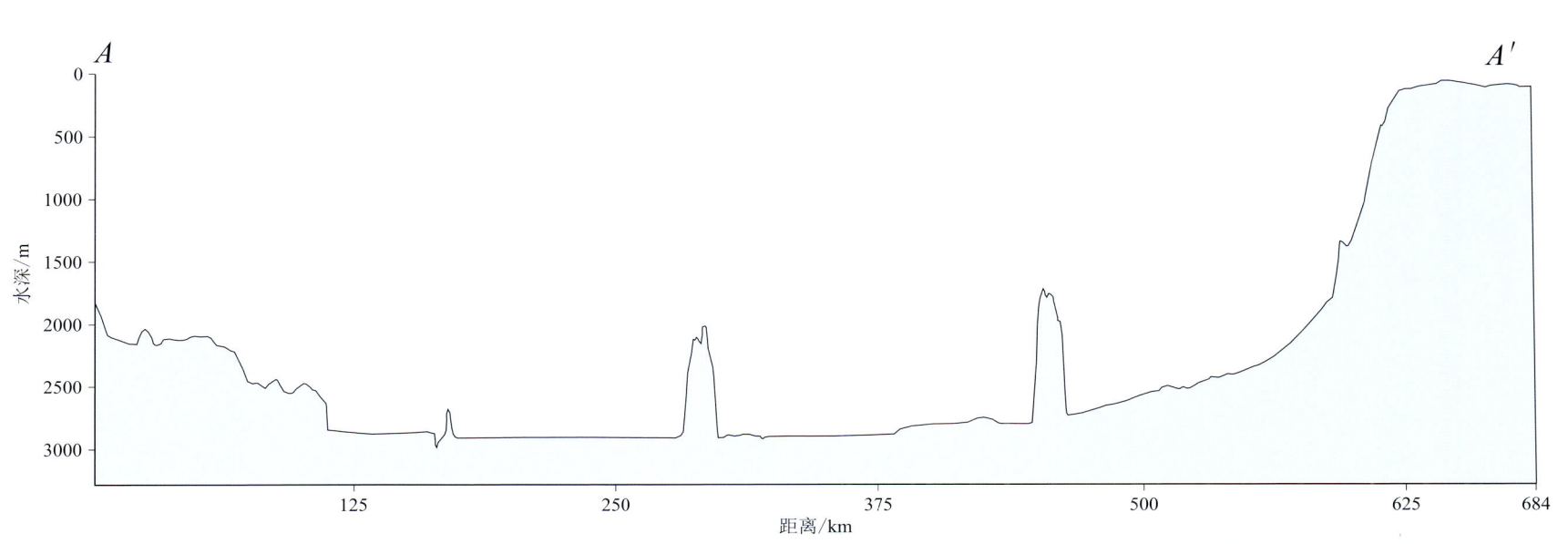

海底地形地貌图
Topographic and Geomorphologic Map of Seabed

南沙海槽海域地貌图
Geomorphologic map of Nansha Trough sea area

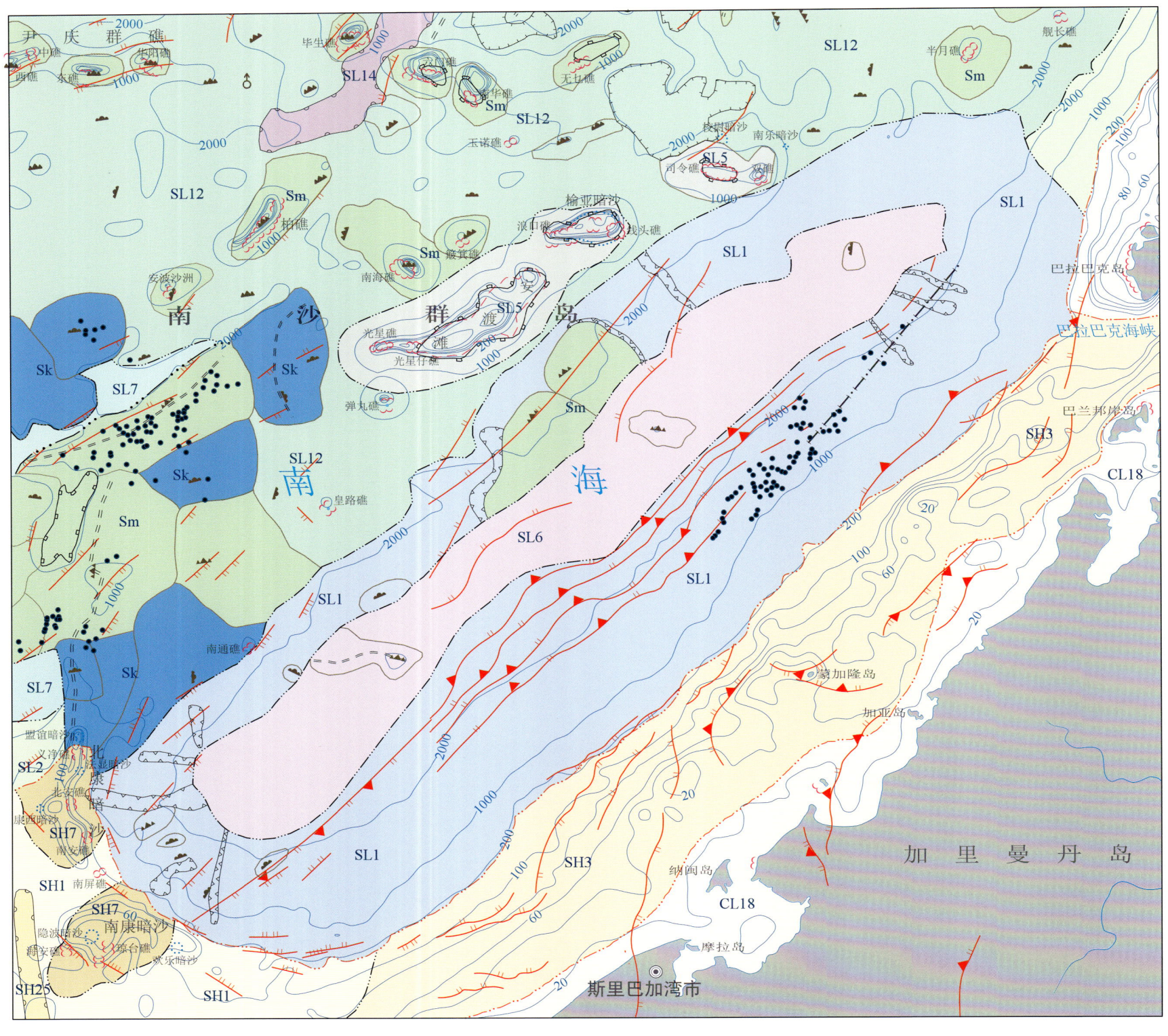

南沙海槽海域位于南海东南部，水深从陆架的几十米到陆坡的两千多米变化不等，地形崎岖起伏，变化较大，地貌上丰富多样，有岛架、海槽、浅滩、海山、海盆、海丘等多种地貌。该海域大部分区域为南沙陆坡，陆坡上大小不一的多个海山、海丘、浅滩分布。南沙海槽位于该海域，南沙海槽平原形态呈长形，走向为东北向；东北向长约569km、西北向宽约145km、面积约为82024km^2；发育斜坡、槽底平原、海山、大型海丘等三级地貌，同时发育小峡谷和海穴等四级地貌。

南海南部
Southern South China Sea

礼乐滩海域地形图
Topographic map of Reed Tablemount sea area

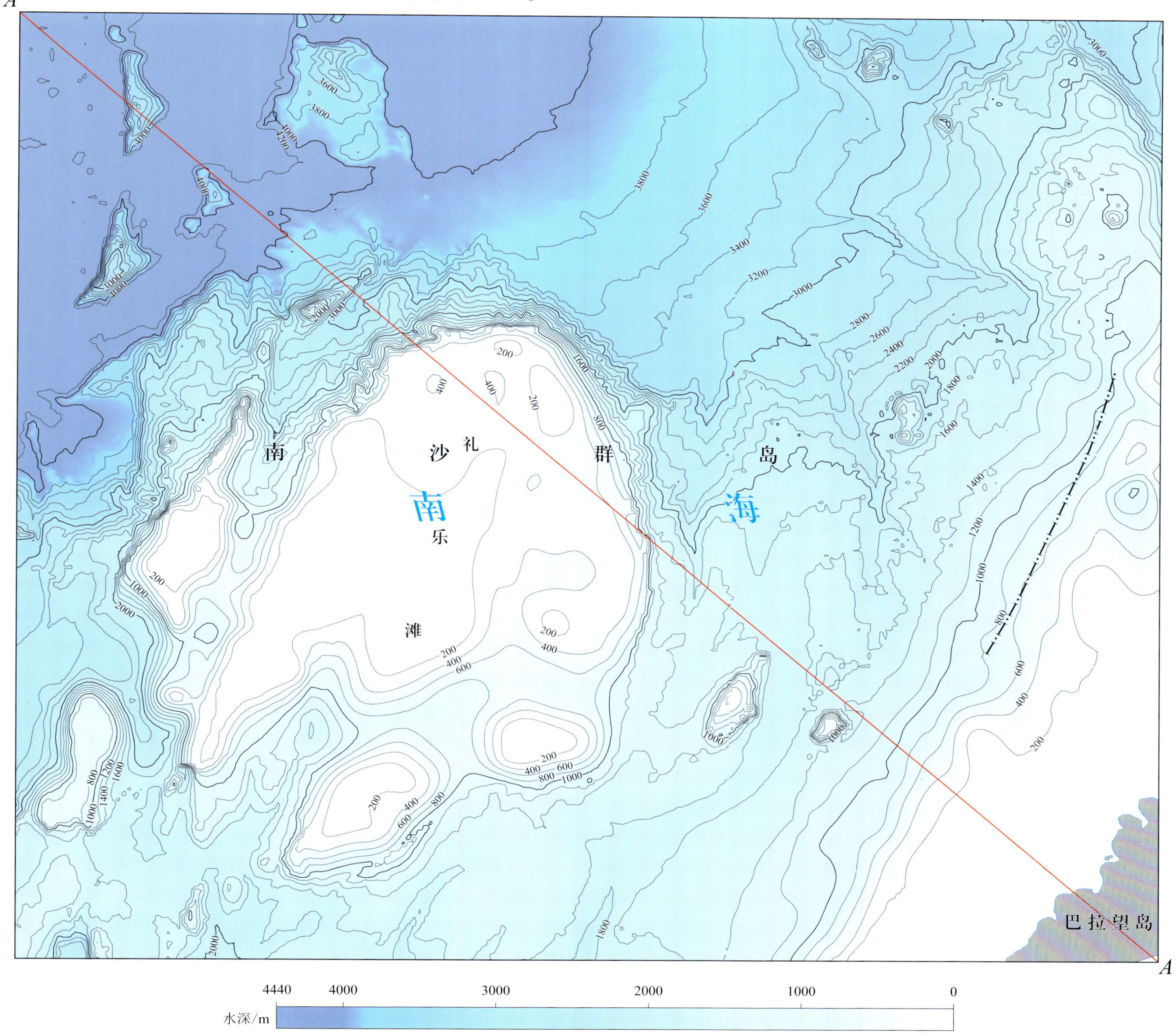

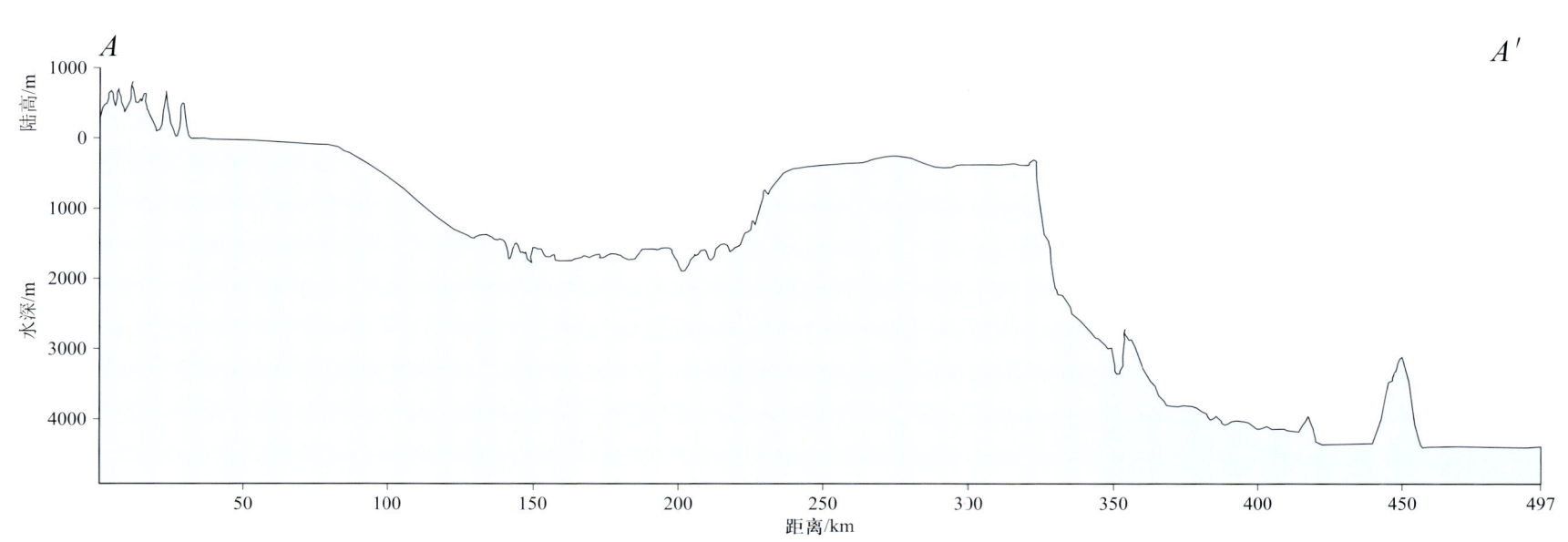

海底地形地貌图
Topographic and Geomorphologic Map of Seabed

礼乐滩海域晕渲地形图
Shaded-relief map of Reed Tablemount sea area

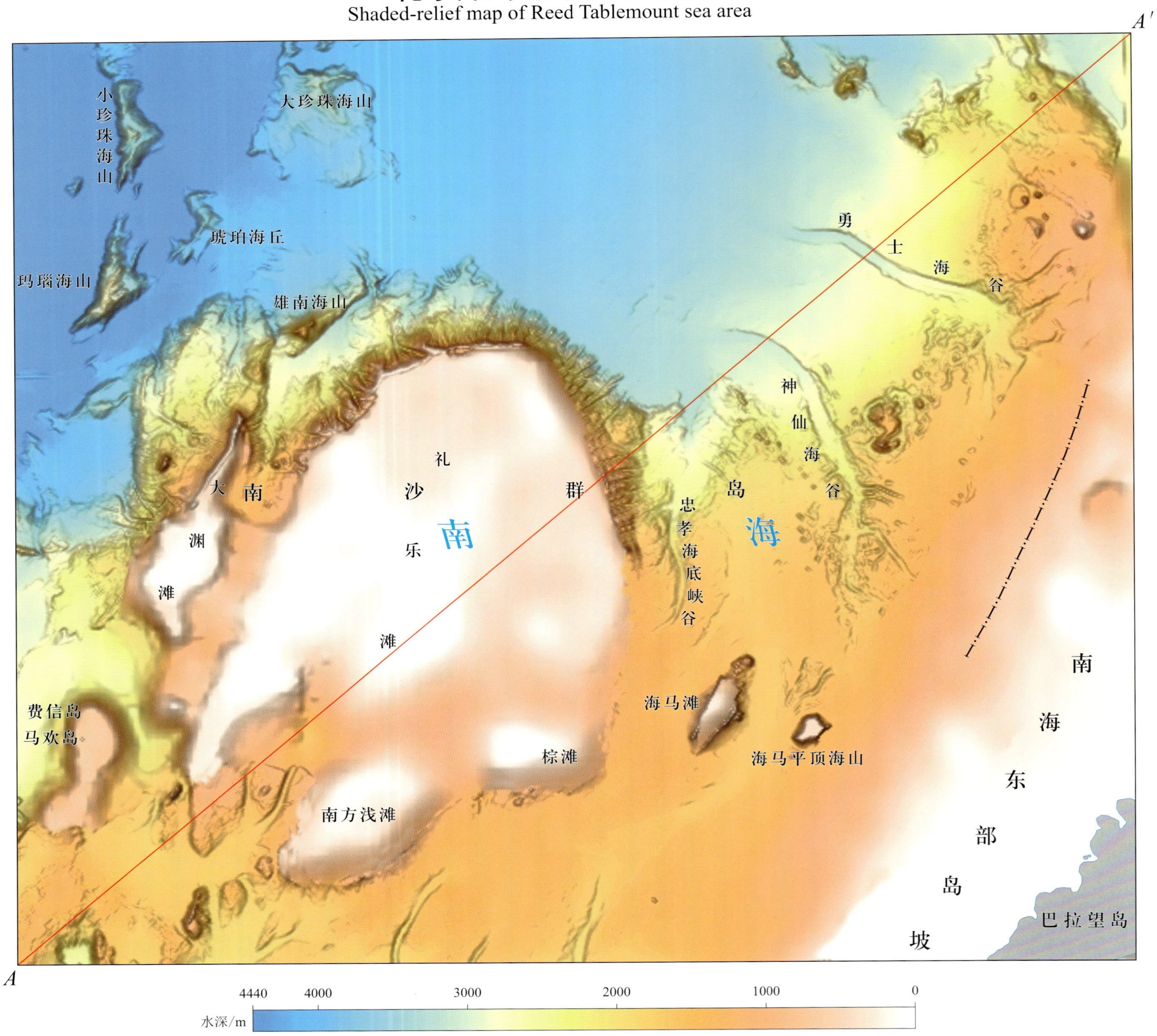

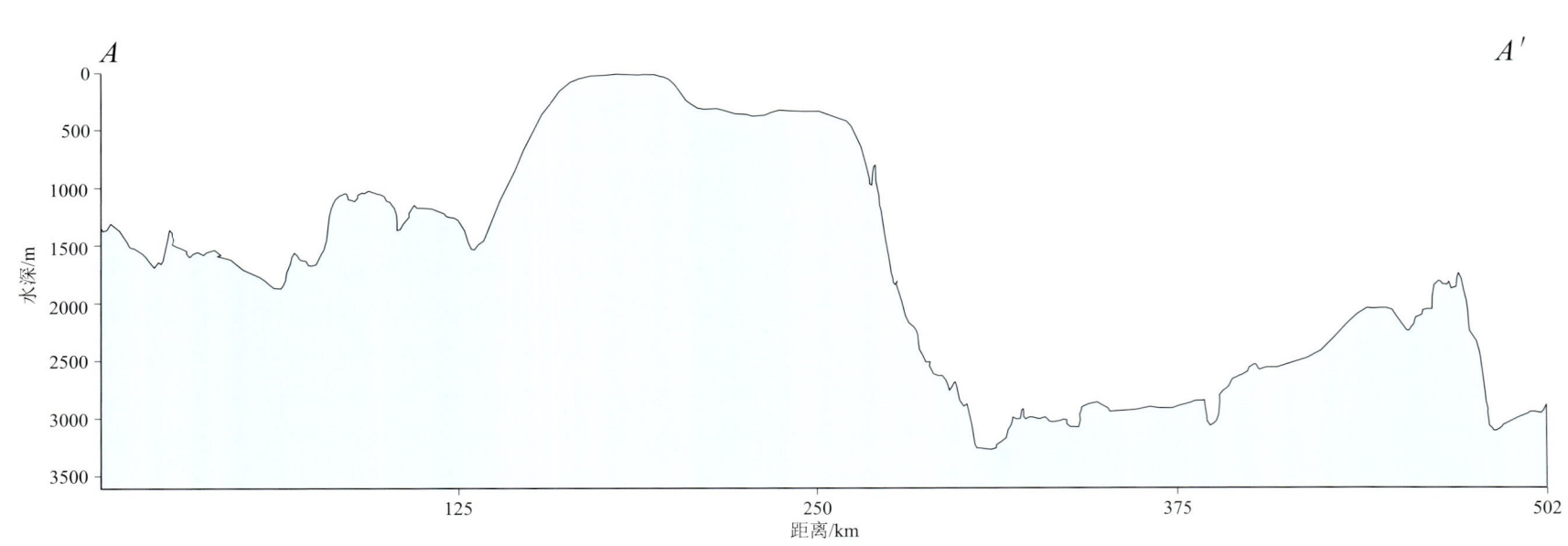

礼乐滩海域地貌图
Geomorphologic map of Reed Tablemount sea area

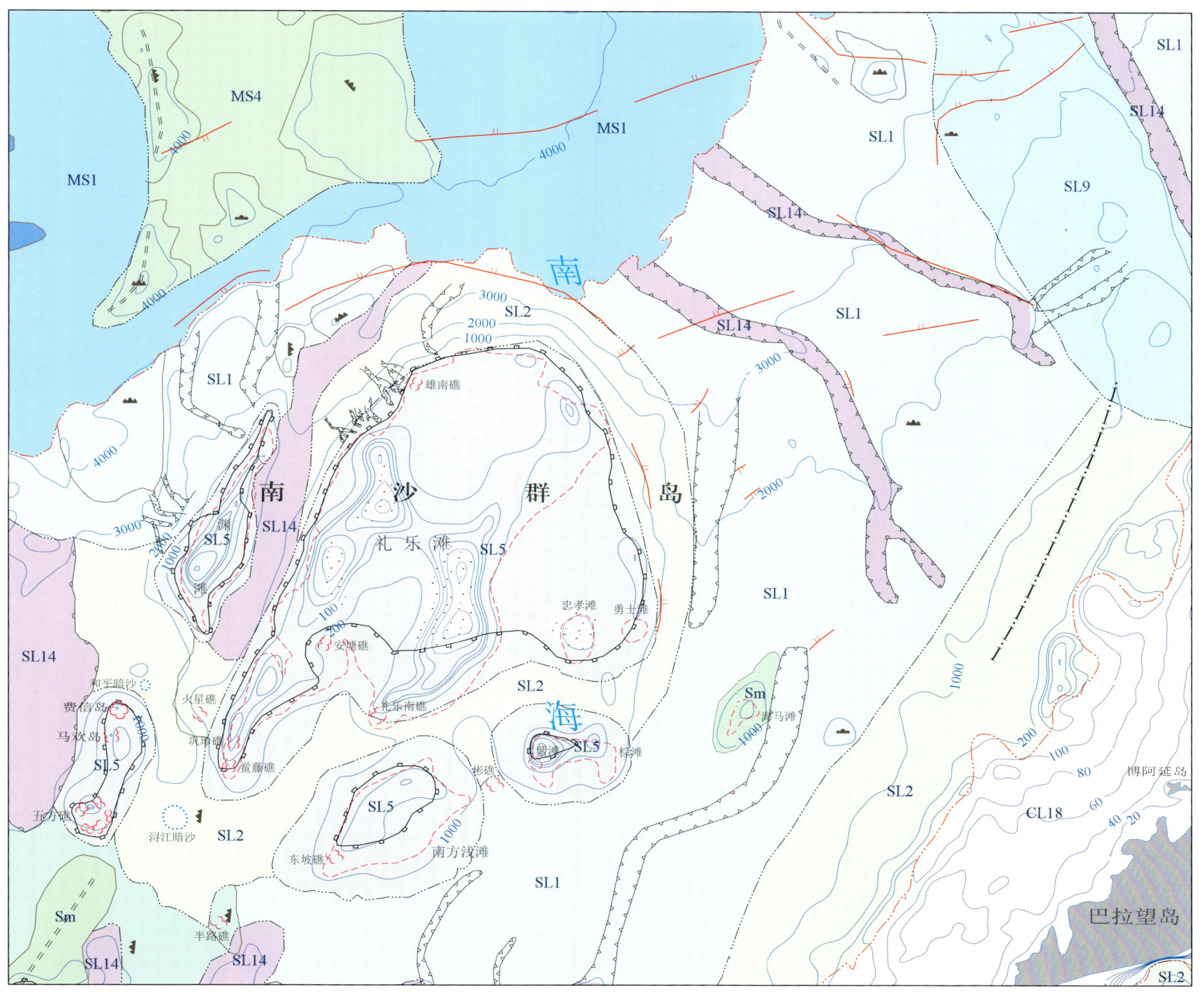

礼乐滩海域位于南海南部，水深从几十米到几千米不等，地形崎岖起伏，变化较大，地貌上跨越岛架、陆坡、海盆三大地貌单元，该海域浅滩暗礁众多，礼乐滩和南方浅滩为该海域最大的两个浅滩，也是南沙群岛最大的暗滩群。礼乐海台北部与深海平原相接，西部为永乐海槽，南部和东南部是陆坡斜坡，东部与神仙海谷相邻，是南沙陆坡规模最大的海台，面积达22760km²。海台平面形态呈近椭圆形，长轴呈近南北方向，长轴长约238km，最大宽度约为186km。海台顶面的平面形态也呈近椭圆形，长轴呈近南北方向，长轴长约183km，最大宽度约为122km，平面面积达12160km²。海台水深范围为30～4200m，海台顶面大致以180～500m等深线匝闭，海台顶面水深范围为30～500m，地形相对平坦，顶面整体地形自中部向四周缓慢倾斜下降，坡度约0.1°，地形平缓；台坡地形陡峭，水深范围为380～4200m，在3560～4200m水深段融入深海平原，最大坡度出现在台坡西部，达到17°。台坡发育了雄南海山、北雄南海谷和东大渊海谷。周缘台坡上发育众多峡谷和海山，切割强烈。海台顶面上发育了永乐礁。

海底地形地貌图
Topographic and Geomorphologic Map of Seabed

南海海盆
South China Sea Basin

南海海盆中央地形图1
Topographic map 1 of central South China Sea Basin

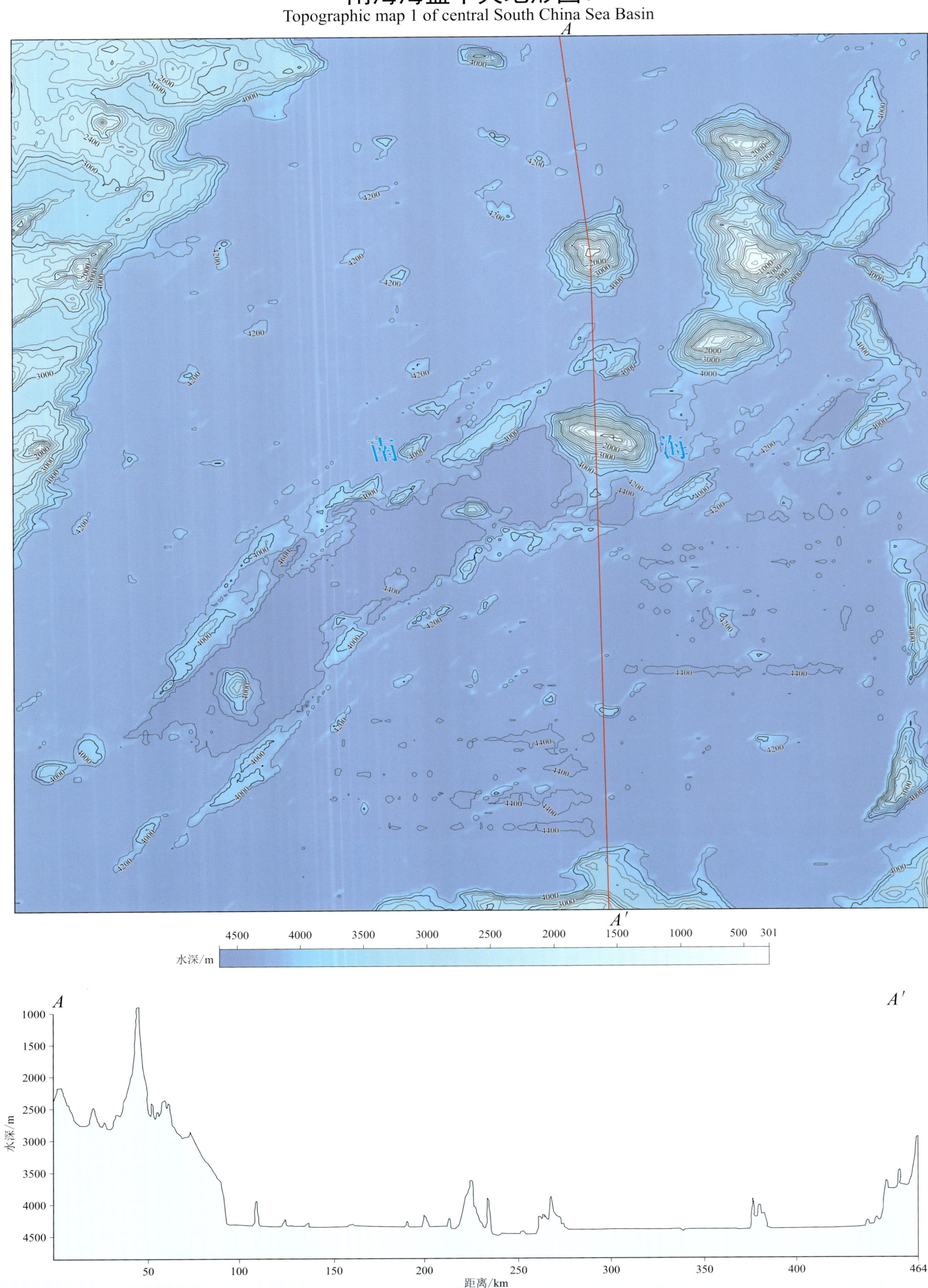

南海海盆中央地形图2
Topographic map 2 of central South China Sea Basin

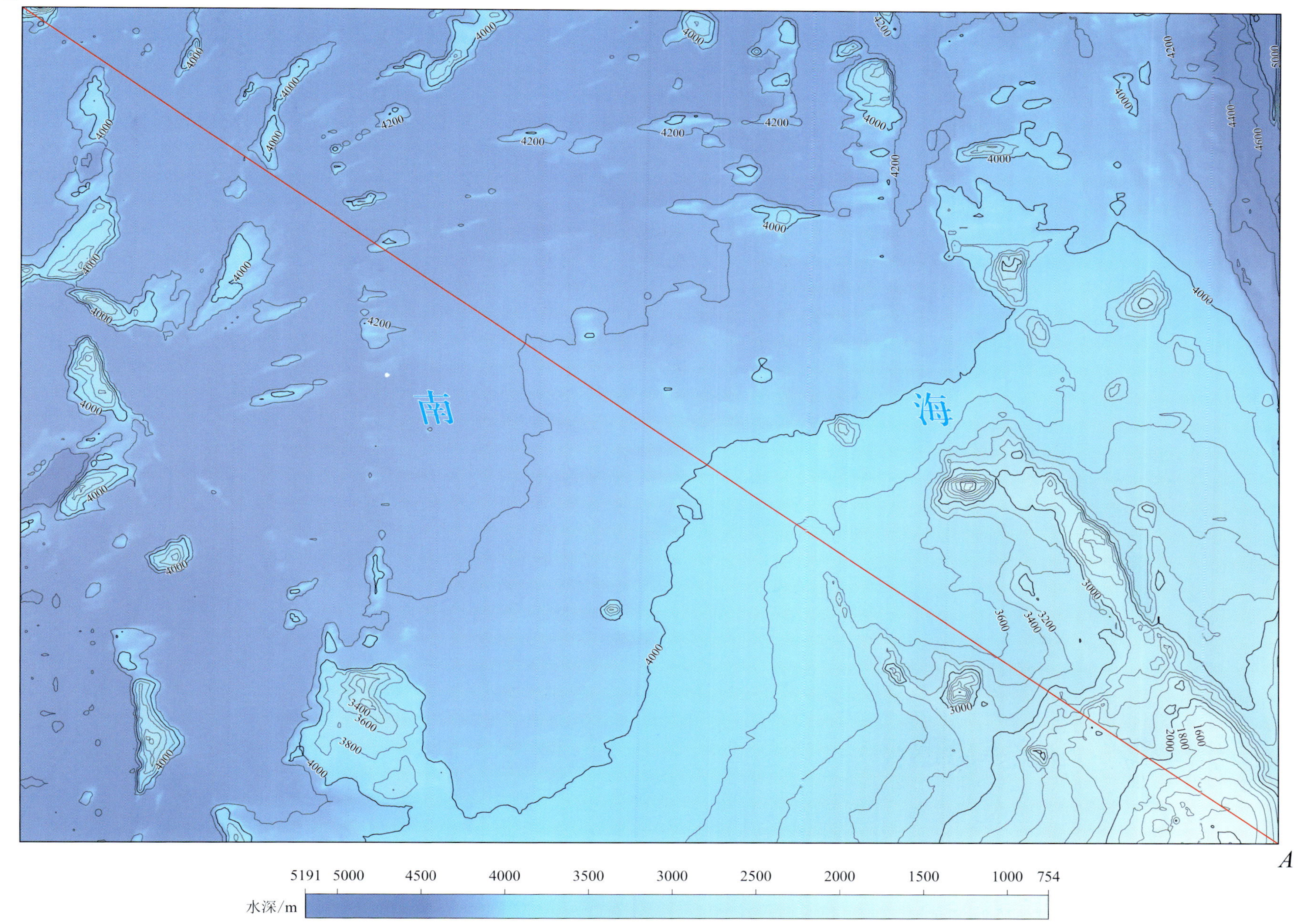

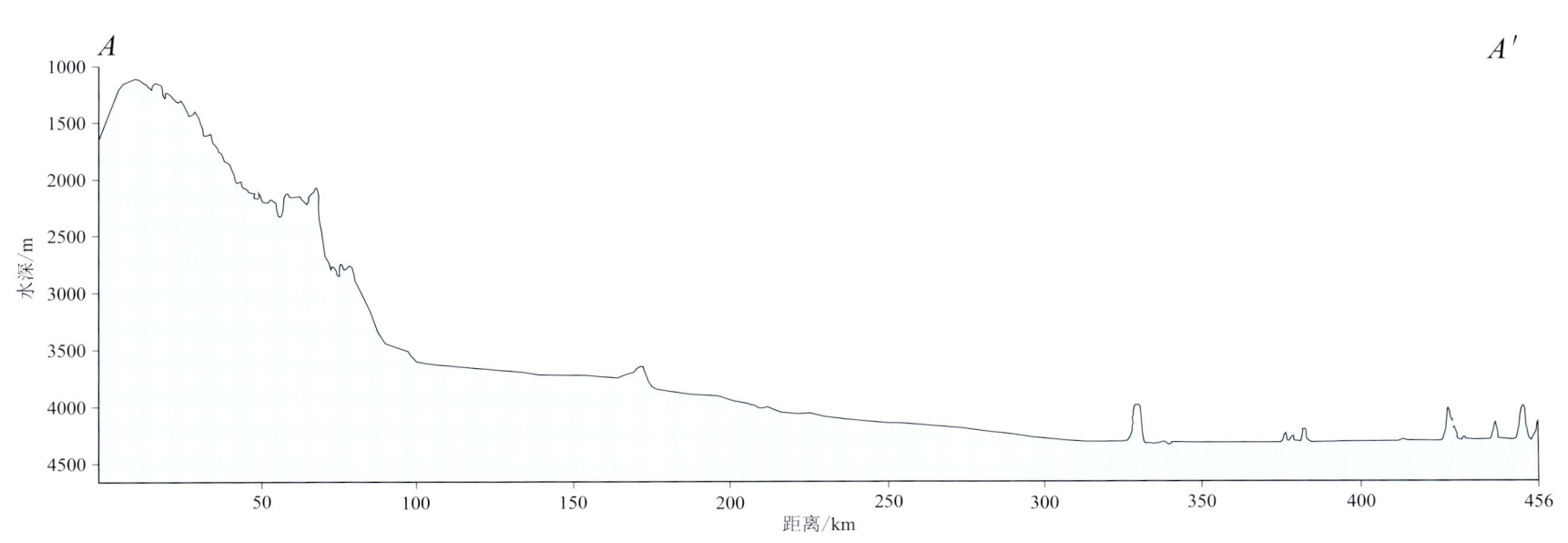

海底地形地貌图
Topographic and Geomorphologic Map of Seabed

南海海盆中央晕渲地形图2
Shaded-relief map 2 of central South China Sea Basin

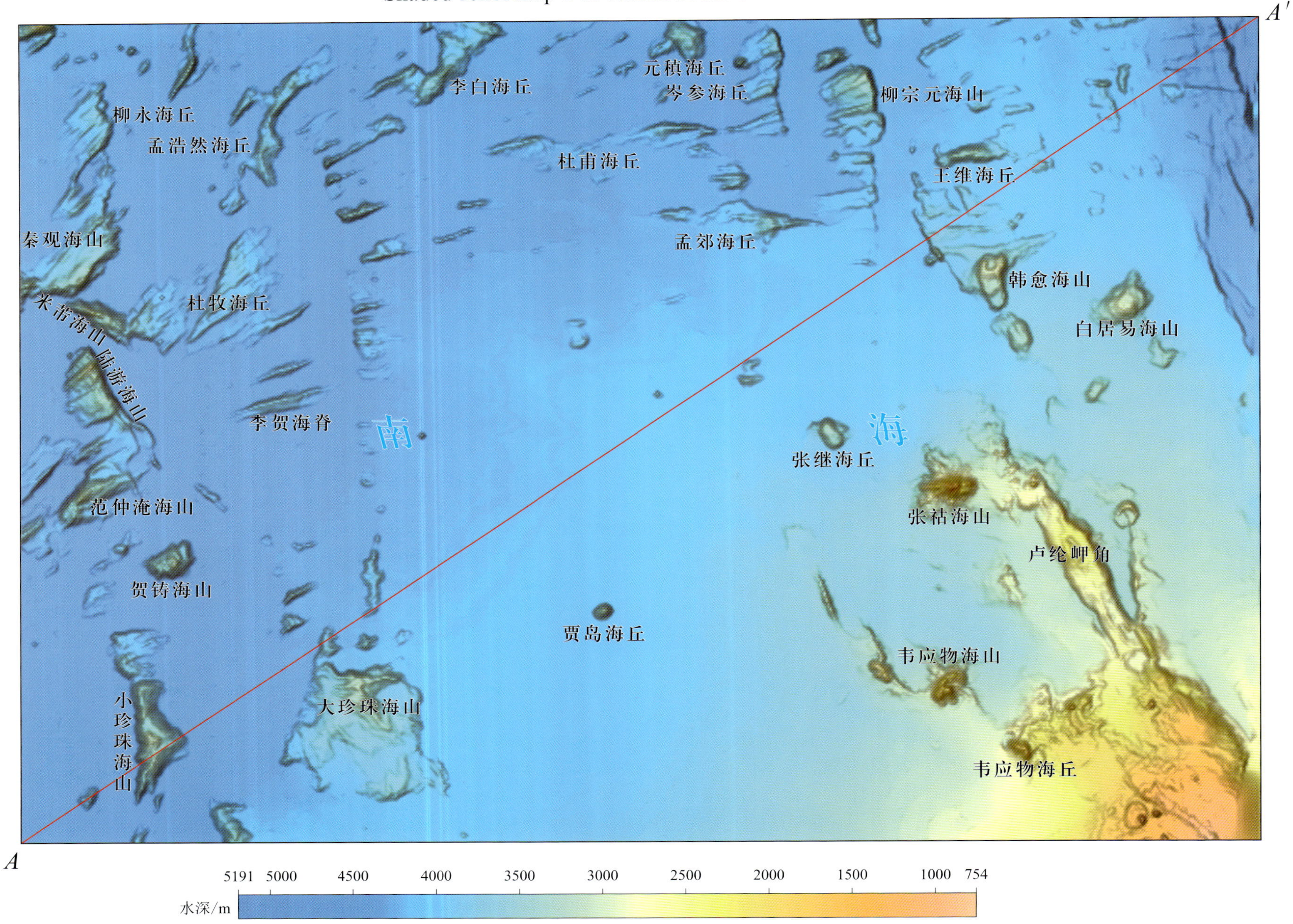

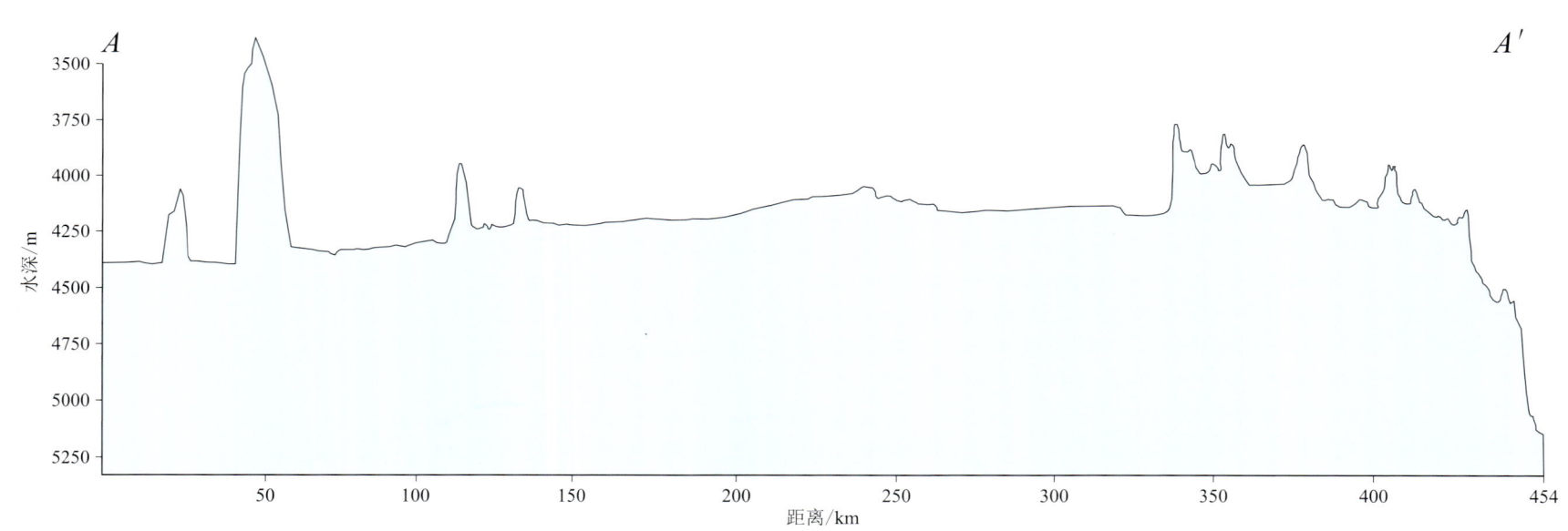

南海海盆中央地貌图2
Geomorphologic map 2 of central South China Sea Basin

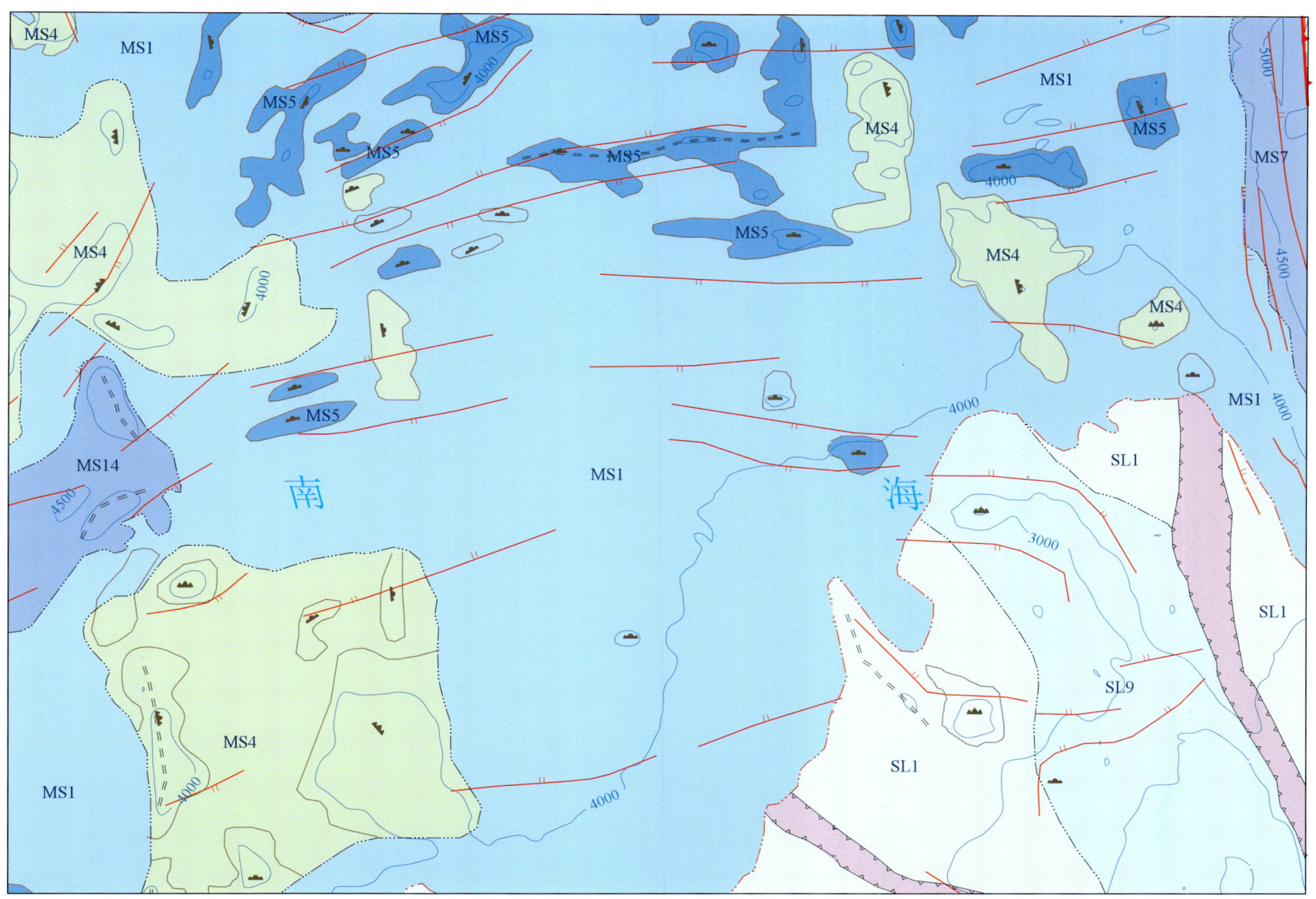

  本图域位于南海海盆东南部，西南次海盆内，水深范围为3500～4200m，大部分区域为地势平坦的深海平原。深海平原中间发育有珍珠海山群，以及柳宗元海山、韩愈海山、杜甫海丘、李白海丘等多个海山、海丘，东南侧为南沙陆坡，发育有项羽海脊、卢纶海底峡谷等次一级地貌。其中，珍珠海山群由五个规模较大的海山、海丘和几个小型海丘，如大珍珠海山、小珍珠海山，发育于3900～4400m水深段内，珍珠海山群西北－东南向长约133km，东北－西南北向最大长度约为169km，面积约为10250km²。大珍珠海山南北向长约61.7m，东西向宽约57.5km，面积约为2269km²。海山峰顶水深为3045m（12°48.57′N，116°34.02′E）。山麓水深范围为3997～4322m。海山南边山麓水深较深，海山最大高差约为1277m。海山北边斜坡坡度较大，约为21°；其他方位斜坡坡度约为2°。小珍珠海山南北向长约58.9m，东西向宽约19.0km，面积约为987km²。海山峰顶水深为3052m（12°41.76′N，115°58.24′E）。山麓水深范围为4320～4389m。海山东南边山麓水深较深，海山最大高差约为1337m。海山西边斜坡坡度较大，约为19°；东边斜坡坡度约为9°，南边和北边斜坡坡度约为3°。

海底地形地貌图
Topographic and Geomorphologic Map of Seabed

南海海盆中央地形图3

Topographic map 3 of central South China Sea Basin

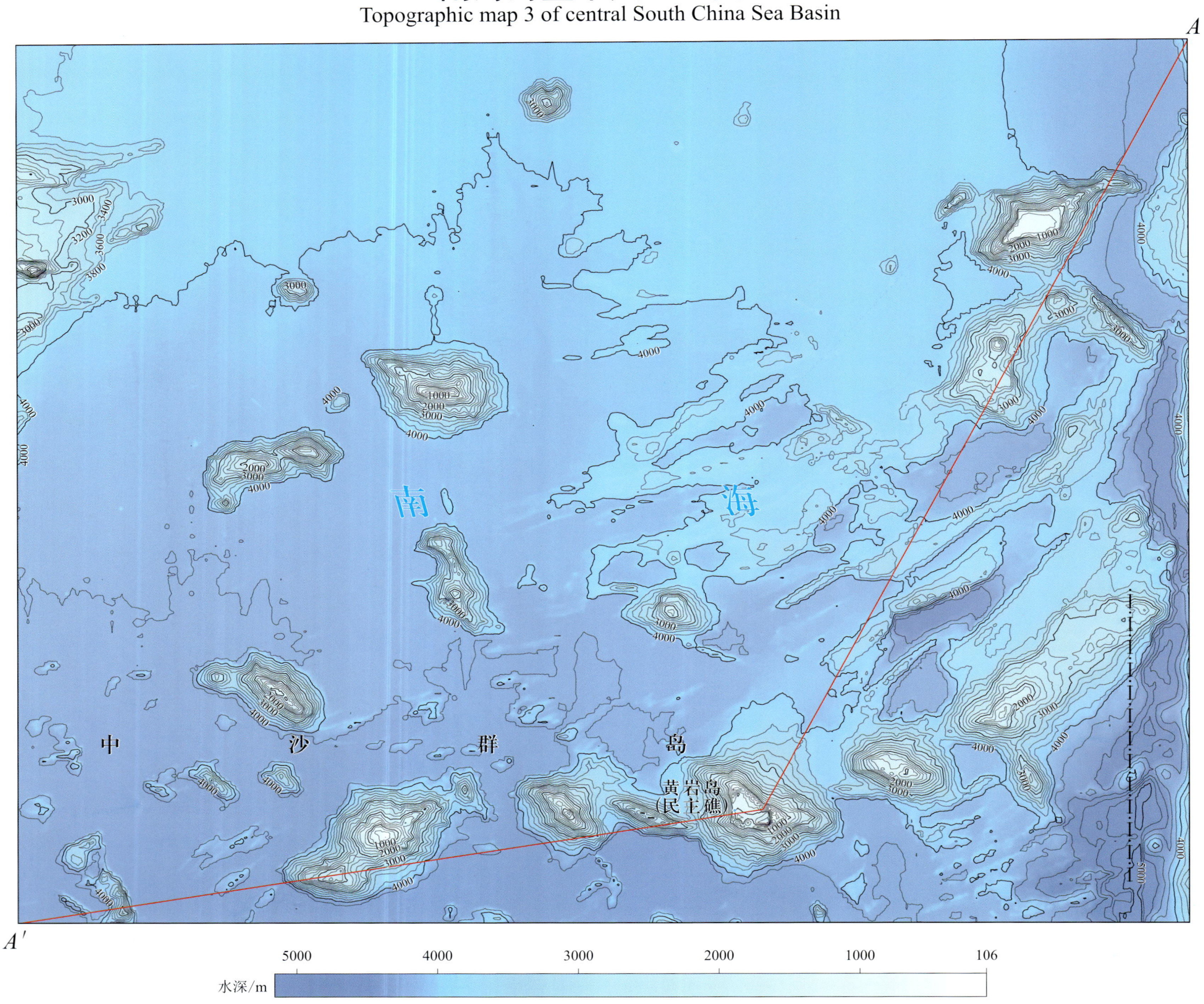

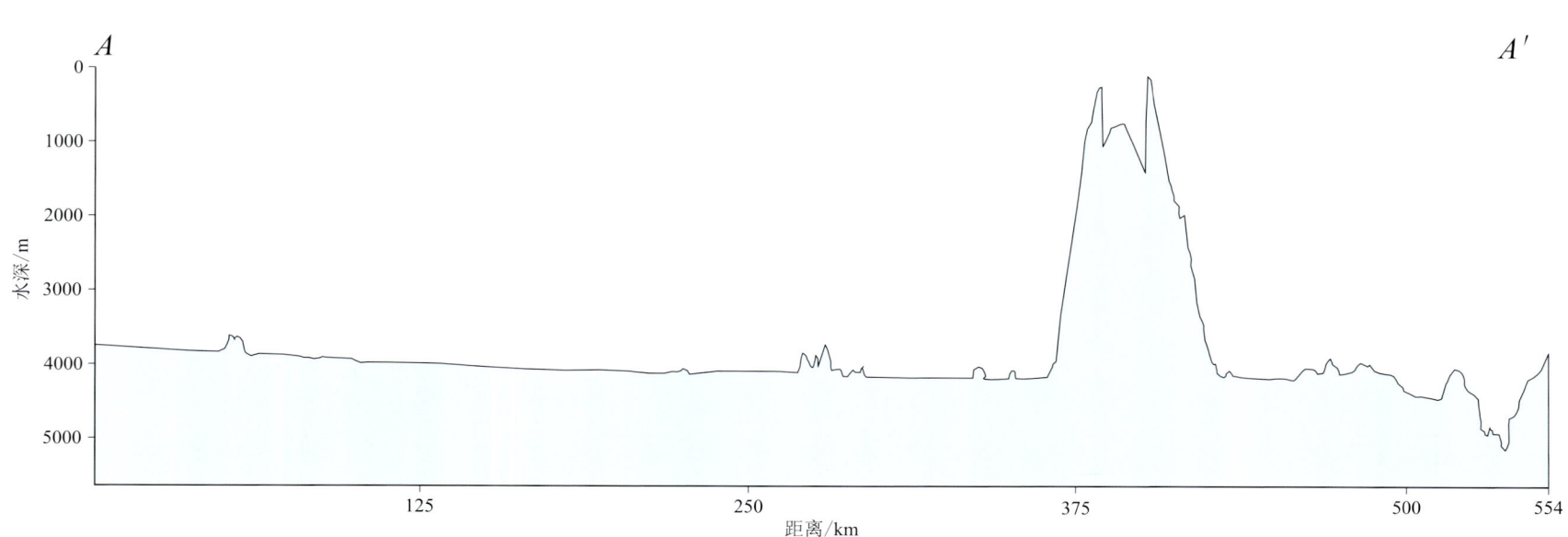

南海海盆
South China Sea Basin

南海海盆中央晕渲地形图3
Shaded-relief map 3 of central South China Sea Basin

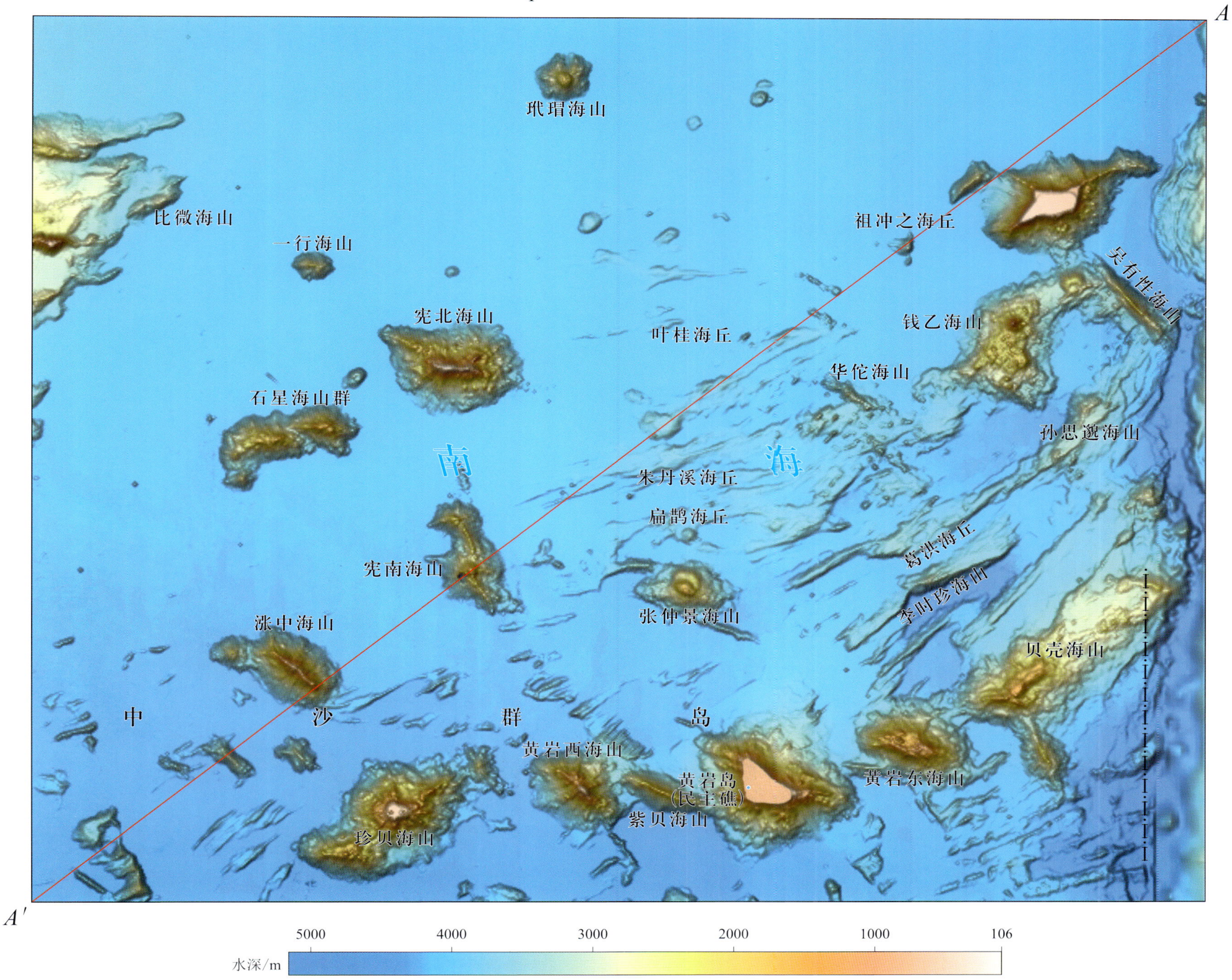

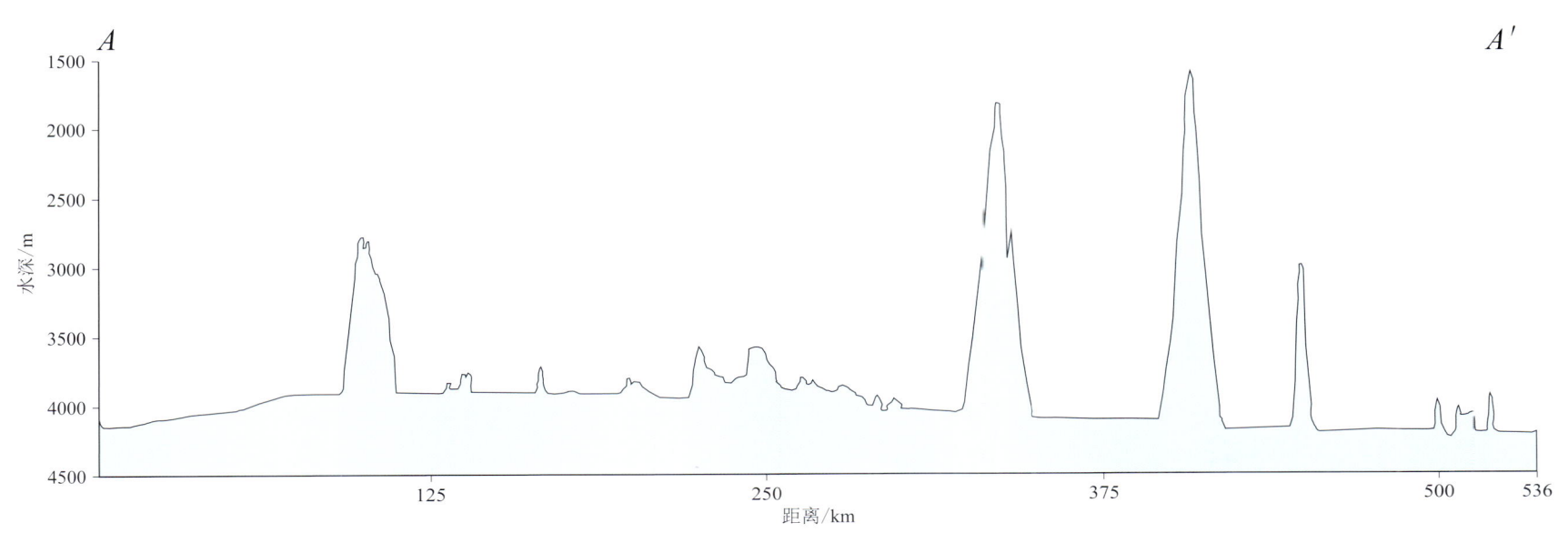

海底地形地貌图
Topographic and Geomorphologic Map of Seabed

南海海盆中央地貌图3
Geomorphologic map 3 of central South China Sea Basin

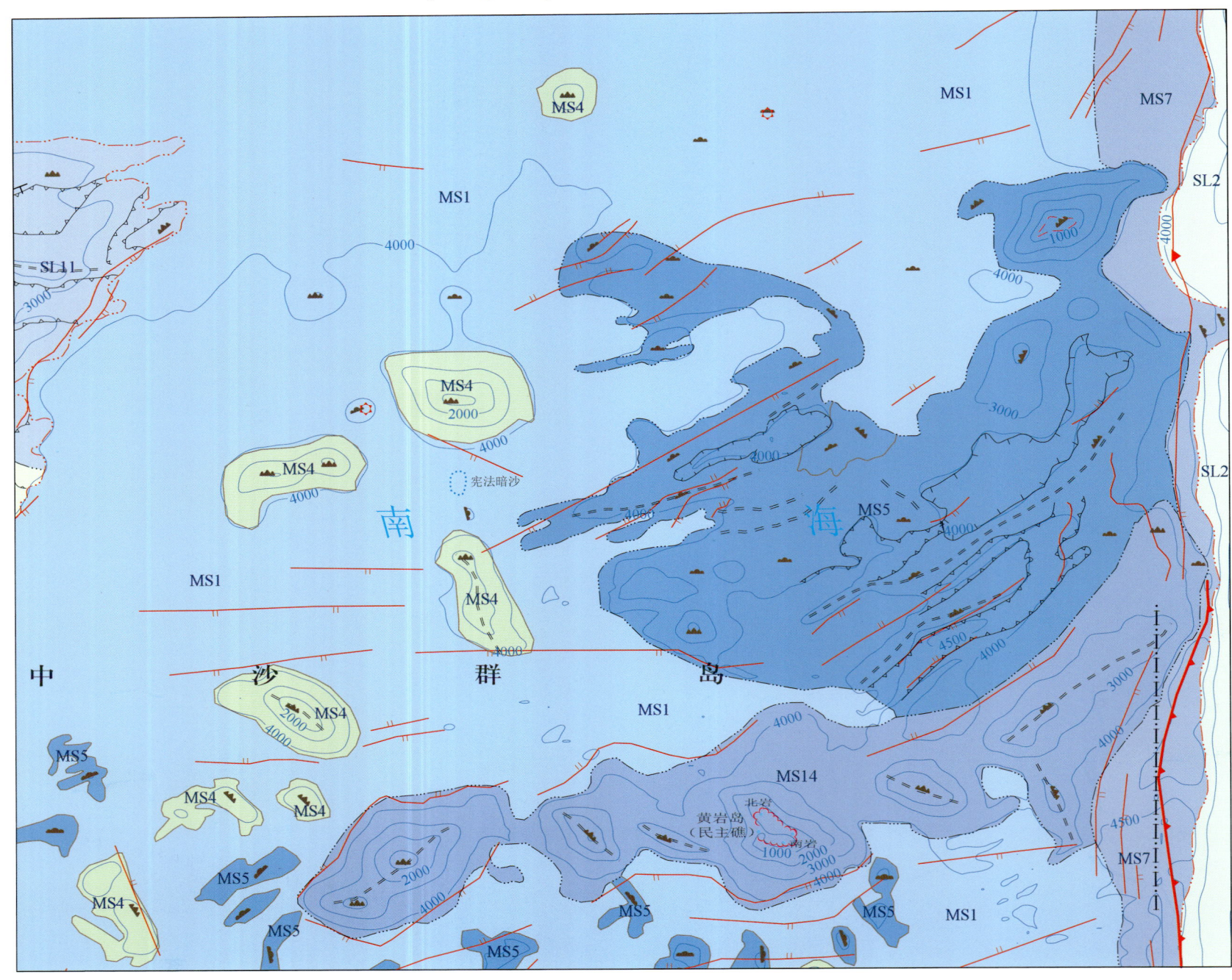

  本图域位于南海海盆东北部，大部分区域为地势平坦的深海平原。深海平原中间发育有中央海丘群、珍贝-黄岩海山链等地貌单元。其中，中央海丘群是本区域规模最大的海丘群，平面形态不规则，规模巨大，总面积约为12000km²。海丘群大部分海丘呈北东向，与北部大陆坡和深海平原的部分海山走向一致。海丘群分为南区和北区，由五个规模不一且相对独立的海丘组成，呈北东向或者近东西向，最北部的两个海丘呈椭圆状，东部的呈长条状，南部的两个海丘规模较大，形态不规则。海丘顶部水深范围为3560～3820m，海丘群最浅处出现在最北部的海丘，水深为3560m，山麓水深为4020m，最大高差为460m。南区主要由众多的中大型海丘、线性海丘及其山间谷地相邻排列组成，呈北东向展布。自北向南主要组成四道北东向的海丘链：

第一道海丘链由两个海丘组成，海丘呈长条状，山峰之间的距离为57.5km，顶部水深分别为3530m和3560m，山麓水深约为4000m，最大高差分别为470m和440m；第二道海丘链由一个海丘组成，也呈长条状，长102km，宽7.5～16km，顶部水深为3650m，山麓水深范围为4000～4110m，最大高差为460m；第三道海丘链由三个海丘组成，海丘平面形态呈椭圆状，山峰之间的距离分别为35km、41.5km和36km，顶部水深分别为3460m、3510m和3500m，山麓水深范围为3700～4100m，最大高差分别为640m、590m和580m。山坡地形相对陡峭；第四道海丘链由一个海丘组成，呈长条状，长71km，宽8.5～15km，顶部水深为3650m，山麓水深范围为3650～4100m，最大高差为450m。

典型地貌单元
Typical Feature of Geomorphology

典型地貌单元
Typical Feature of Geomorphology

峡谷和峡谷群
Canyon and Canyons

台湾岛东侧海底峡谷群
Submarine canyons on east side of Taiwan Island

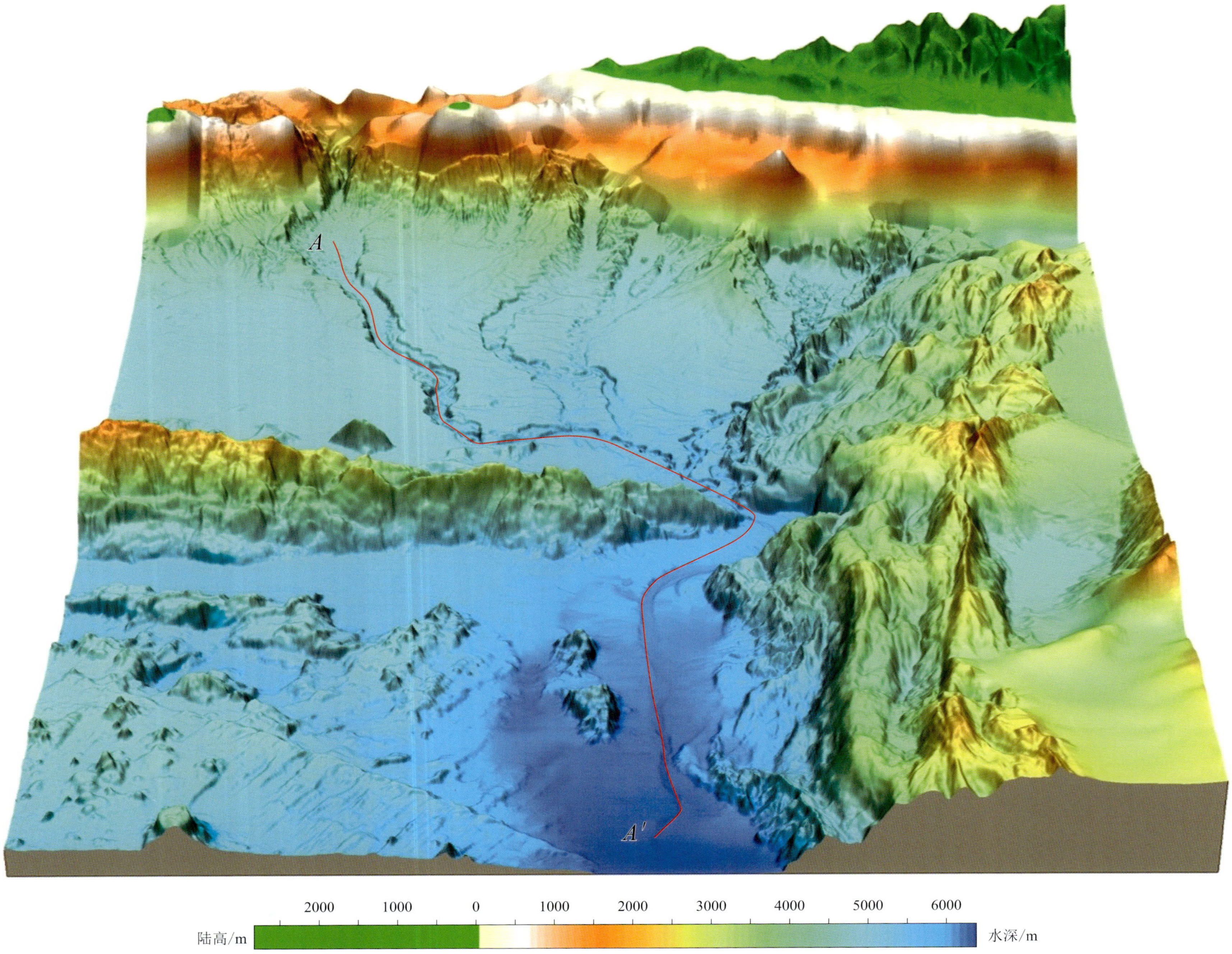

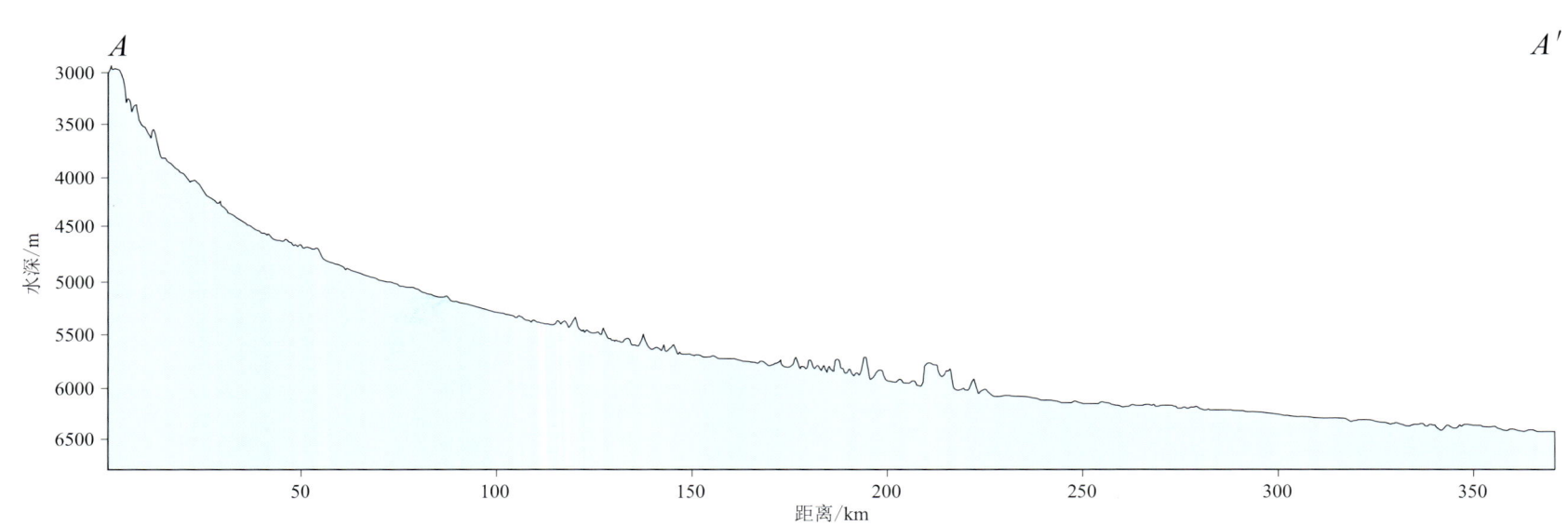

台湾岛东侧海底峡谷群平面形态呈树形，覆盖面积约为6142km², 此区域整体地形趋势为自西向东倾斜下降，峡谷群发育在500～6441m水深段，水深最大高差近6000m。花东海盆范围内的平均坡度约1.1°，地形切割强烈，最大切割深度约为500m，形成众多V型或U型峡谷。峡谷群主要由四条大型峡谷汇集而成，自北向南分别为花莲峡谷、北三仙峡谷、南三仙峡谷和台东峡谷（暂命名），最长的峡谷由花东峡谷与琉球海沟峡谷汇集而成，总长度达371.8km。峡谷群位于岛坡－深海平原，远离物源，其成因与特有的地形地貌特征、浊流沉积的重力作用以及断裂活动紧密。峡谷群内充填物和天然堤系统内的沉积物可作为良好的储层。

澎湖海底峡谷群
Penghu Submarine Canyons

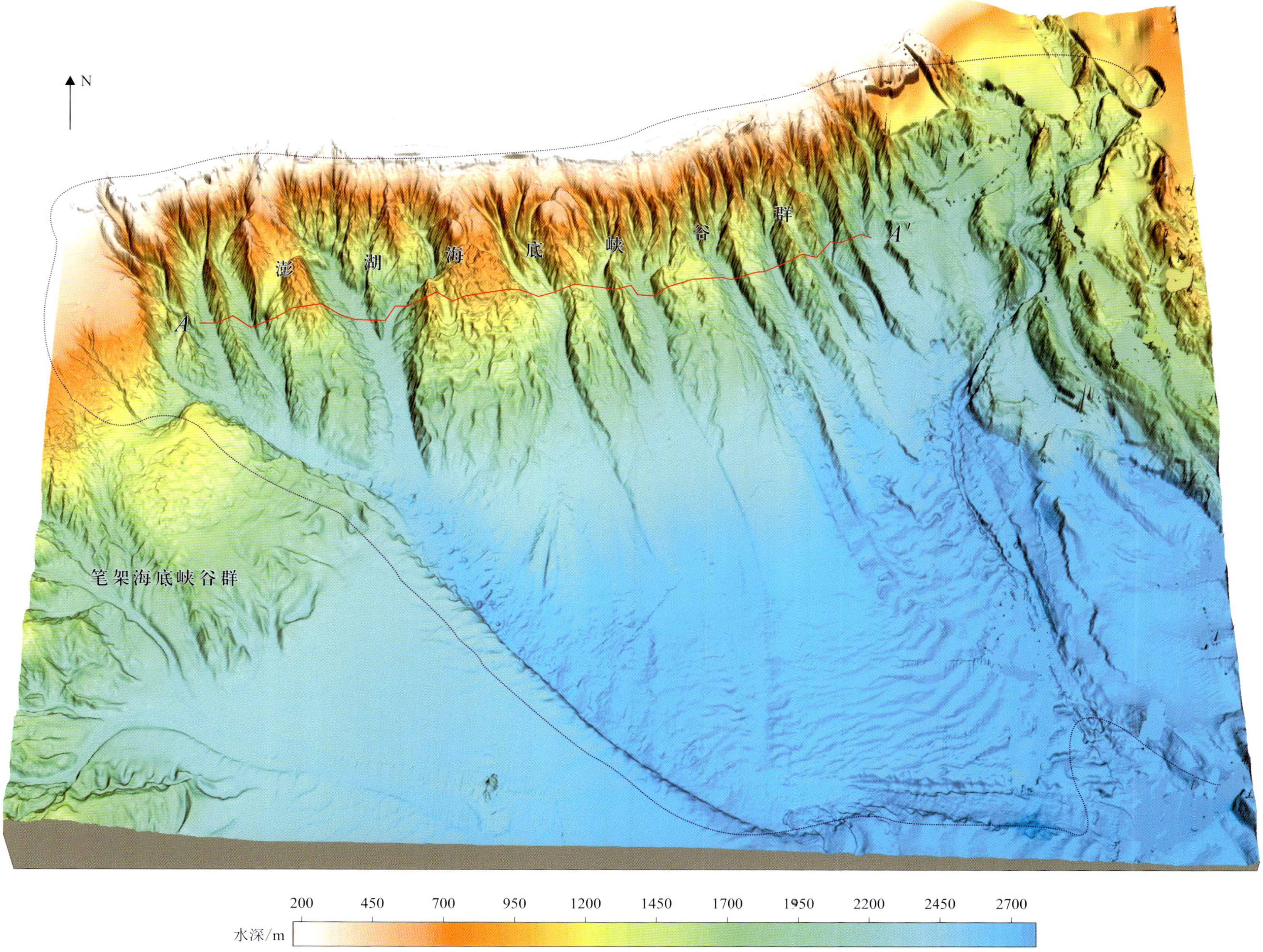

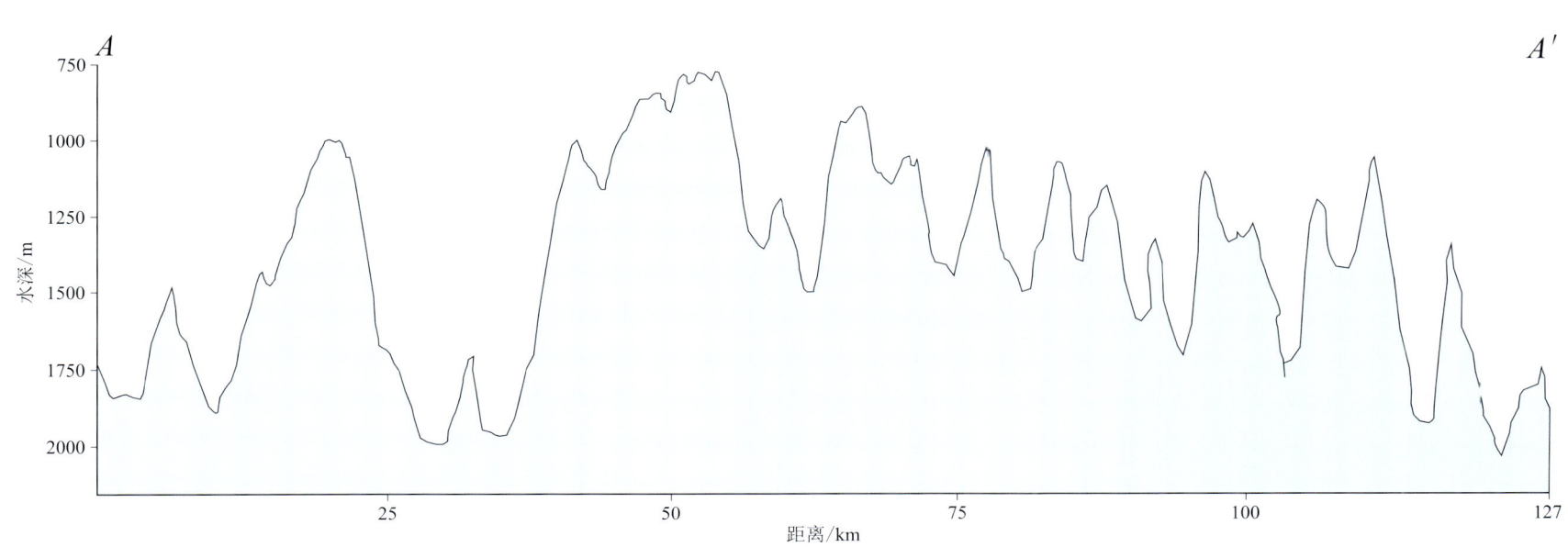

澎湖海底峡谷群中规模最大的是位于西部的台湾峡谷，水深范围在 200～3500m，长度约为250km。主要分为三段：上段为北南走向，与峡谷群中其他分支峡谷走向一致，主要是顺延斜坡下倾方向延伸，水深范围为1200～2500m，呈现明显的"V"形下切，最大下切深度可达1000以上；中段呈近北西-南东走向，延伸方向发生了改变，与东部其他分支呈近45°相交，水深范围为2500～3000m；下段又出现一次转向，呈西东走向，水深范围为3000～3500m，地形坡度逐渐减缓，横剖面呈"U"形，下切深度减小为200～300m，最终汇入马尼拉海沟。

典型地貌单元
Typical Feature of Geomorphology

笔架海底峡谷群
Bijia Submarine Canyons

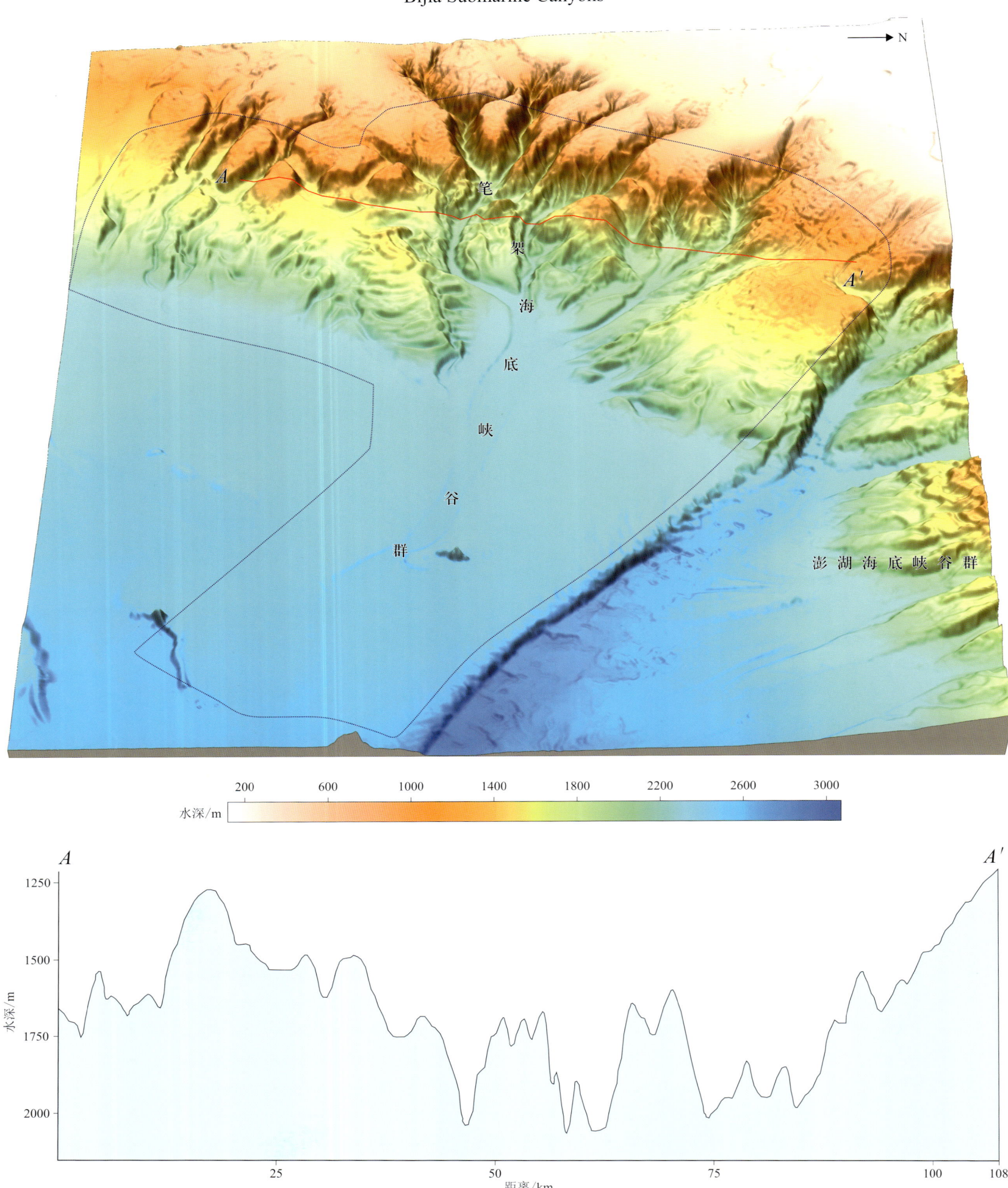

笔架海底峡谷群位于东沙台地东侧，澎湖海底峡谷群西南部。笔架海底峡谷群分布总面积约为1.18万km², 由十条北西–南东向为主的峡谷组成，众多峡谷呈树形分布，最终汇集到南东走向的主峡谷上，主峡谷长约165km, 水深范围为900～2760m。峡谷群起源于东沙群岛东部上陆坡区，沿着斜坡下倾方向往南东方向延伸，水深逐渐增大。峡谷宽度分布在1.1～10km, 下切谷深度约为700m。

珠江海谷
Pearl River Sea Valley

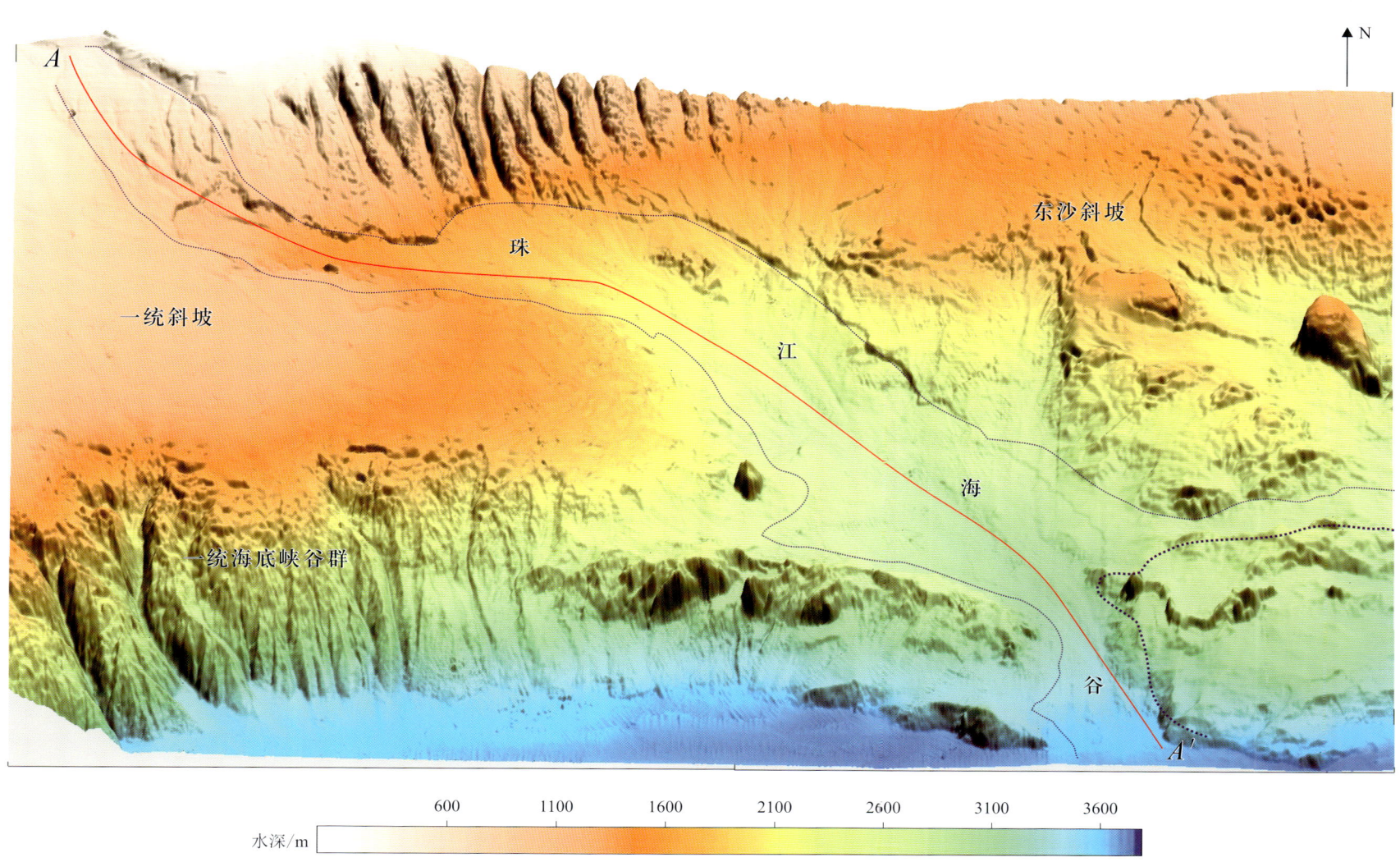

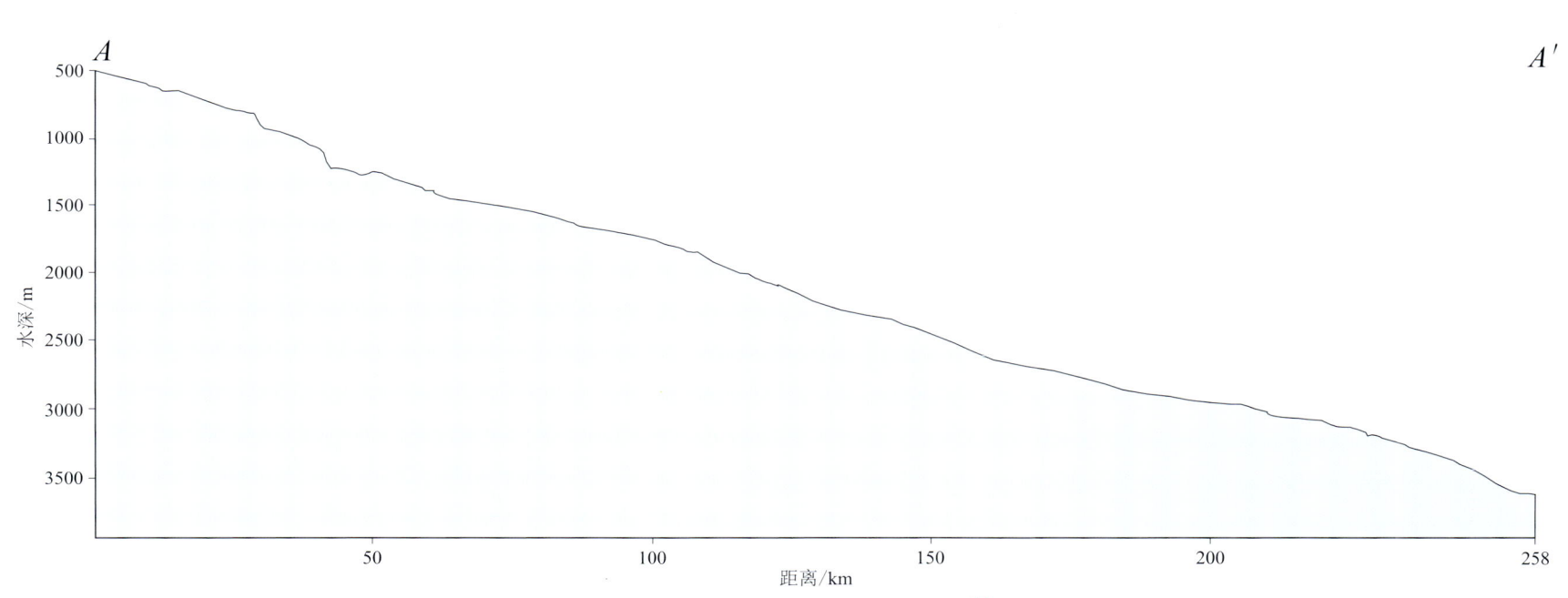

珠江海谷位于南海北部陆坡中段，海谷西边为一统斜坡，东边为尖峰斜坡和神狐海底峡谷特征区，东南端融入深海平原，长约258km，宽10～65km。海谷发源于陆坡上部300m水深处，切过陆坡的中部和下部，在3600m水深处与深海盆地相接，高差3300m左右。海谷上部为北西-南东走向，中部转为近东西向，到下部又转为北西-南东走向。

典型地貌单元
Typical Feature of Geomorphology

一统海底峡谷群
Yitong Submarine Canyons

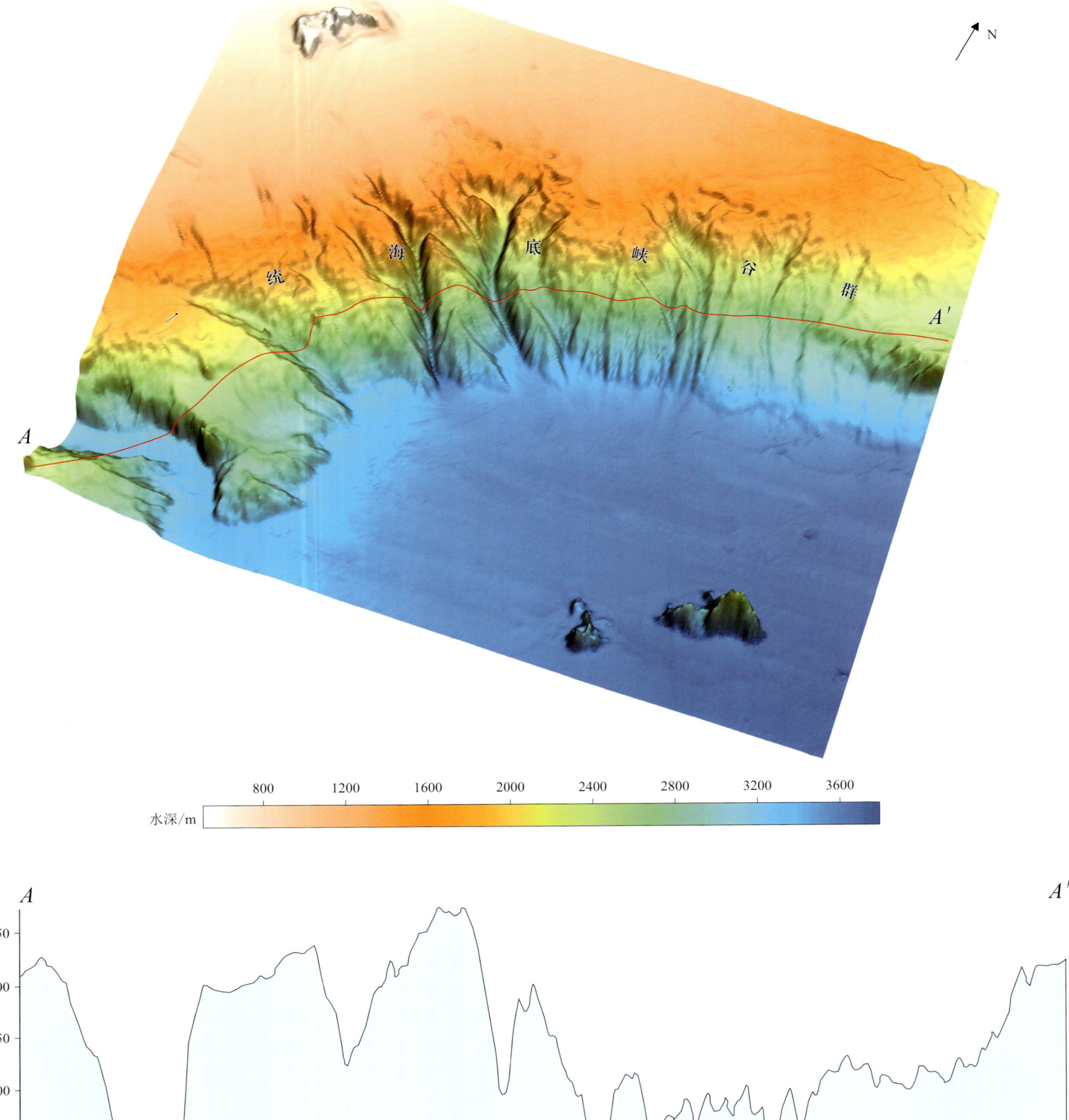

一统海底峡谷群位于陆坡中、西部，水深范围为1400～3600m，由10条规模不一的相邻峡谷组成，大致上自西北向东南切割陆坡。其中三条峡谷规模最大，1号峡谷位于峡谷群的最左边，走向为近东西向，长度约为57.6km，宽度约为6.6km，最大切割深度为650m；2号峡谷位于1号峡谷东北边28km处，大致呈"Y"字形，走向为北西－南东向，长度约为41km，宽度约为4km，最大切割深度为560m，两支谷在陆坡中段约2900m水深处交汇；3号峡谷位于2号峡谷东边16km处，形状、走向和长度与2号峡谷大致相同，宽度稍宽，约为6.2km，最大切割深度为800m。

神狐海底峡谷特征区
Characteristic region of Shenhu Submarine Canyon

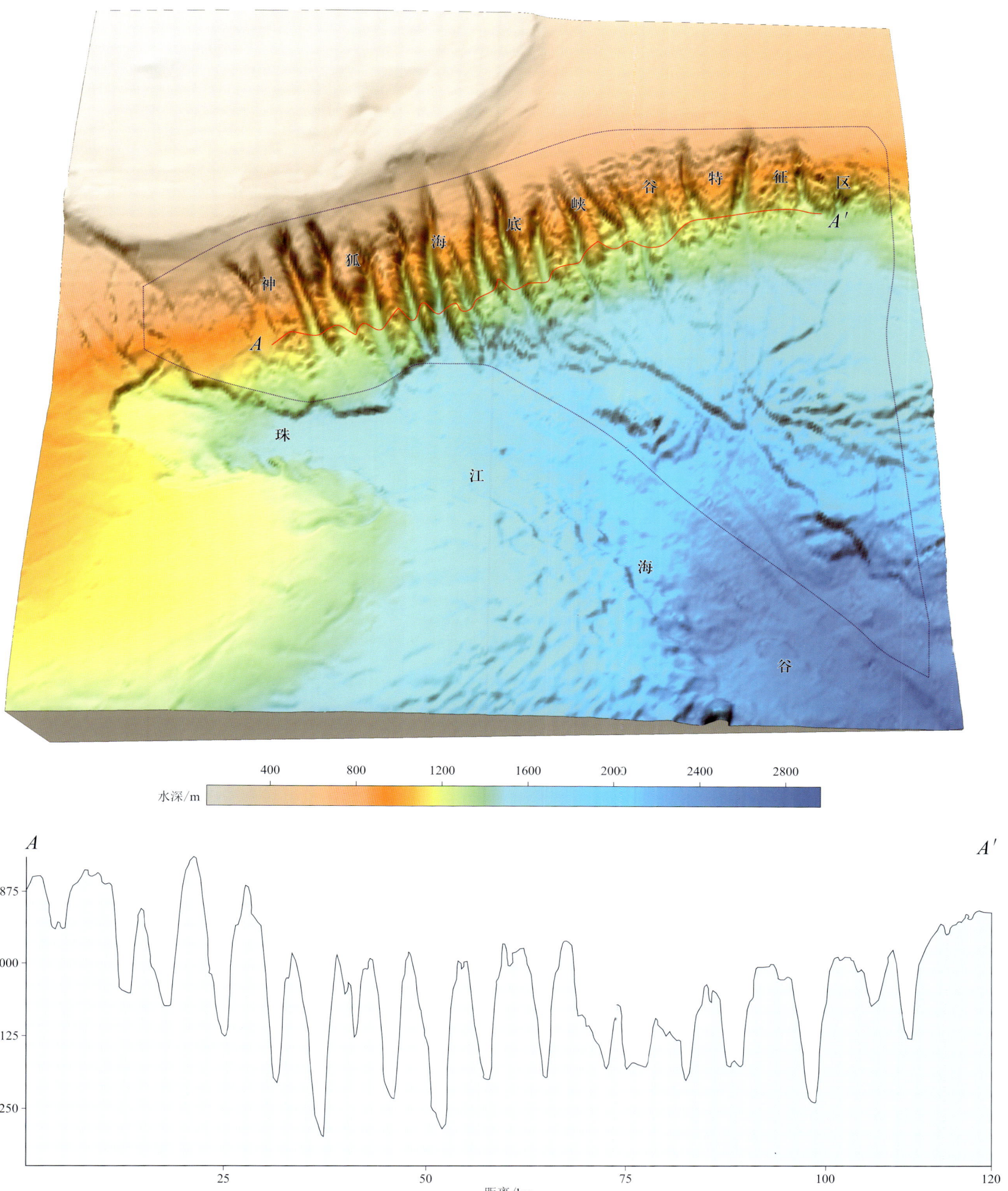

神狐海底峡谷特征区处于南海北部陆坡中段的神狐海域，属于珠江口盆地白云凹陷区，东部为东沙群岛，西侧为西沙海槽，水深范围为 600～1800m，头部发育于陆架坡折附近。神狐海底峡谷特征区是由 17 条北北西－南南东走向的海底峡谷组成，它们呈近等间距线状分布；东西向长约 190km，南北向最大宽度约为 80km，面积约为 0.76 万 km²。单支峡谷长 30～50km，宽 1～8km，两侧谷壁较陡峭，坡度可达 6.8°，下切最大深度约为 450m。西侧的九条峡谷都直接汇入珠江海谷的主水道，而东侧的八条峡谷由于有陆坡区下部两个地形高地的阻隔，水道在两个高地间汇集，并最终汇入珠江海谷的主水道。

典型地貌单元
Typical Feature of Geomorphology

西沙北海底峡谷群
Xishabei Submarine Canyons

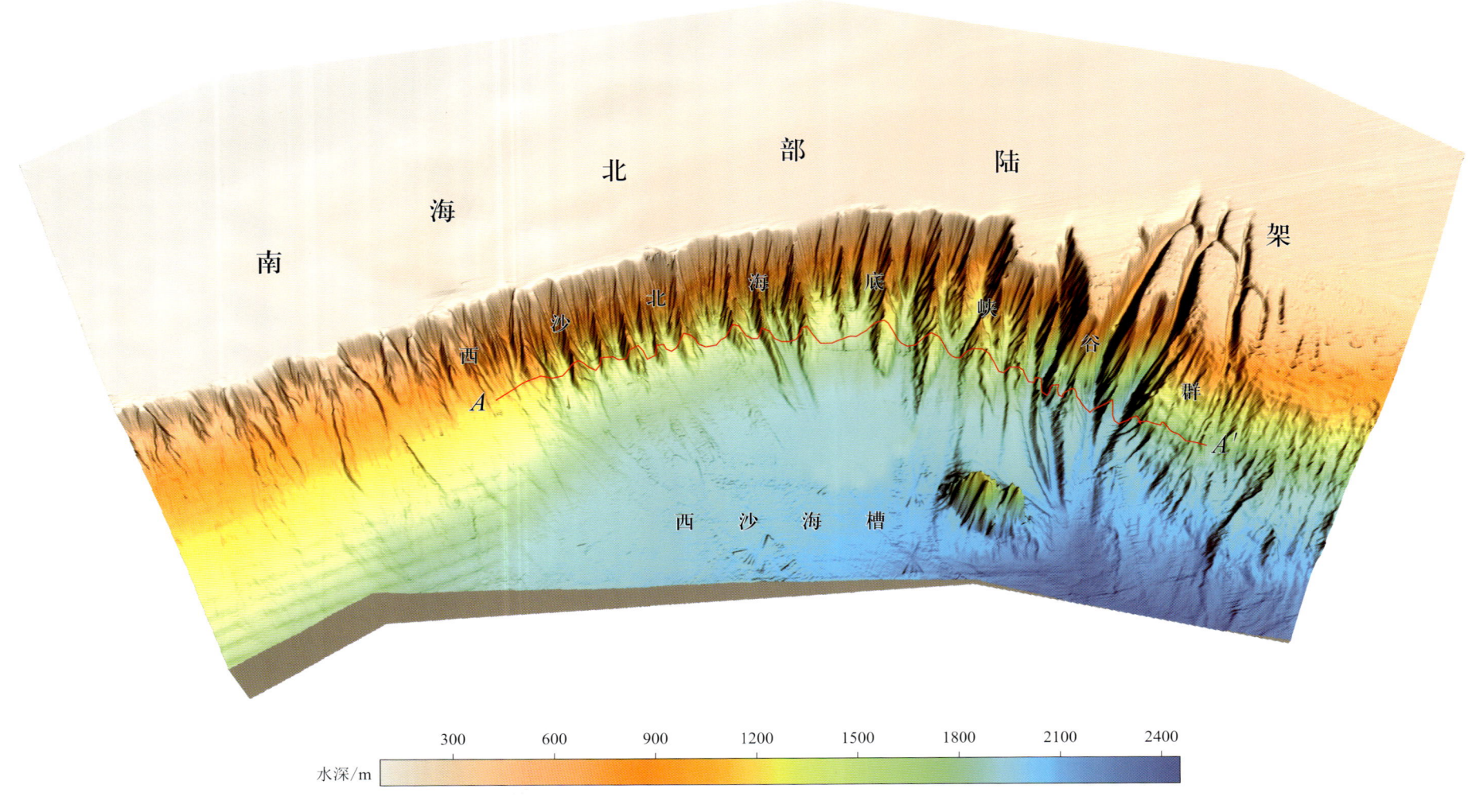

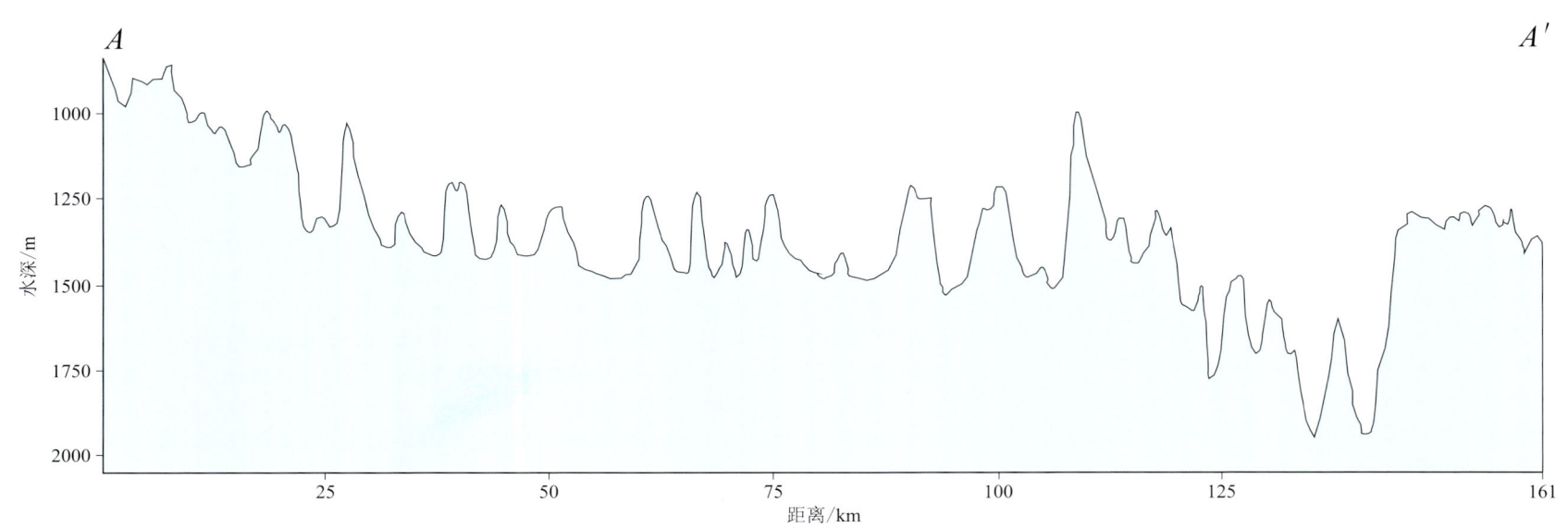

西沙北海底峡谷群位于南海西北部陆坡区，为陆架和西沙海槽交接区域，水深范围为400～2450m，峡谷头部发育于琼东南陆架坡折带附近，该峡谷群由数条北北南向、北南向、南南西向的峡谷组成，西南－东北向长约23km，最大宽度达4km，地形变化较大，坡度较陡，平均坡度为10°，最大坡度可达15°。海底峡谷群西侧发育的槽谷规模相对较小，呈北北西－南南东向平行排列，开口朝南南东向，呈"U"形或者"V"形，水深范围主要为400～1600m，长约13～25km，宽3～4km，下切深度为250～300m。峡谷两侧地形陡立，坡度为7°～10°。峡谷群东侧发育两条规模较大的峡谷，平面上呈树枝分叉状，北北东－南南西向平面展布，水深范围为400～2450m，开口朝南南西向，呈"V"形，谷长约28km，宽3～4km，下切深度最大达500m。

永乐海底峡谷
Yongle Submarine Canyon

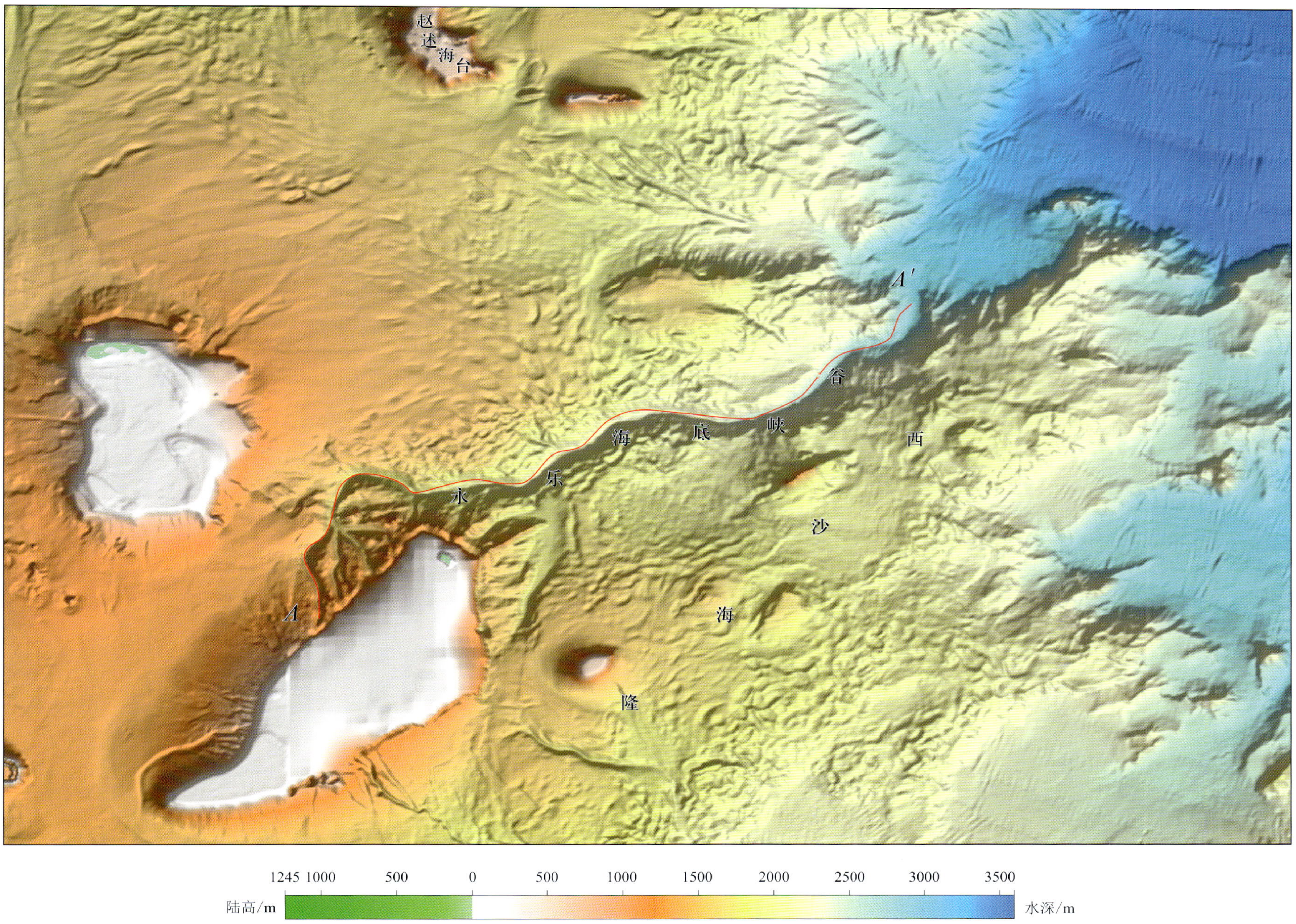

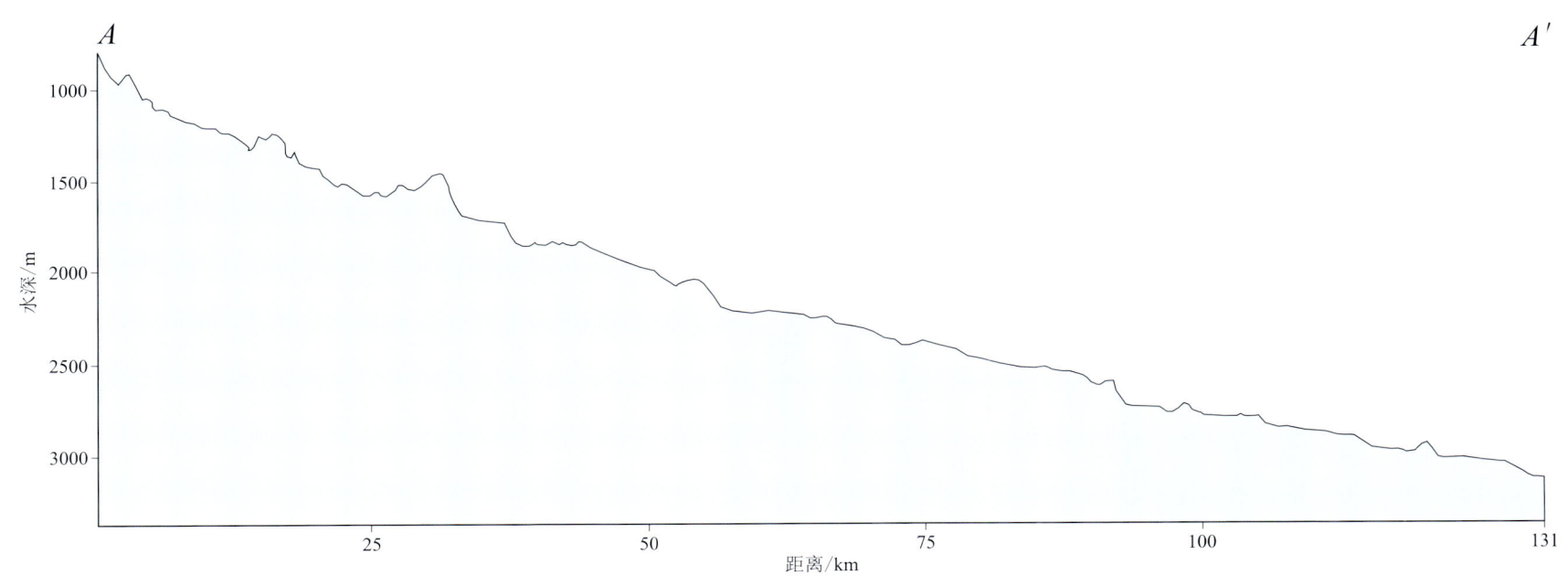

永乐海底峡谷全长150km，宽度为2～4km，水深范围在710～3150m，整体水深变化较大。峡谷剖面形态呈现狭窄而深切的特征，切割深度局部可达500m。主要分为三段：上游段（0～65km）为北北东走向，峡谷主体逐渐加宽、加深的起始位置，横截面宽度显示由源头的几百米宽，到峡谷主体宽度2740m，水深由710m逐渐加深到2220m，坡度较陡，变化较大；中游段（65～120km）呈北东走向，为主要峡谷区，水深由2220m逐渐加深到2892m，坡度平缓，变化较小；下游段（120～150km）呈北东走向，为峡谷主要沉积区，水深范围为2892～3150m，坡度平缓，变化较小。

典型地貌单元
Typical Feature of Geomorphology

中建阶地东侧峡谷群
Canyons on east side of Zhongjian Terrace

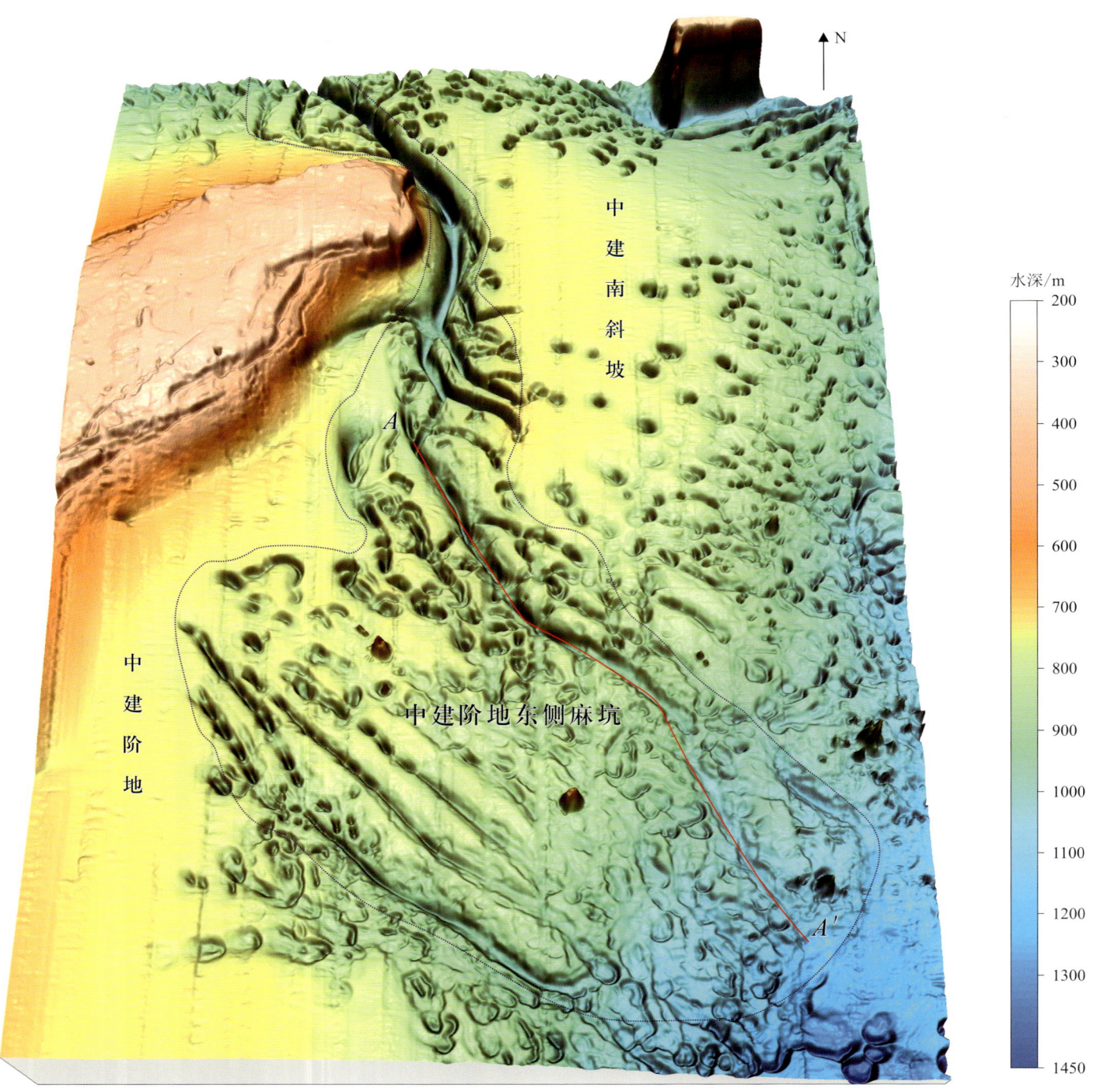

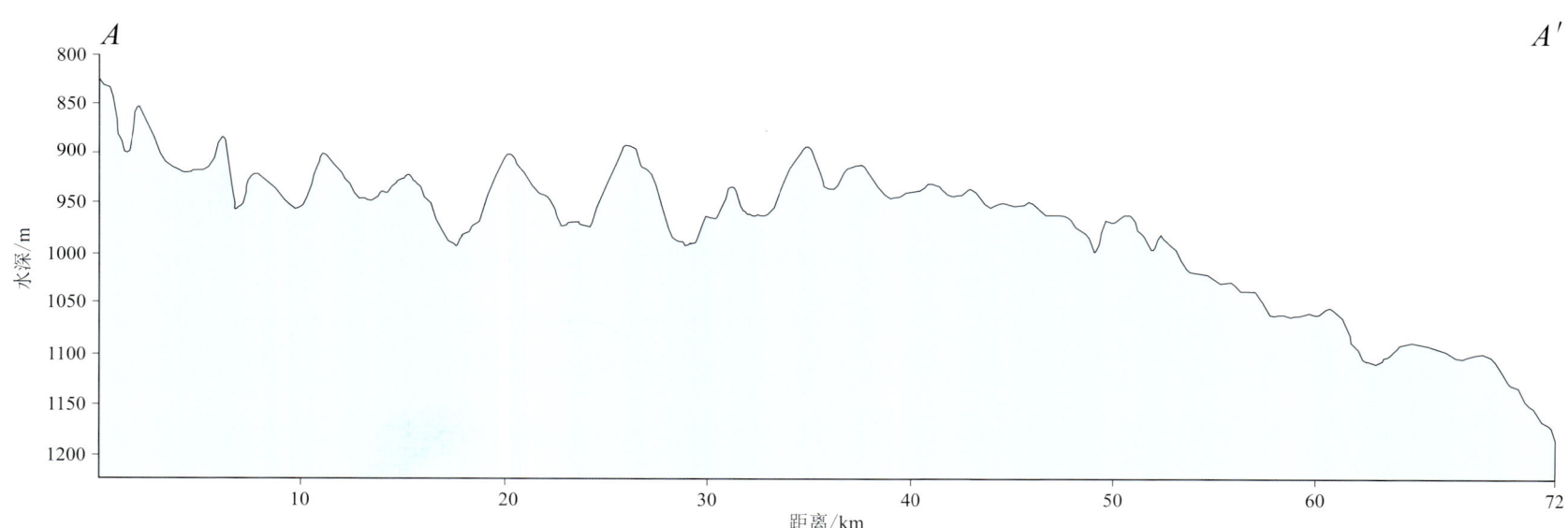

中建阶地东侧峡谷群发育于南海西部陆坡区，北连中建北海台，南抵中建南斜坡和中建斜坡，西邻中建阶地，东接中建南斜坡。峡谷群由众多的小型峡谷构成，南段的峡谷多为东南向倾斜切割阶地；中段的峡谷向西北倾斜下降；北段的峡谷向北、向东倾斜下降。峡谷中段水深约为760m，南北两端谷底的水深分别为1440m、1290m。谷群南北长约150km，宽度为0.5～9.4km，大多数在1km左右，中段最狭窄、南段最宽，分布面积达4700km²。峡谷群中亦发育有数量巨大的圆形、椭圆形洼地（海穴），构成坑谷密布的特殊地形单元；同时出露海底的泥底辟构造，规模大小不等。

中建阶地南侧峡谷群
Canyons on south side of Zhongjian Terrace

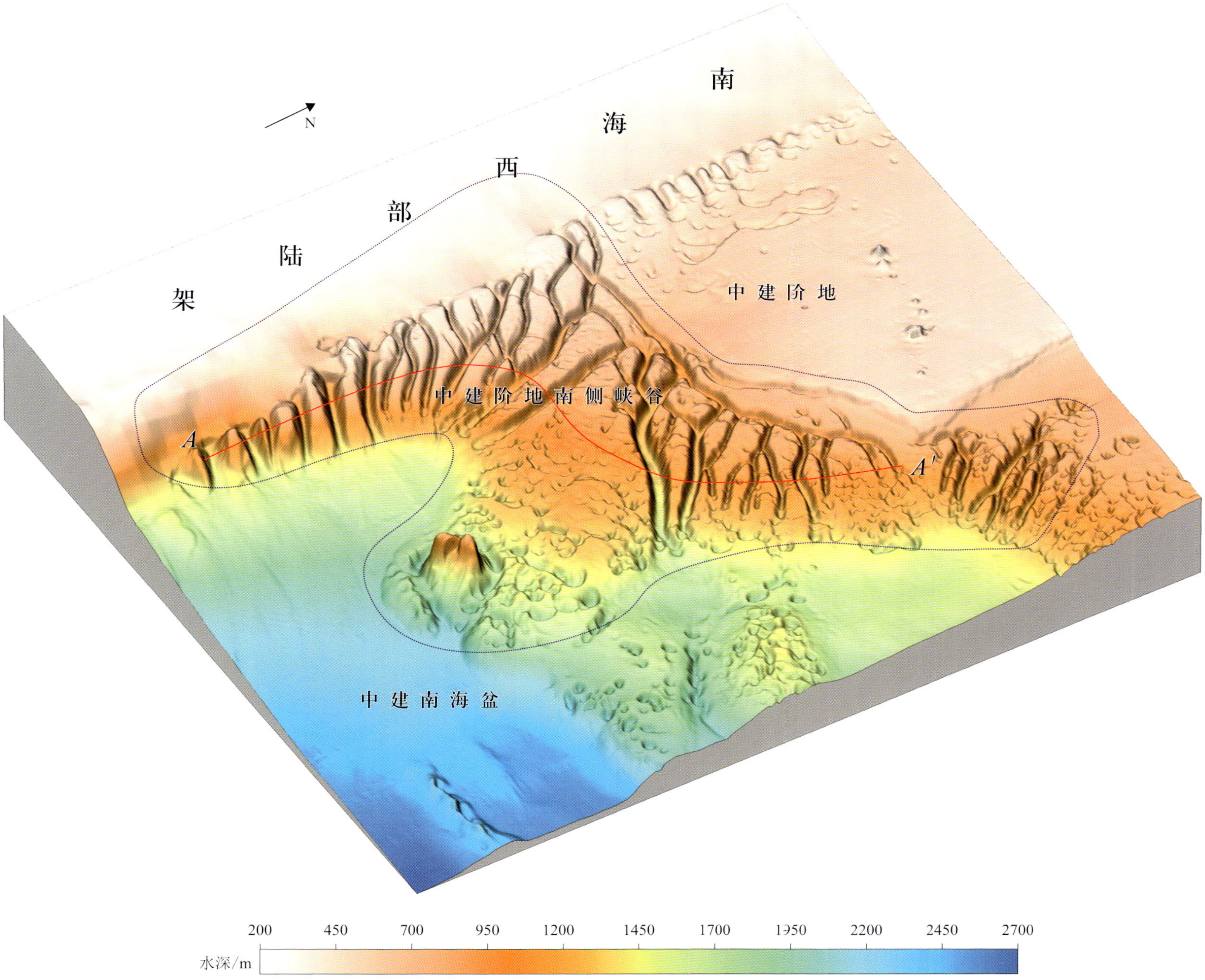

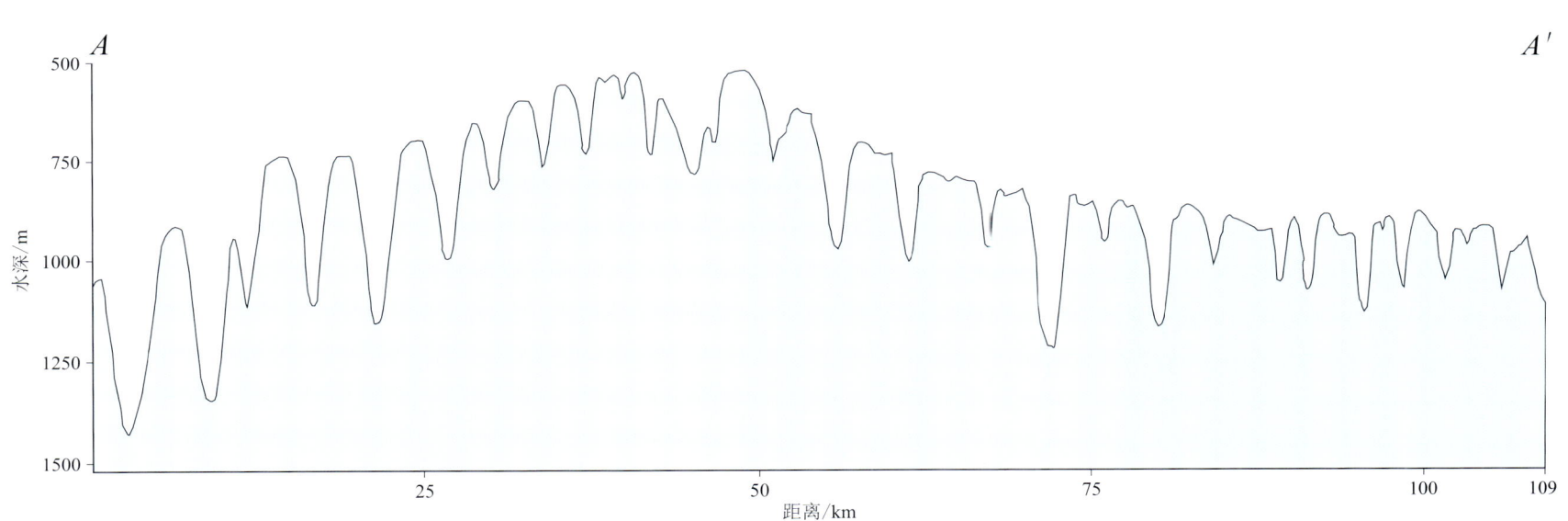

中建阶地南侧峡谷群起源于南海西部上陆坡，主体分布在中建南斜坡区，坡度约1°~2°，北部为中建阶地，南侧是中建南海盆，东部为重云麻坑群，水深总体分布在240~2460m。该峡谷群是由一条主干峡谷和九条主要分支峡谷组成，峡谷宽2~15km，切割深度为100~400m，整个峡谷群面积为5780km²。主干峡谷总体沿着近东西方向延伸，全长超过70km，宽度为1.3~2.2km，最大切割深度为230m，最后向东进入1064m水深的东部下斜坡区消失；主干峡谷南侧与多条呈南、南东、南东东方向延展的分支峡谷直接相连。整体呈现出"一主多支的树枝状"展布结构特征，沿着斜坡下倾方向，向南汇入中建南海盆的深水区。峡谷群南边发育了万里海山，周边发育密集的麻坑群。

典型地貌单元
Typical Feature of Geomorphology

盆西海底峡谷
Penxi Submarine Canyon

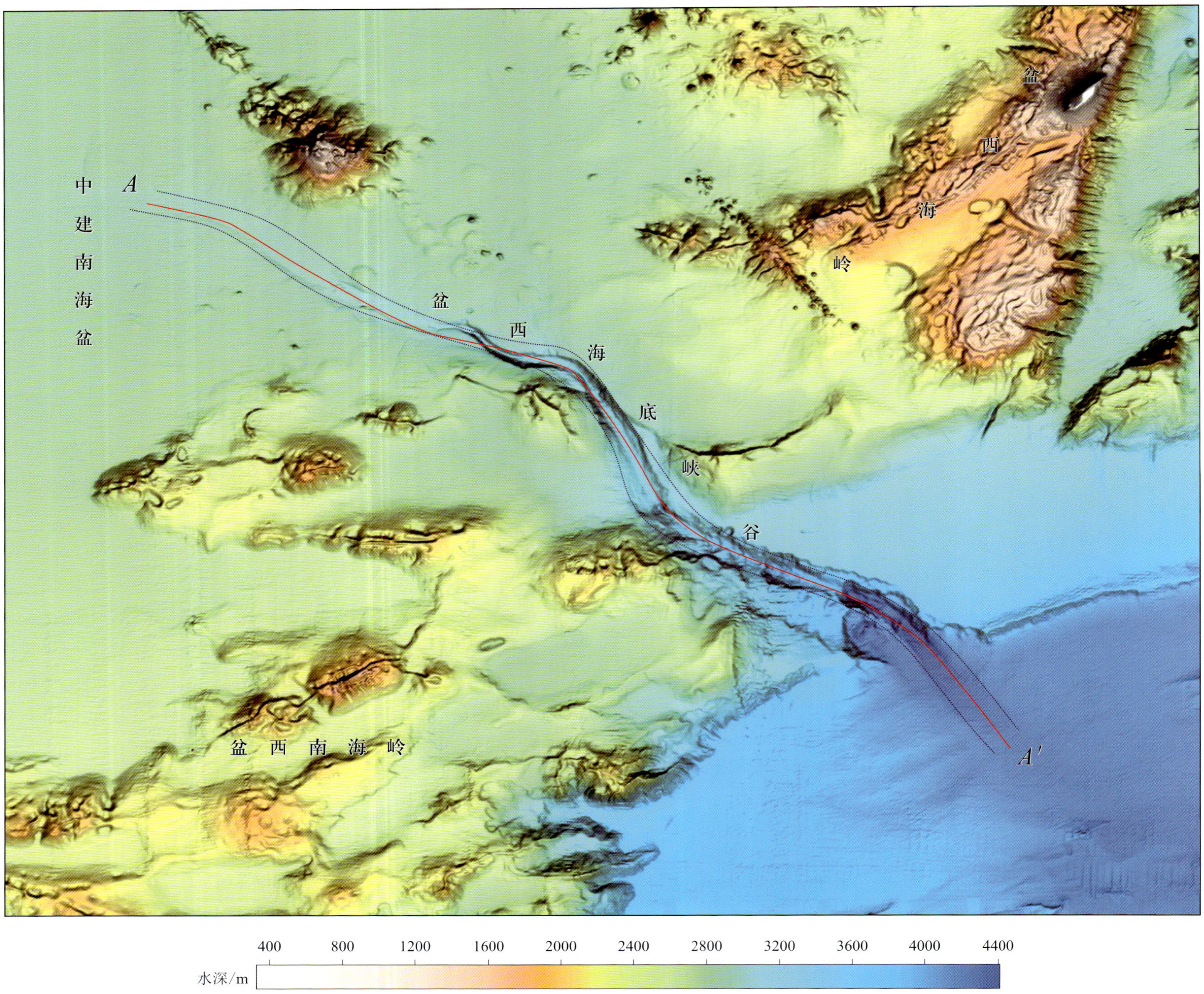

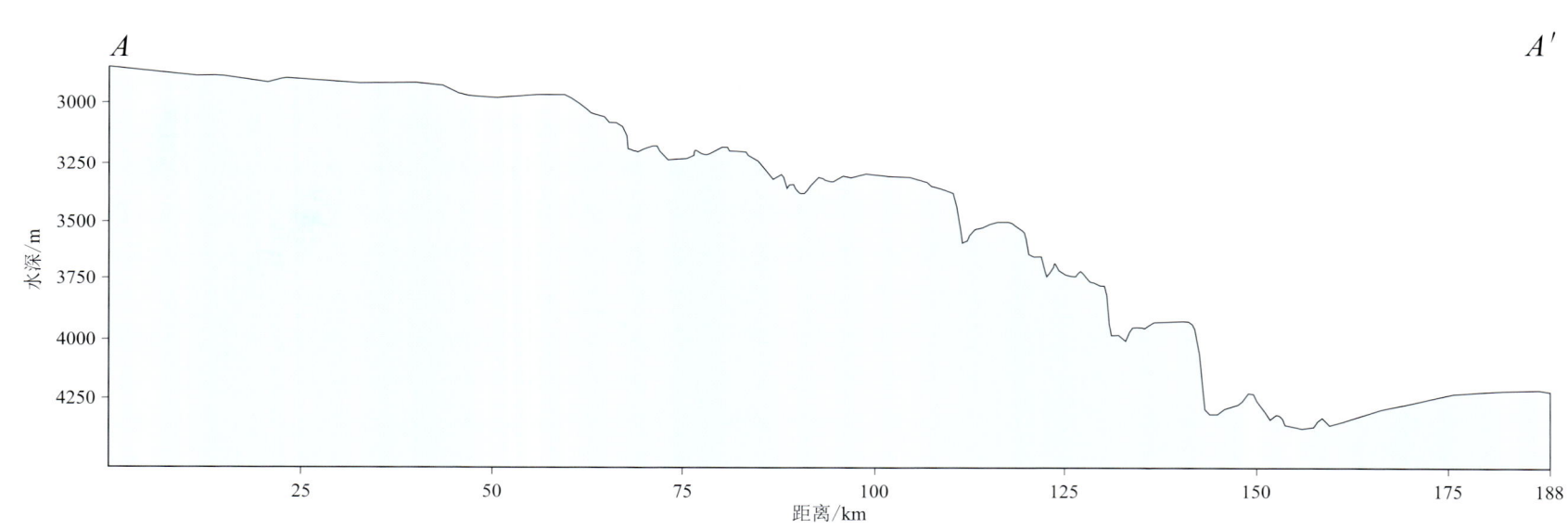

盆西海底峡谷起源于中建南海盆东南部，呈北西-南东向蛇曲状蜿蜒延伸，起点水深为2850m，峡谷中段切割盆西海岭和盆西南海岭，下段与西南次海盆相接，最大水深为4411m，最大高差达1599m。峡谷全长约188km，宽1.5～14.5km，发育面积约为1500km²，最大下切深度为572.3m，谷壁坡度为0.4°～20.9°。

整体上，盆西海底峡谷呈蛇曲状主轴，不发育支谷，中、下段呈喇叭状向深海盆地延伸，整体较为狭窄，呈两头宽（U型）、中间窄（V型）及"分段性"的特征。从西北向东南分为四段峡谷，剖面形态依次表现为U型、V型、下V上U型和U型下切谷，峡谷具有长度长、水深落差大、切割深、谷侧壁坡度大的特点。

南沙陆坡东峡谷群
Canyons on the eastern Nansha Slope

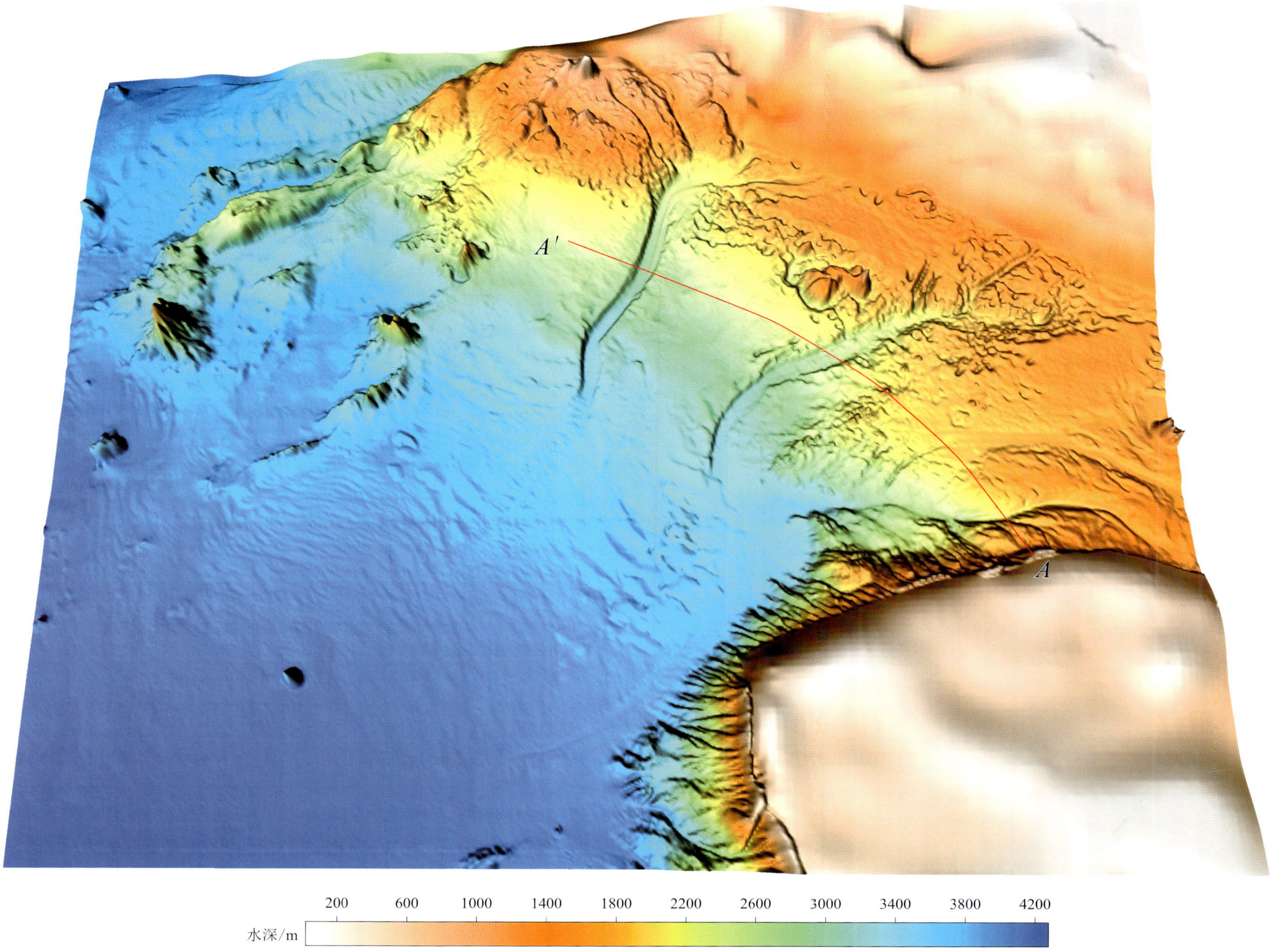

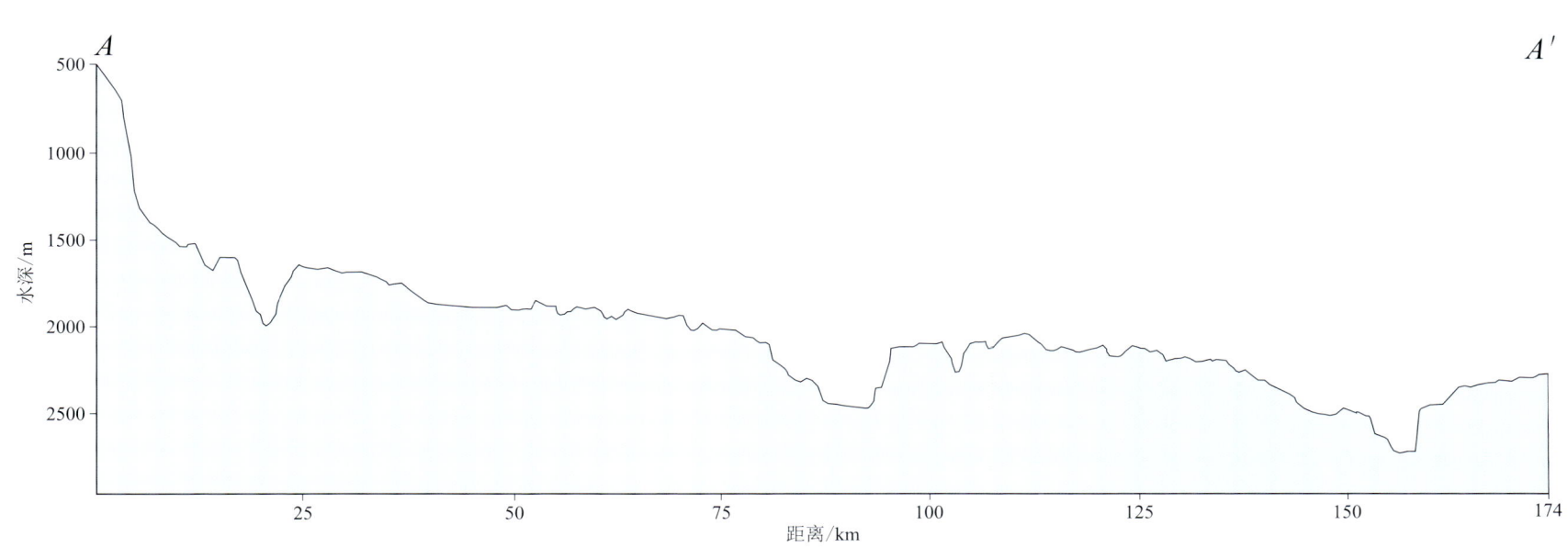

本次研究首次在南沙陆坡东的礼乐斜坡上发现三个大型峡（海）谷并给予命名：勇士海谷、神仙海谷和忠孝峡谷。勇士海谷和神仙海谷规模较大，呈北西–南东走向，自东往西或自东南向西北，水深逐渐加深，水深范围为700～3700m，海谷宽度为4～5km，蜿蜒延伸分别约146km和65km。忠孝峡谷为近南北走向。

典型地貌单元
Typical Feature of Geomorphology

海沟和海槽
Trench and Trough

马尼拉海沟
Manila Trench

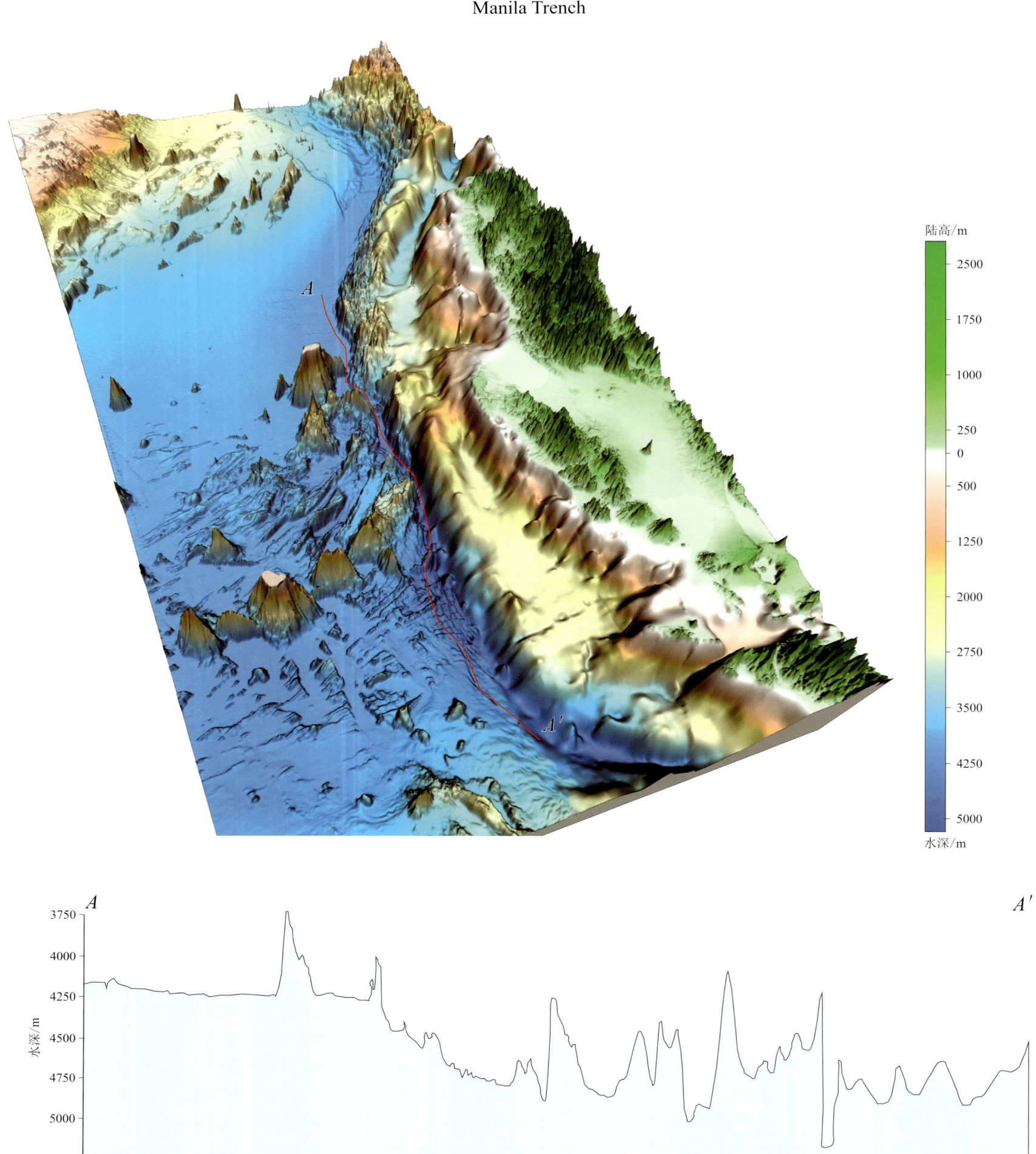

马尼拉海沟位于南海海盆与东部岛坡相接地带，是一条长条形近南北向展布的负地形，长约1000km，沟底窄而深。海沟与西侧的中央海盆相对高差达800～1000m，沟底还多处分布有深达5000m的洼地。有一些海山、海丘出现于海沟之中或附近，使海沟变窄甚至相隔成几段，其中海沟中段尚有东西向的线状海丘脊横截。海沟底部宽度不一，宽处大于20km、窄处不到5km，一般大于10km，大体上南部较北部宽。海沟沟底叠置着不少南北向的细窄纵谷，表明沟底并不平整。海沟东西两坡也不对称，东坡陡峻，为吕宋岛和巴拉望岛岛坡下部；西坡和缓，渐变为深海平原，甚至界线不明显。

琉球海沟
Ryukyu Trench

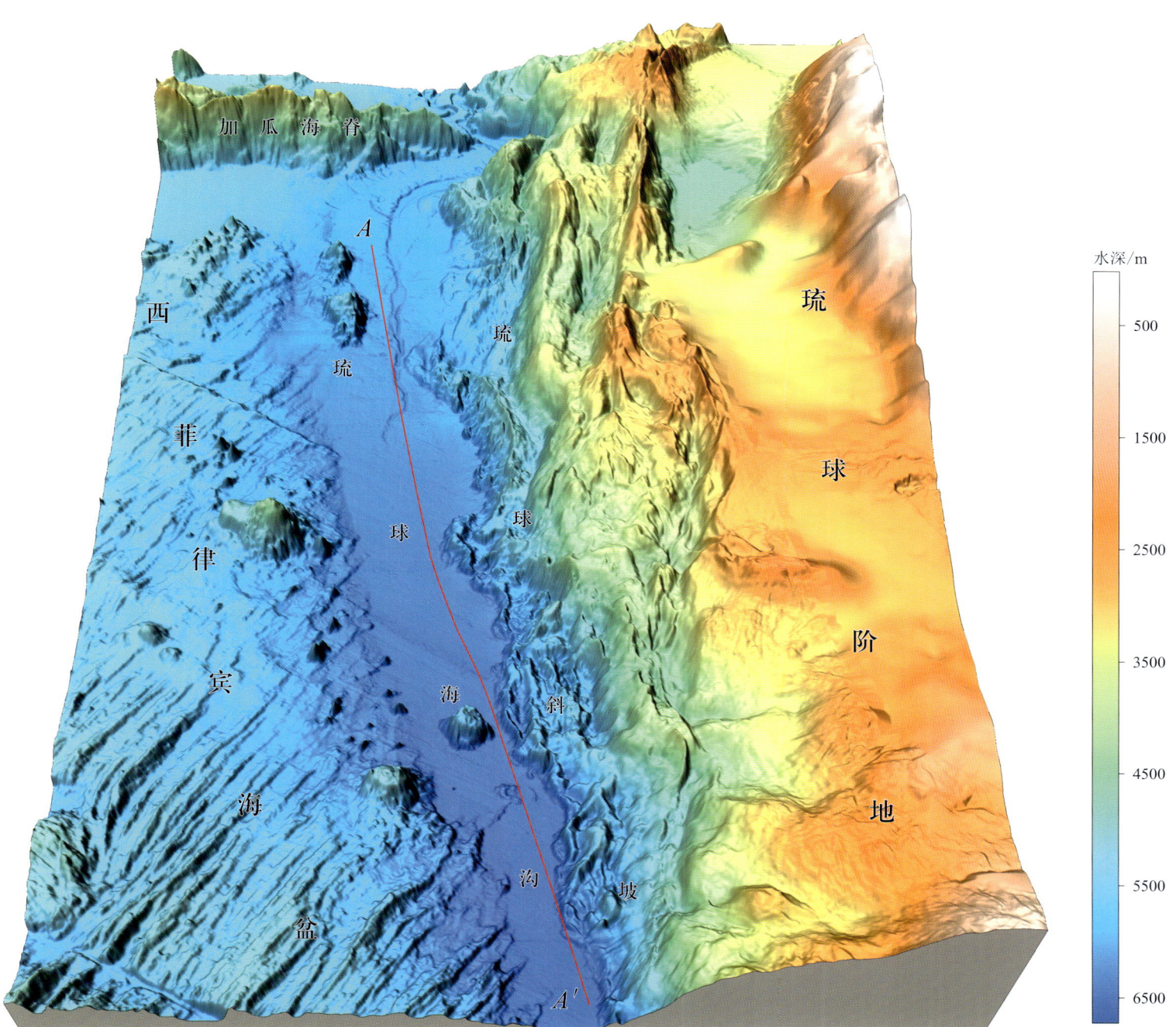

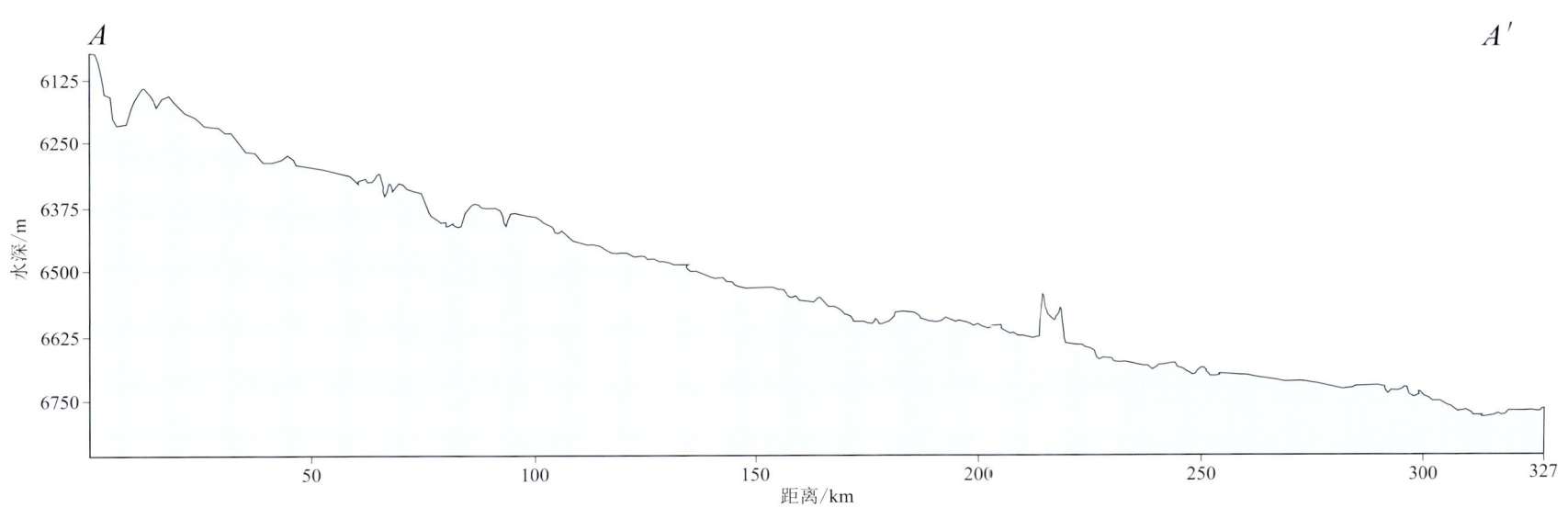

琉球海沟发育于西菲律宾海盆与琉球斜坡相接地带，为一条弧状近东南向展布的负地形，沟底窄而深，横剖面呈不对称的"U"形；西部以加瓜海脊为界，东部最远可达九州－帛琉海岭，北靠琉球斜坡，南接西菲律宾海盆的深海平原。琉球海沟是台湾岛以东海区水深最大处，整体向海盆呈弧形凸出，形态上呈长条状，两头窄中西部宽，长约337km，宽7.5～36.5km，总面积约8000km²。海沟整体地形趋势自西向东缓慢倾斜下降，水深范围为5960～6847m，最大高差为887m，最大水深值出现在东段，达6847m。琉球海沟与北邻的琉球斜坡相接，最大高差达4000m，北坡陡峻，最大坡度约7.8°，与南侧的深海平原相接；南坡和缓，平均坡度小于1.5°。海沟内部或边界处发育有多个小型海山、海丘，沟底平原东部的部分海山、海丘上发现火山口。

典型地貌单元
Typical Feature of Geomorphology

西沙海槽
Xisha Trough

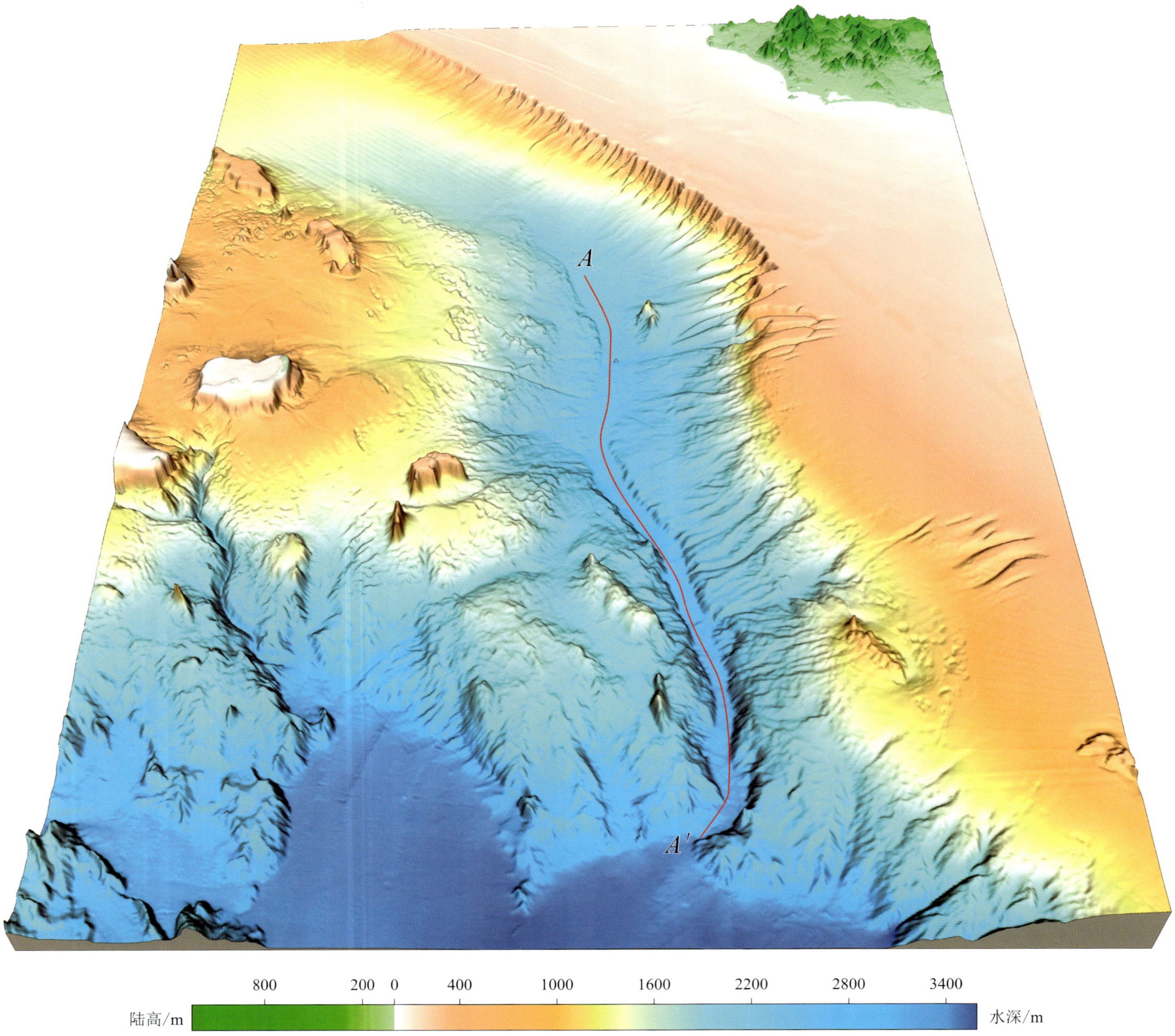

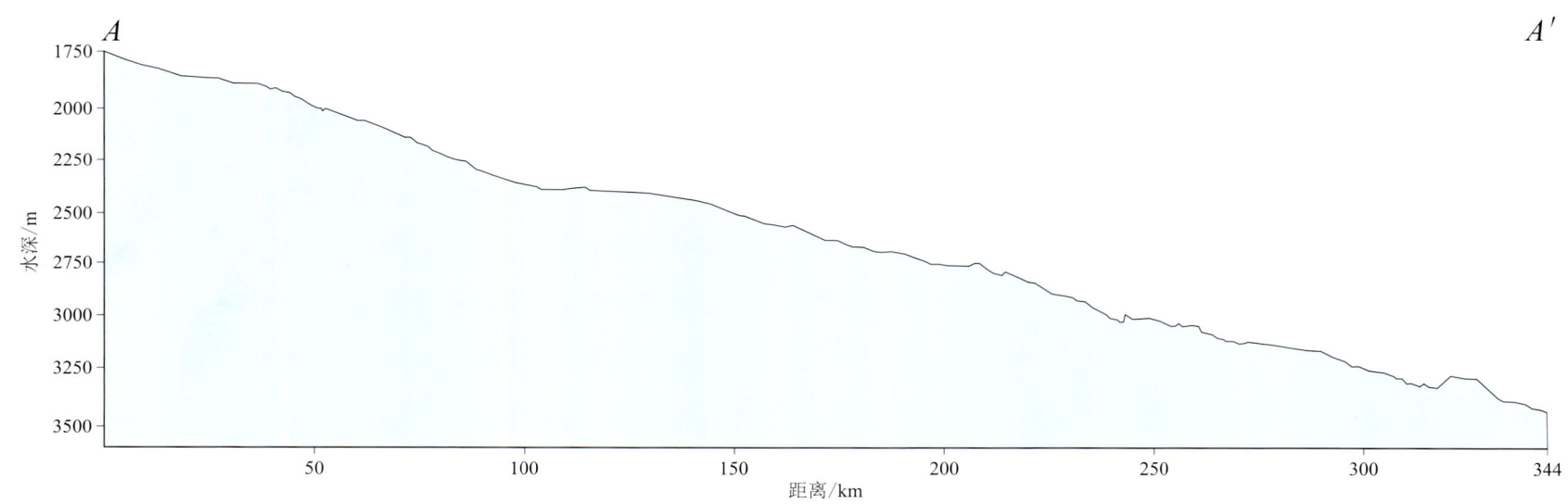

西沙海槽位于南海西北部和北部陆坡西段，环绕在西沙群岛的西面和北面，近东西向延伸，为地形低陷、长条带状展布的槽状地貌单元。西沙海槽长约555km，宽22～130km，槽底平原水深为1158～3482m，自西南向东北地形缓慢倾斜，水深逐渐加大，坡度为0.2°～0.3°，宽度也逐渐变窄，由80km收窄到20km。槽底在东部2500m以深海域，宽度急剧缩小为7～8km。海槽两侧槽坡地形陡峭，坡度变化大，为2°～10°，且发育众多沟谷。海槽继续向东延伸，至3482m水深段融入深海平原。海槽西段受北东向断裂控制，其基底深浅不一，发育一系列北东向排列的小断凹。槽底新生代沉积厚度为3000～5000m，可能是第一次板块构造运动拉张应力作用形成的断陷洼地基础上沉积。

中沙海槽
Zhongsha Trough

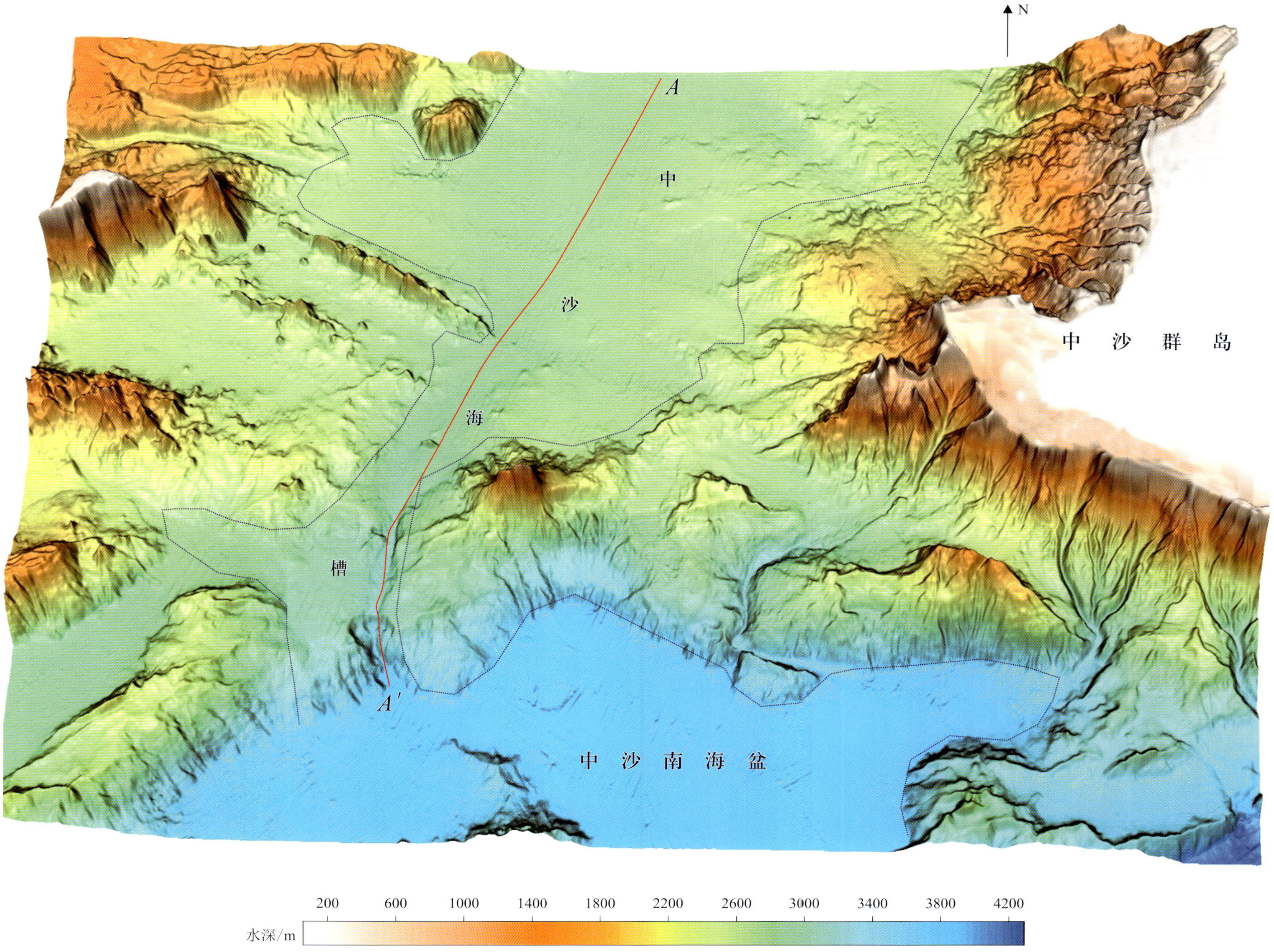

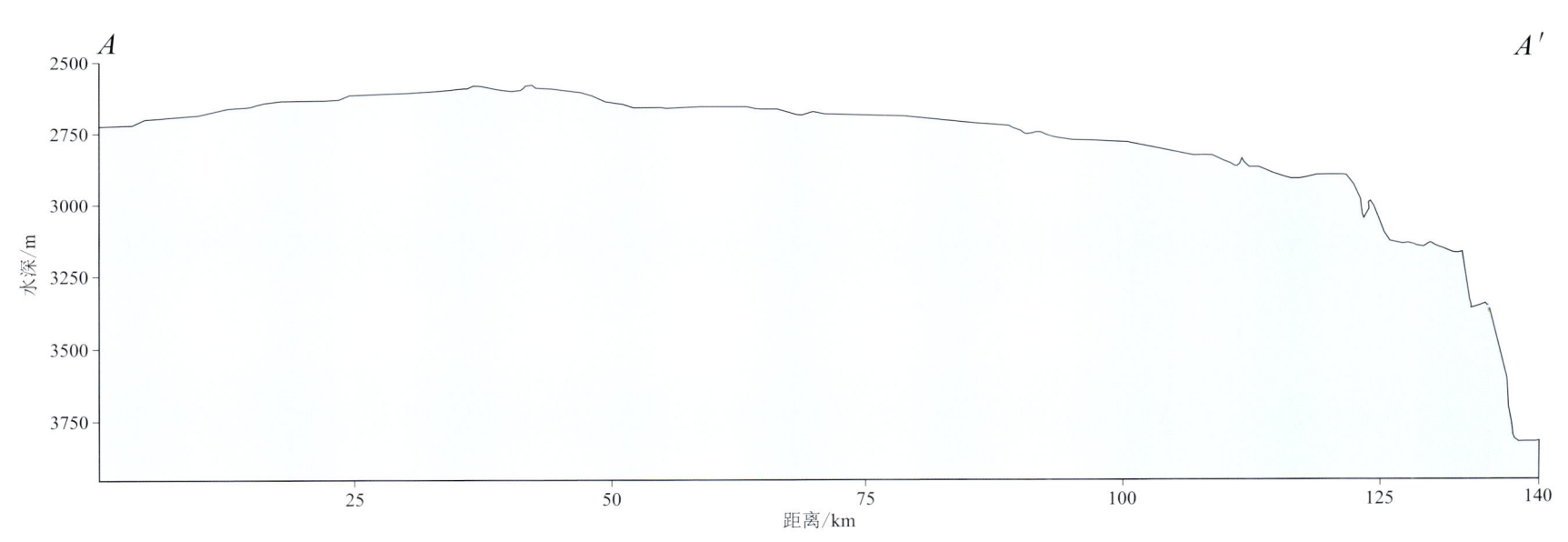

中沙海槽位于南海中北部的西沙海隆和中沙海台之间，属于南海西部陆坡。海槽由西沙海隆南翼陡坡、中沙海台台坡、中沙北海隆的海山、海丘山坡以及槽底平原构成。西沙东海脊南翼陡坡落差为550m，坡度为2.5°～6.2°；中沙北海隆的四个海山、海丘的山坡组成中沙海槽的西南槽坡，坡度为4°～20.2°，地形比西北槽坡陡峭。槽底平原自西南3030m水深段开始向东北延伸倾斜下降，在3450m水深段融入深海平原，落差为420m，槽底平原长约64km，宽13～33km，地形较为平缓，平均坡度约为0.13°。

典型地貌单元
Typical Feature of Geomorphology

南沙海槽
Nansha Trough

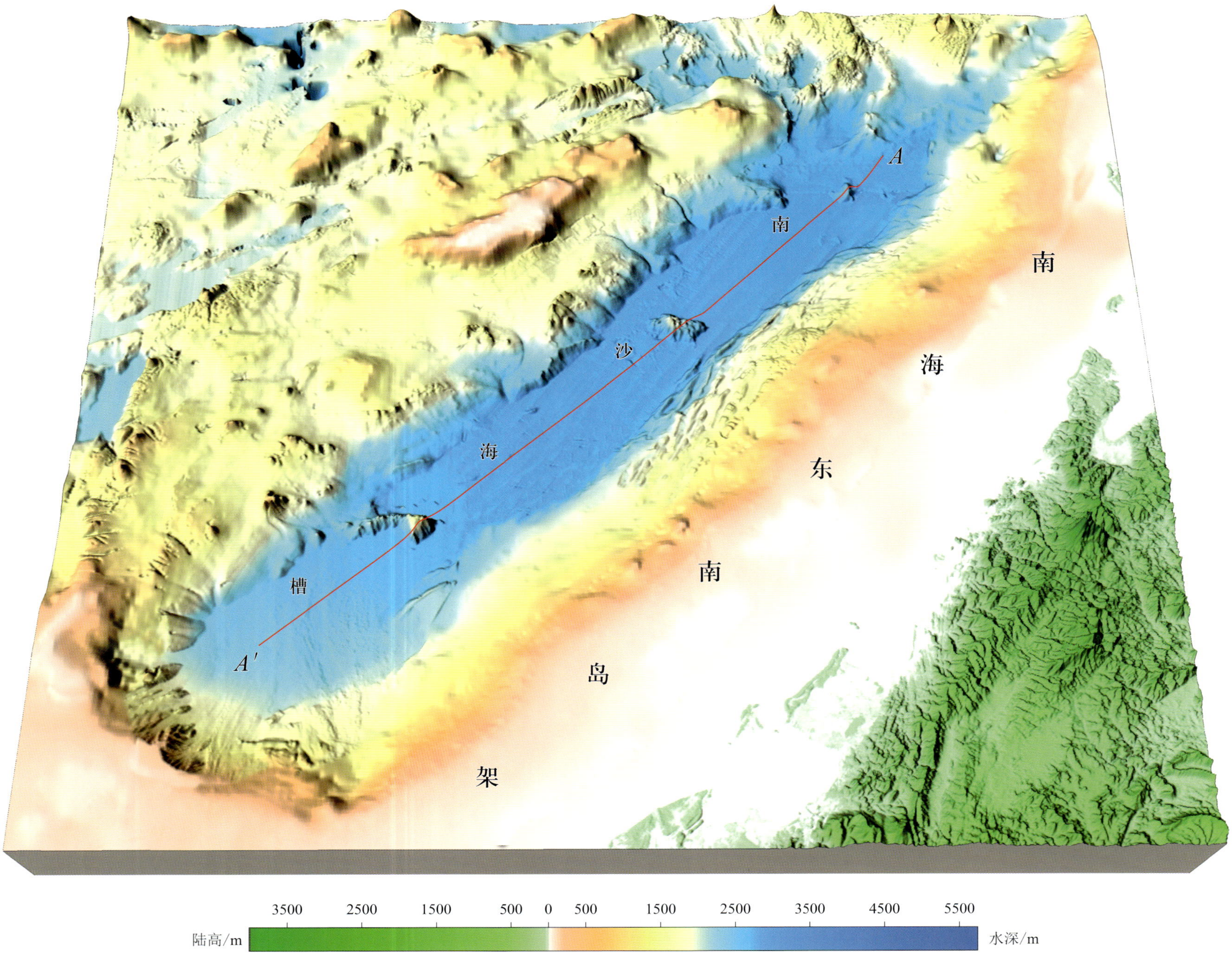

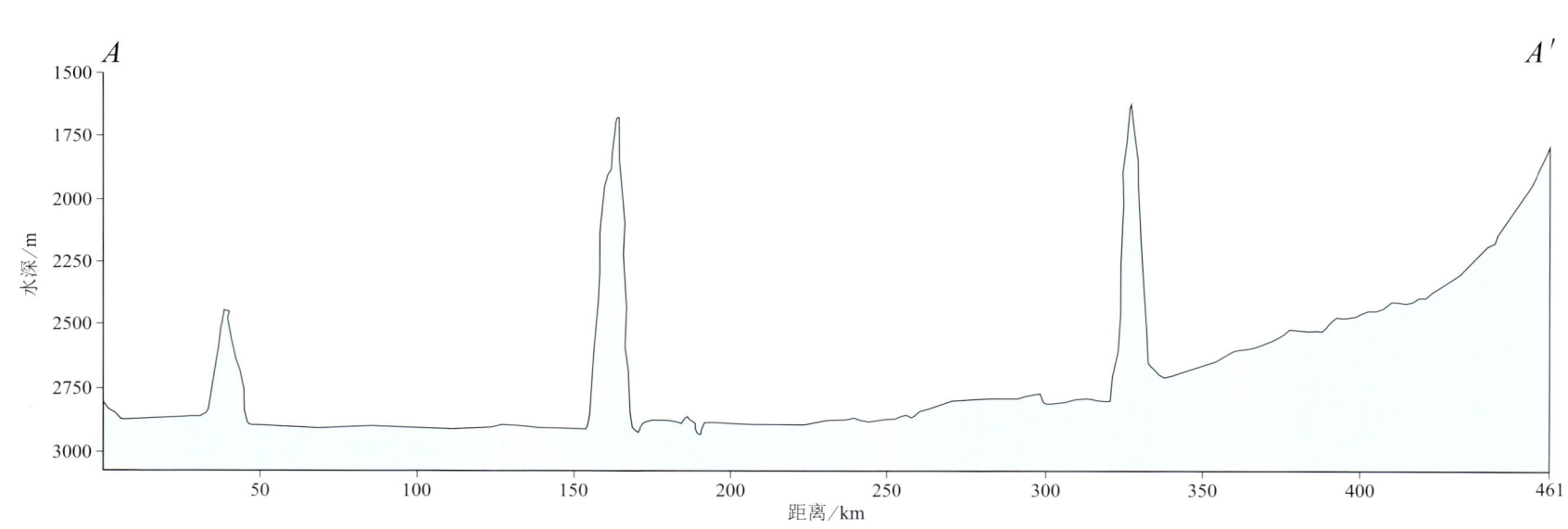

南沙海槽位于南沙海域东南陆坡边缘，介于南沙海底高原与南海东南岛架之间，发育地形平坦的槽底平原和陡峭的陆坡陡坡等三级地貌单元。槽底呈长条形，为东北走向，长约380.8km，宽约48.6km，面积约为15226km²。槽底平原地形平坦，坡度小于0.1°，只有局部地区地形坡度约为0.3°，水深约为2900m，槽底有南乐海丘和洼地分布，属消亡海沟型海槽。

吕宋岛西北侧未命名海槽A
Unnamed trough A on the northwest side of Luzon Island

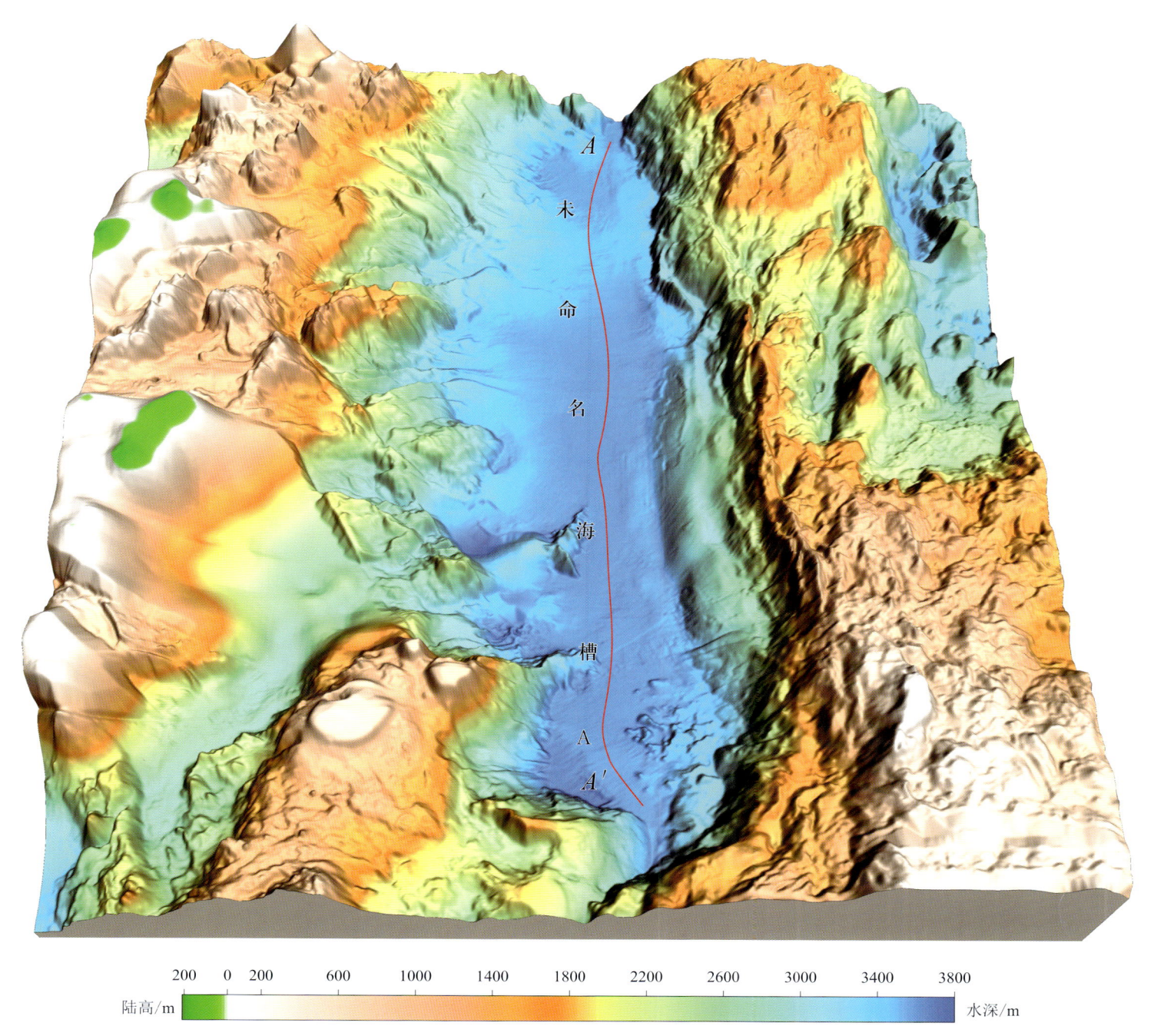

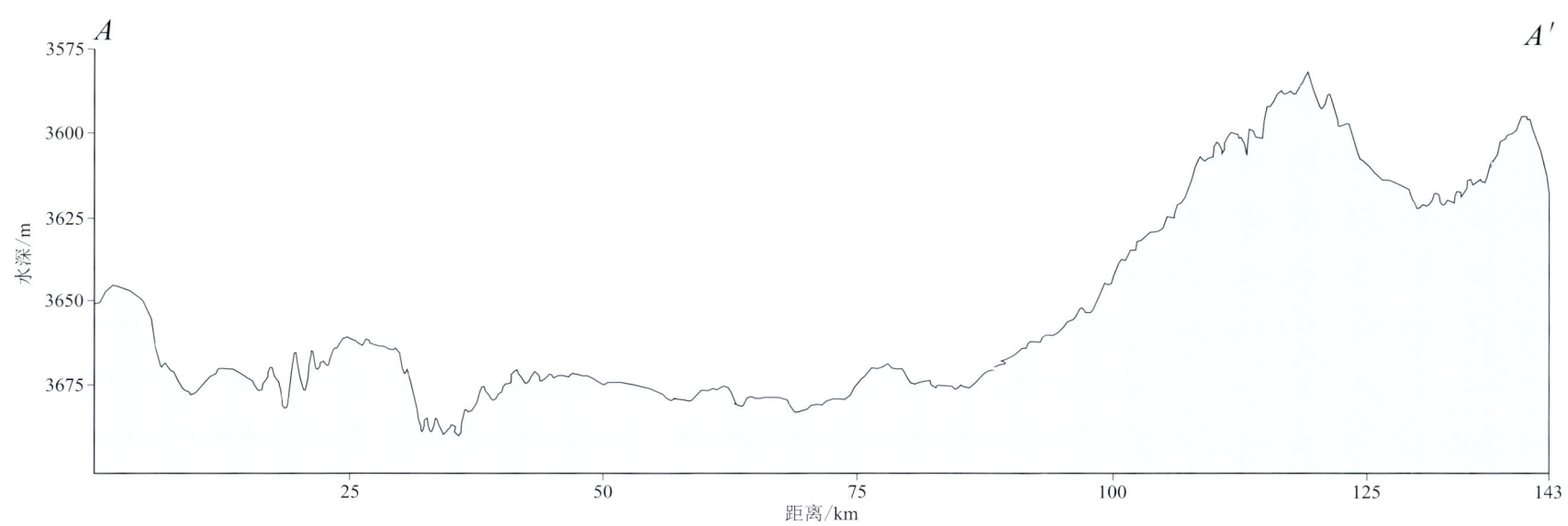

未命名海槽A位于南海东部岛坡北部，发育在吕宋岛西北部岛坡上。海槽由恒春海脊－吕宋海脊东翼斜坡、台南海槛、长滨海山西部斜坡、吕宋斜坡和槽底平原构成。海槽顺着海岸地形呈北北东向展布，长约312km，宽20～39.5km，东西两侧槽坡分别为地形陡峭的海山－岛坡斜坡和岛坡海脊，中间为凹陷的平坦洼地。东侧槽坡最大宽度为28km，水深范围为870～2900m，地形较为陡峭，坡度为3.2°～13.5°；西侧槽坡宽度为7～14km，水深范围为2800～3000m，坡度为2.2°～5.5°，坡度略小于东部槽坡。槽底平原宽18～30km，地形比较平坦，最大水深出现在东北部，为3270m。槽底平原局部发育海丘和小型峡谷。

典型地貌单元
Typical Feature of Geomorphology

麻坑群
Pockmarks

中建南斜坡典型麻坑和峡谷
Typical pockmarks and canyons on Zhongjiannan Slope

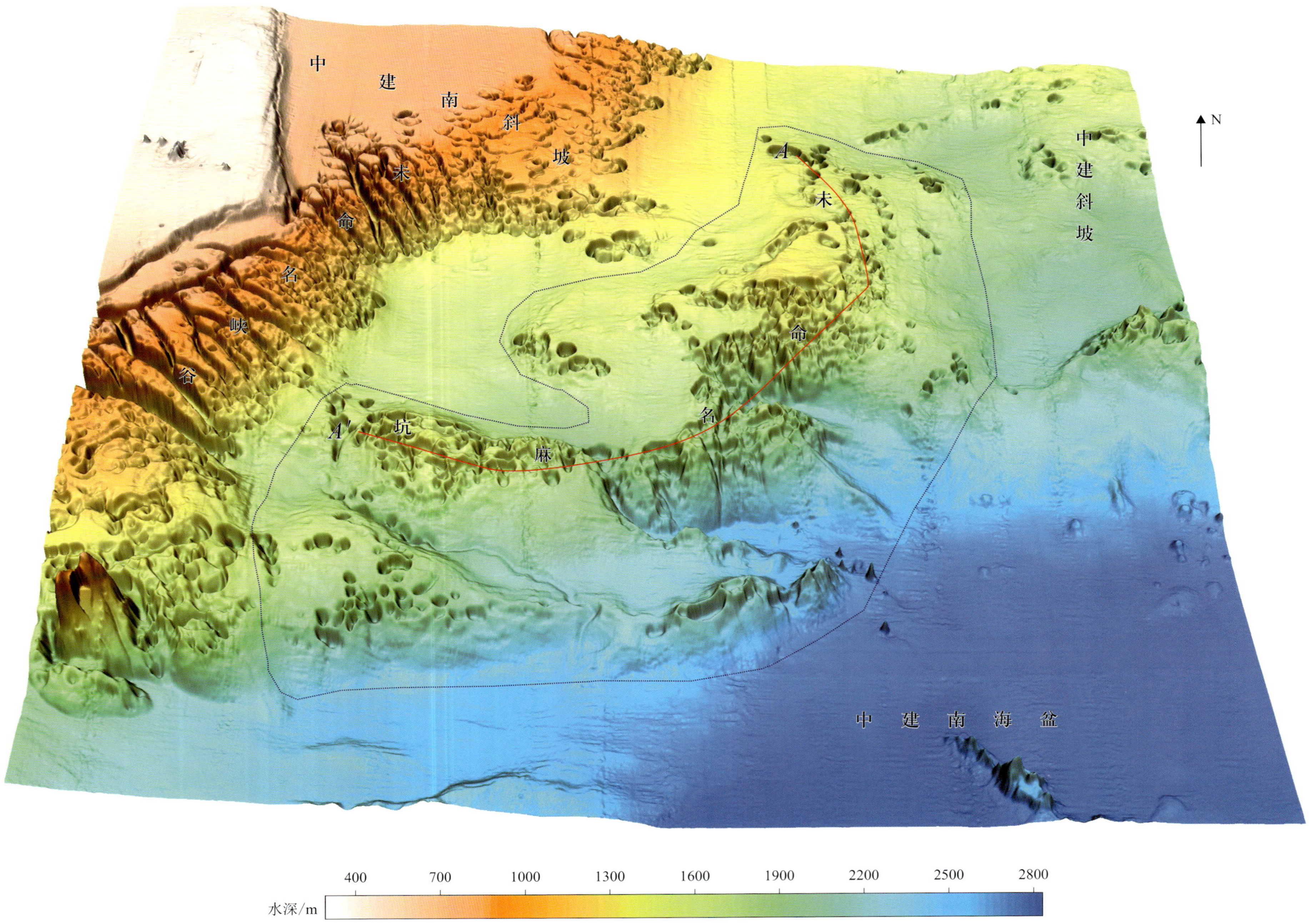

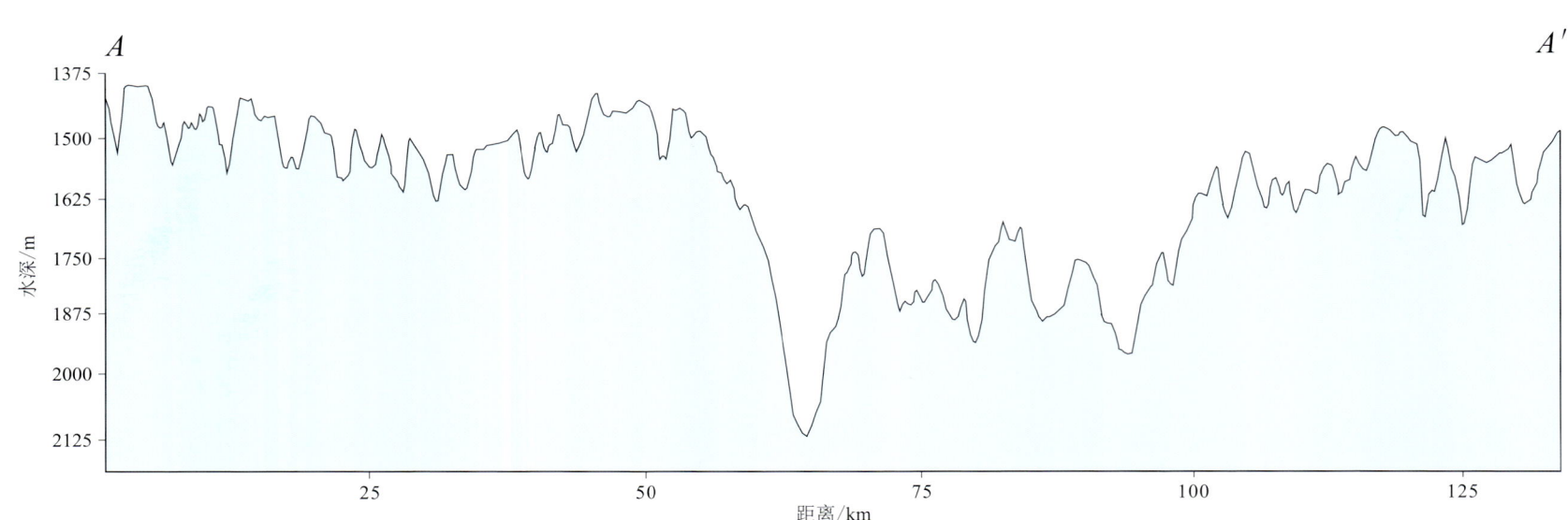

麻坑是一种类似泥火山的微地貌形态，海底麻坑代表了有海底流体溢出留下的地貌证据。气体持续从地层溢出可导致沉积物塌陷，进而在海底表面上形成麻坑。中建南斜坡未命名麻坑北东长约123km，北西宽约56.8km，坡度一般为1°～2°，麻坑呈片状大面积分布，麻坑大小从500m到3000m不等，麻坑深度在50～200m，边缘水深为1282m，最大水深为2736m。对麻坑的研究具有重要的学术价值和实用价值。麻坑作为海底流体活动最明显、最常见的指示之一，对环境变化和海底流体活动研究具有重要科学意义，是指示油气资源存在的一个重要标志。海底流体的逸散以及麻坑的形成，容易诱发海底滑坡等地质灾害；底流在对通过麻坑所喷出的沉积物进行搬运的过程中，又会对海底电缆等设施的安全造成一定的威胁。

麻坑群 Pockmarks

南沙海域典型麻坑
Typical pockmarks on Nansha sea area

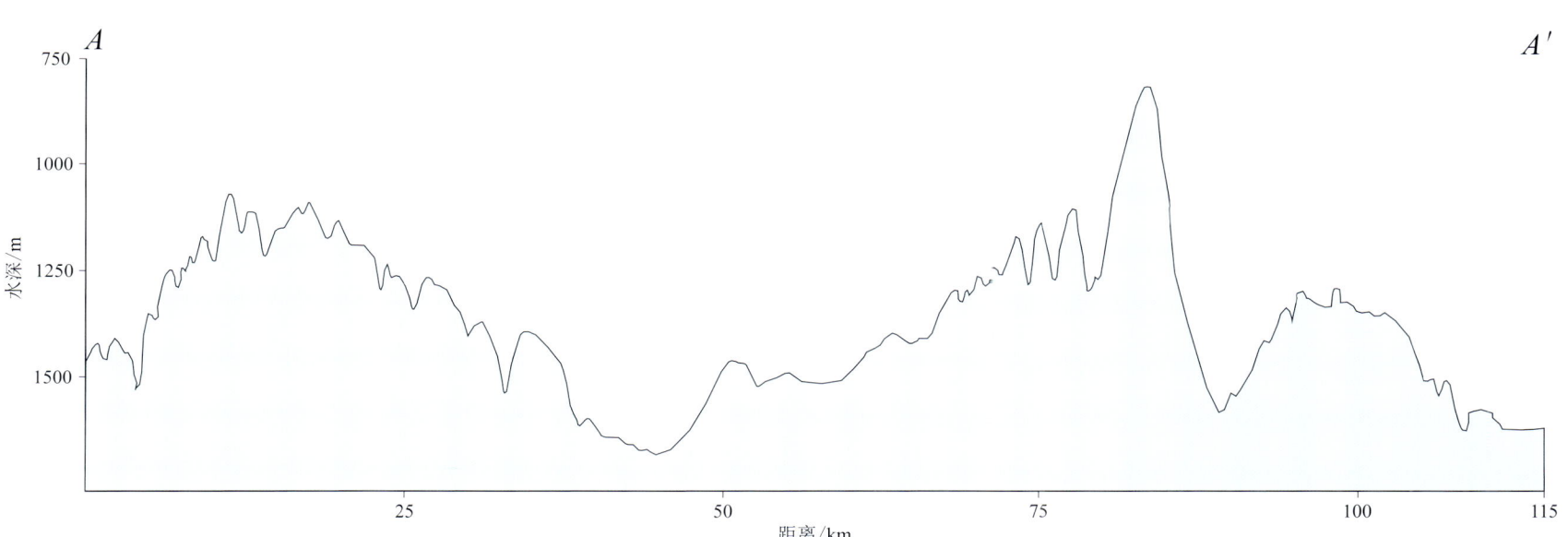

南沙海域未命名麻坑发育在海山上，数量众多，单个麻坑的平面形态主要为圆形，直径为 1.5～2.3km，深度为 45～130m。

典型地貌单元
Typical Feature of Geomorphology

海盆
Sea Basin

中建南海盆
Zhongjiannan Sea Basin

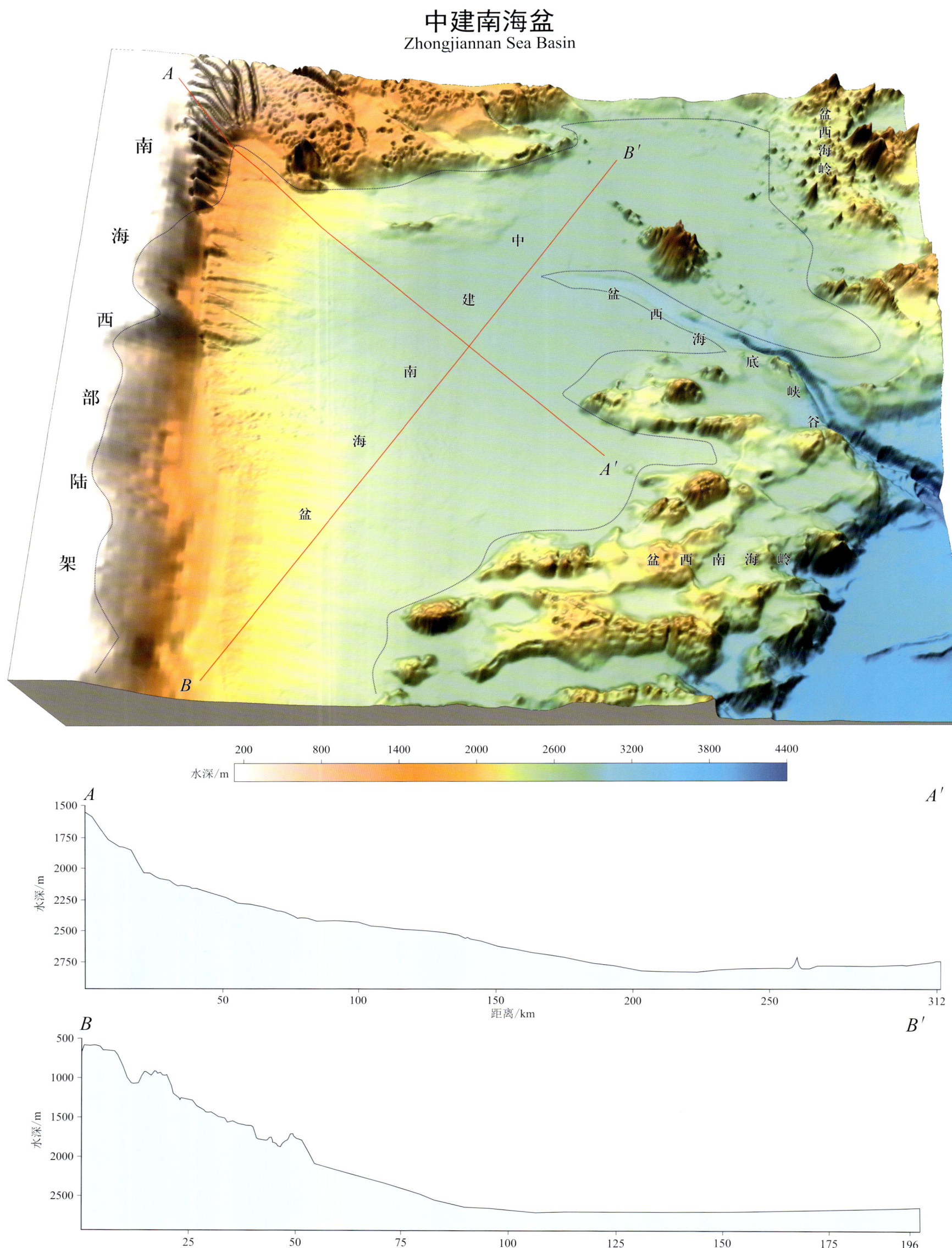

中建南海盆位于南海西部陆坡，被南海西部陆架、中建阶地和盆西南海岭包围。海盆平均水深为2190m，比四周地形低1200～2000m。平面形态上，海盆南北长约257km，东西宽78～217km，在北边最宽，南边渐窄；海盆面积约为3.7万km²。海盆自西向东水深逐渐加深，从200m逐渐加深到2957m；坡度自西向东逐渐减小，从4°逐渐减小到0.1°。

龙珠海山西南侧海盆
Sea basin on the southwest side of Longzhu Seamount

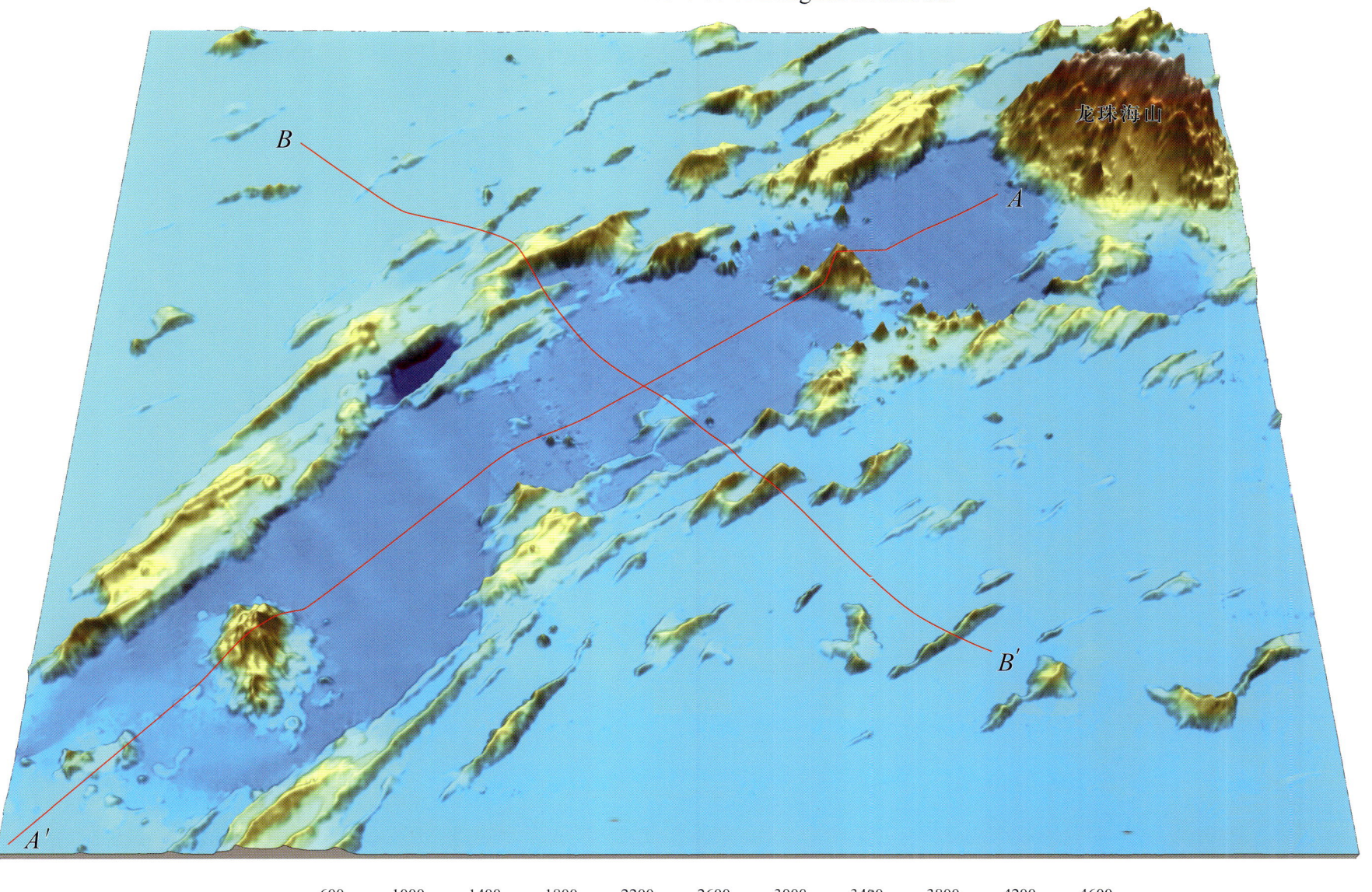

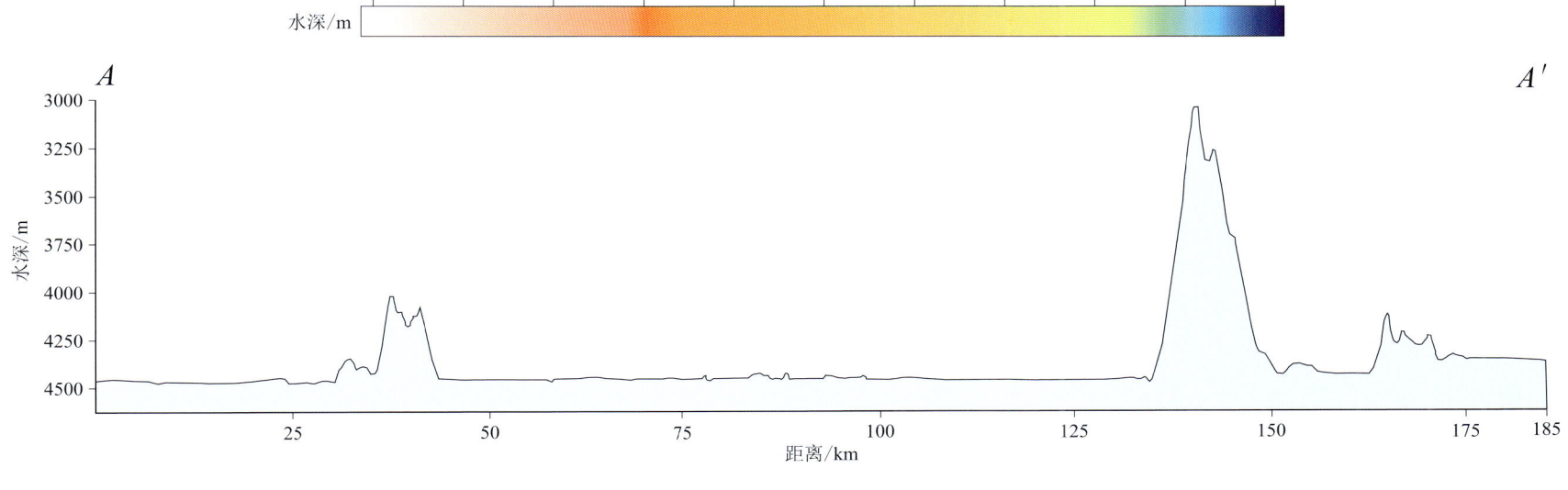

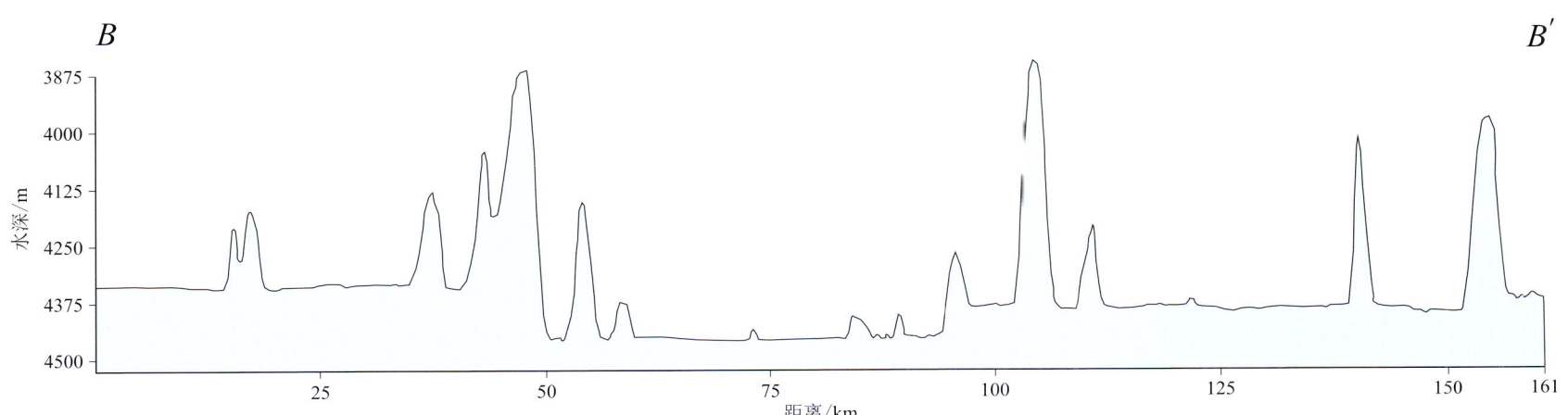

龙珠海山西南侧海盆位于2975～4496m水深段，系西南次海盆的一部分，发育在长龙海山链和飞龙海山链之间，呈长条块状东北向展布，长约88km，最大宽度为31km。龙珠海山位于海盆东北部，平面形态呈长条形，走向为东西向。海山发育山峰和多个小型山峰，东西向长约29.6km，南北向最大宽度约为11.5km。海山峰顶（13°08.4′N，114°29.2′E）水深为2971m；海山山麓水深范围为4393～4465m，海山最大高差为1494m。海山主峰北坡坡度约为25°，东坡坡度约为8°，西坡坡度约为12°，南坡坡度约为23°。

典型地貌单元
Typical Feature of Geomorphology

沙波
Sand-wave

海底沙波1
Seabed sand-wave 1

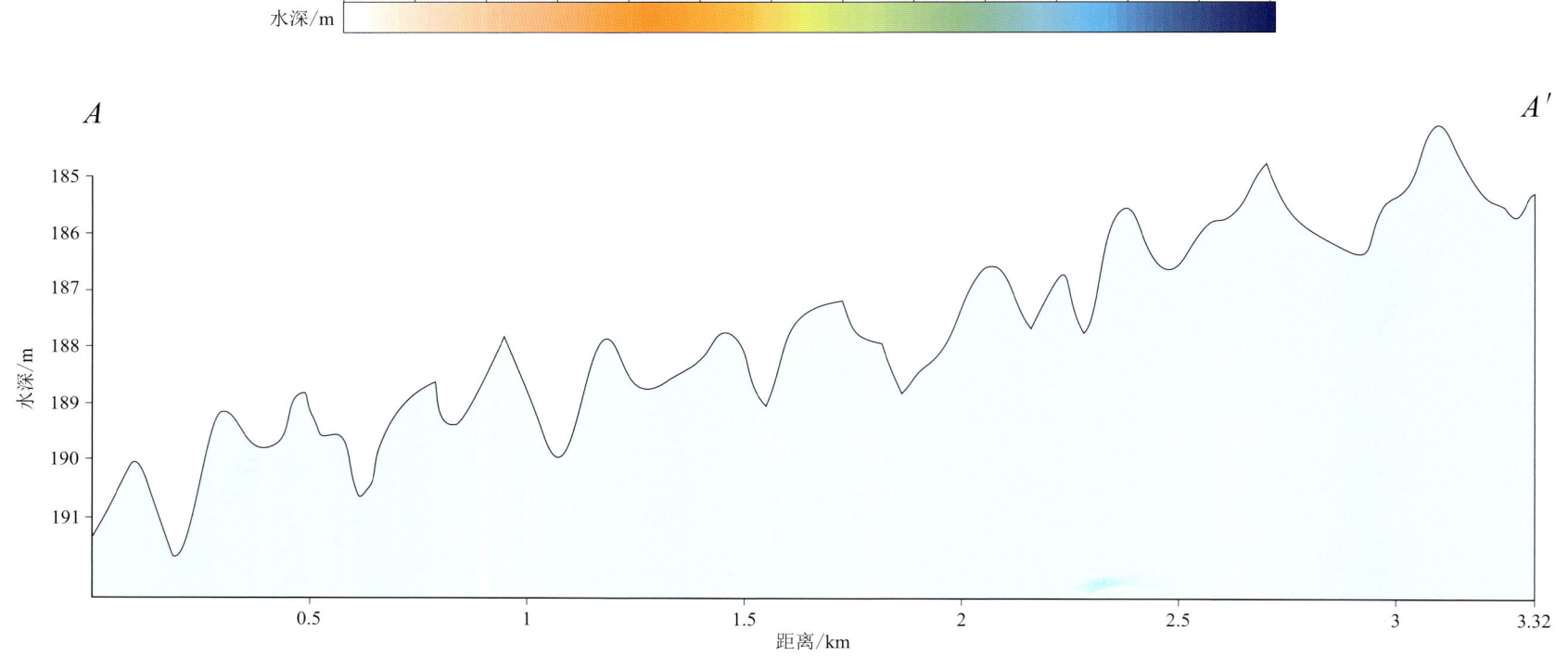

　　南海北部大陆架最大的地貌特点是海底沙波十分发育，在上陆坡段也有发育。海岸线的附近由于潮流的作用常形成多列与海岸近似平行的周期性沙波，其发育与水动力环境、沉积物粒度以及地形有密切相关。在南海北部范围内，结合单－多波束测深、浅地层剖面和侧扫声呐资料，共发现和圈定了八个沙波发育区。

　　本图是典型直线型沙波地形，剖面图直观地反映了沙波的高低起伏，具有近直线的地形变化形态特征。

沙波
Sand-wave

海底沙波2
Seabed sand-wave 2

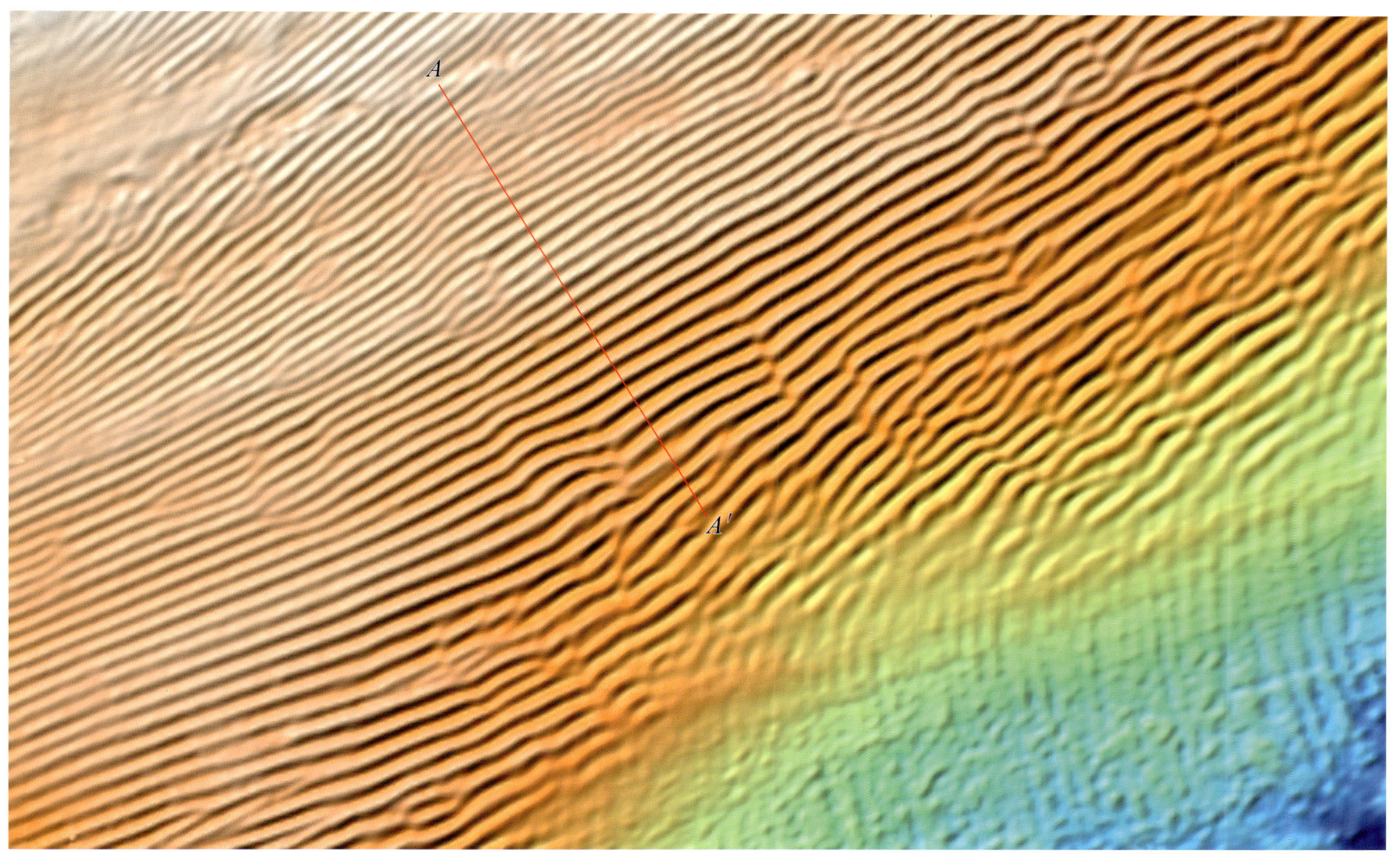

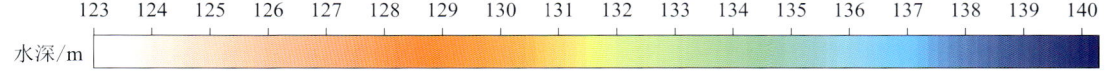

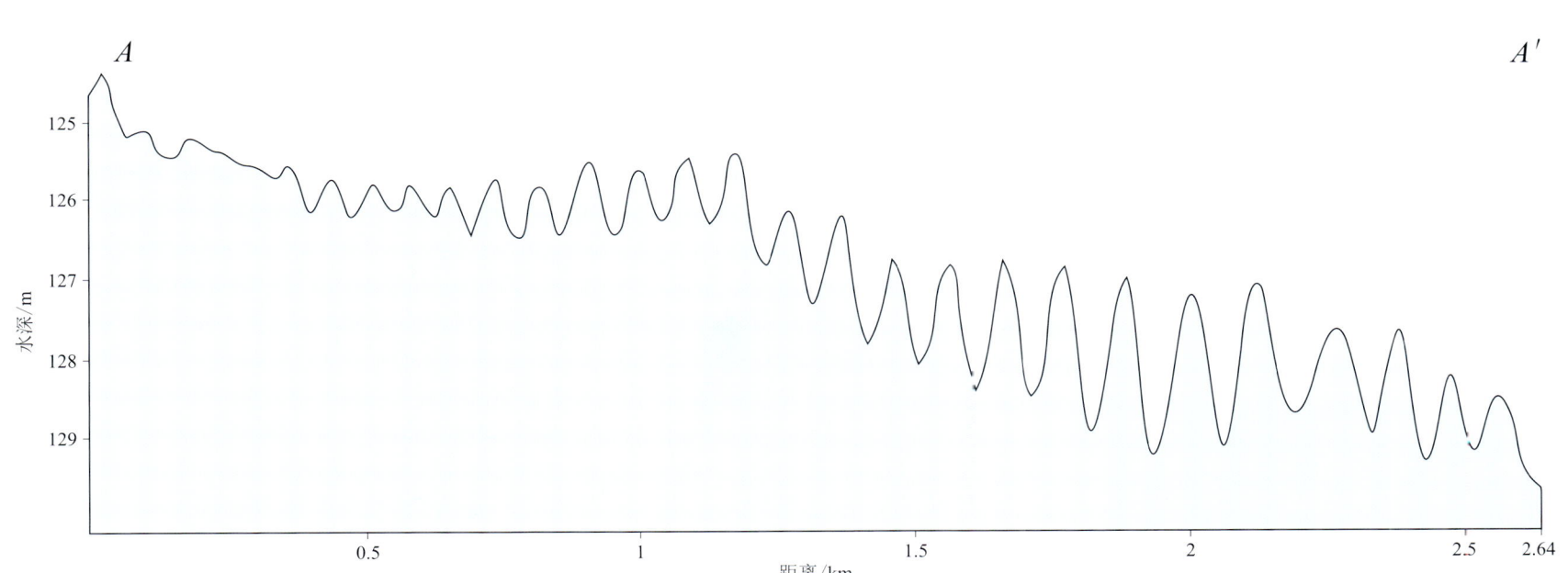

根据沙波规模可分为小型、中型和大型沙波。小型沙波波长小于15m，波高小于0.5m；中型沙波波长为15～50m，波高小于2m；大型沙波波长大于50m，波高为1.5～7m。本图直观地反映了沙波的波长和波高的变化规律，剖面图中波长为125～188m，波高为0.7～3.8m。

典型地貌单元
Typical Feature of Geomorphology

海台
Plateau

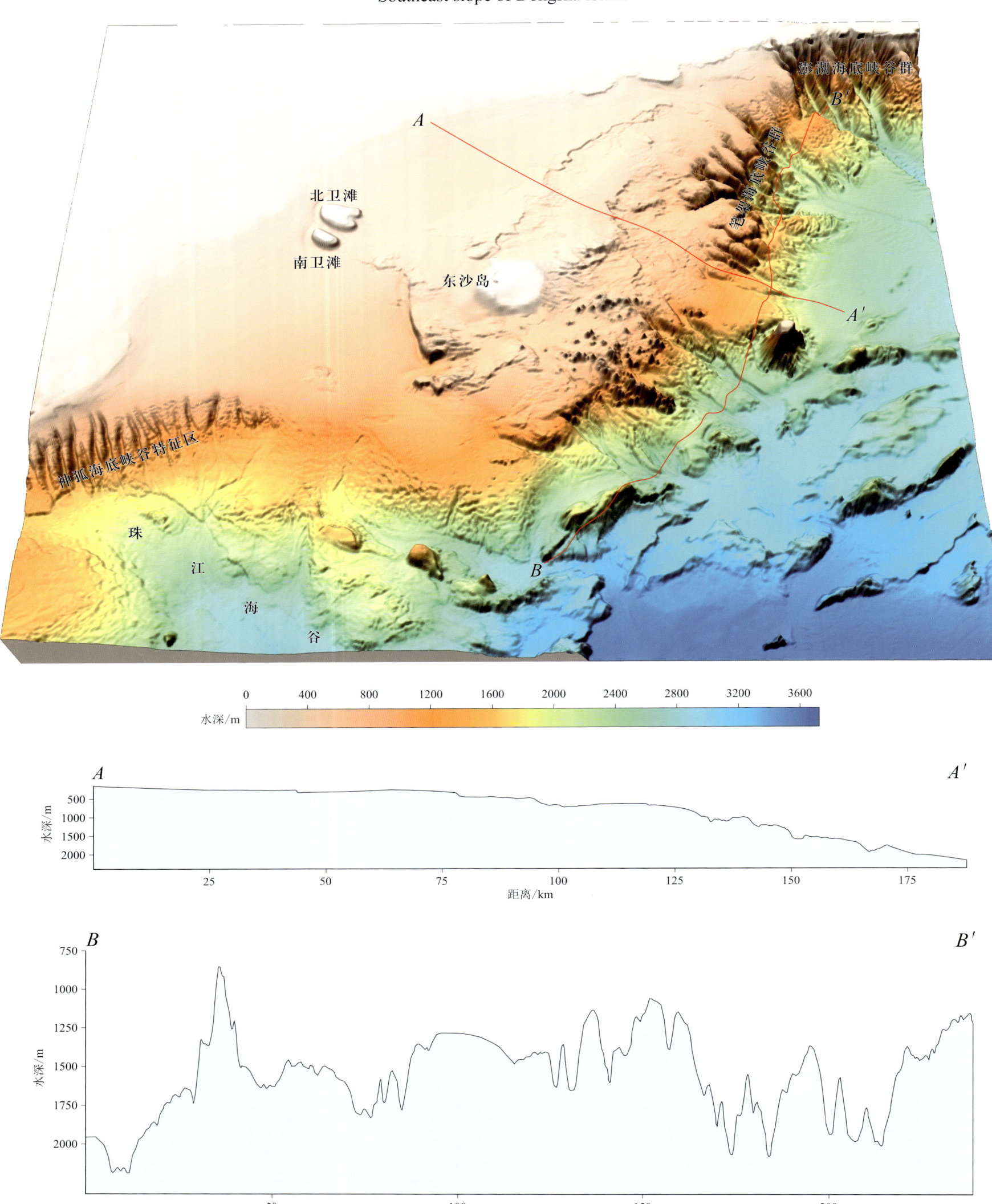

东沙岛东南侧斜坡
Southeast slope of Dongsha Island

东沙岛东南侧斜坡（海台）位于台地中部，平面形态呈圆形，直径约为30km，面积约为730km²。顶面水深范围为65～110m，地形相对平坦，起伏较小。台坡底部水深范围为250～530m，地形较为陡峭，高差约为450m。

西沙永乐群岛
Xisha Yongle Islands

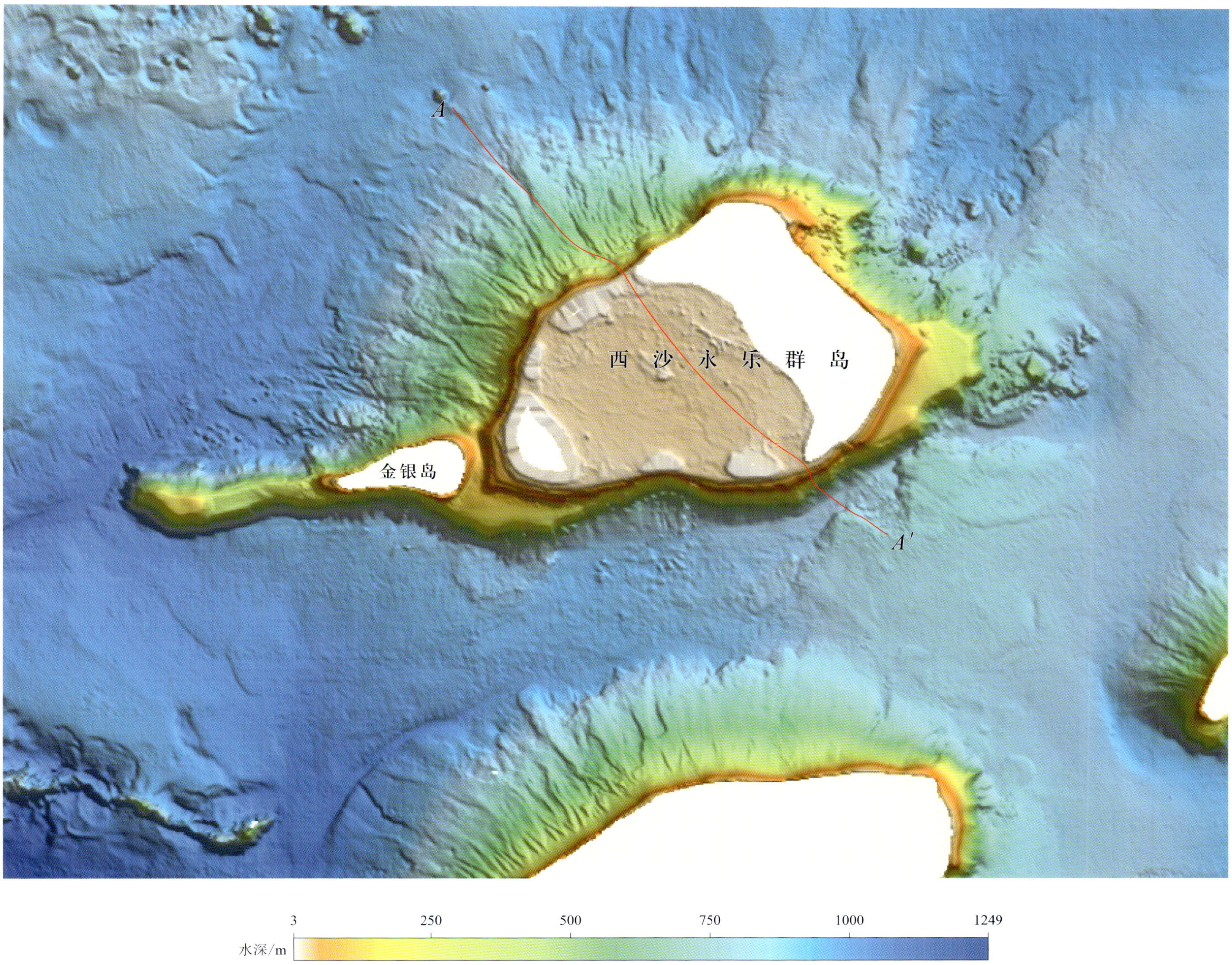

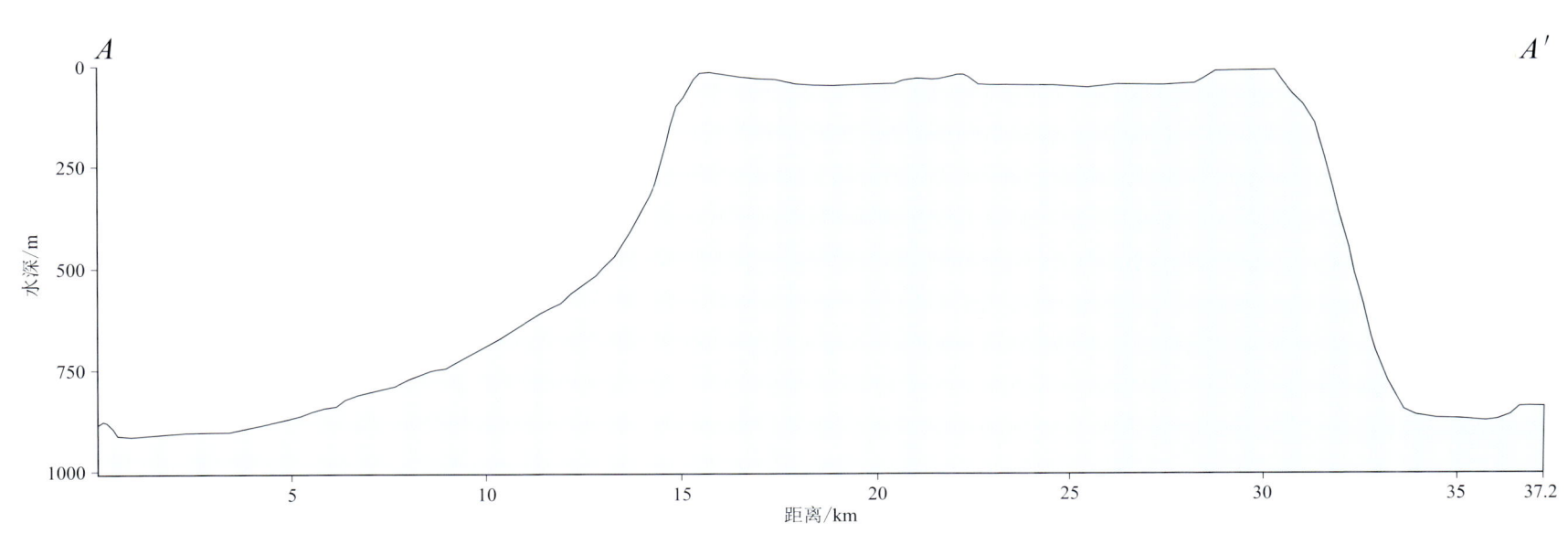

西沙永乐群岛（海台）略呈三角形，三边长度分别约为46.4km、39km、20.1km。自东北向西南宽度收窄，东北部宽度为20km，西南部收窄为3km，面积约为640km²。海台面较为平坦，起伏小于100m，其上发育有甘泉岛、晋卿岛、金银岛、银屿等岛屿，以及一些隐伏于水下的暗沙、珊瑚礁体。周缘台坡水深增大明显，地形相对陡峭，尤其是南侧台坡更为陡峭，地形落差可达500m，坡度超过10°，最大可达15°。

典型地貌单元
Typical Feature of Geomorphology

中沙群岛
Zhongsha Islands

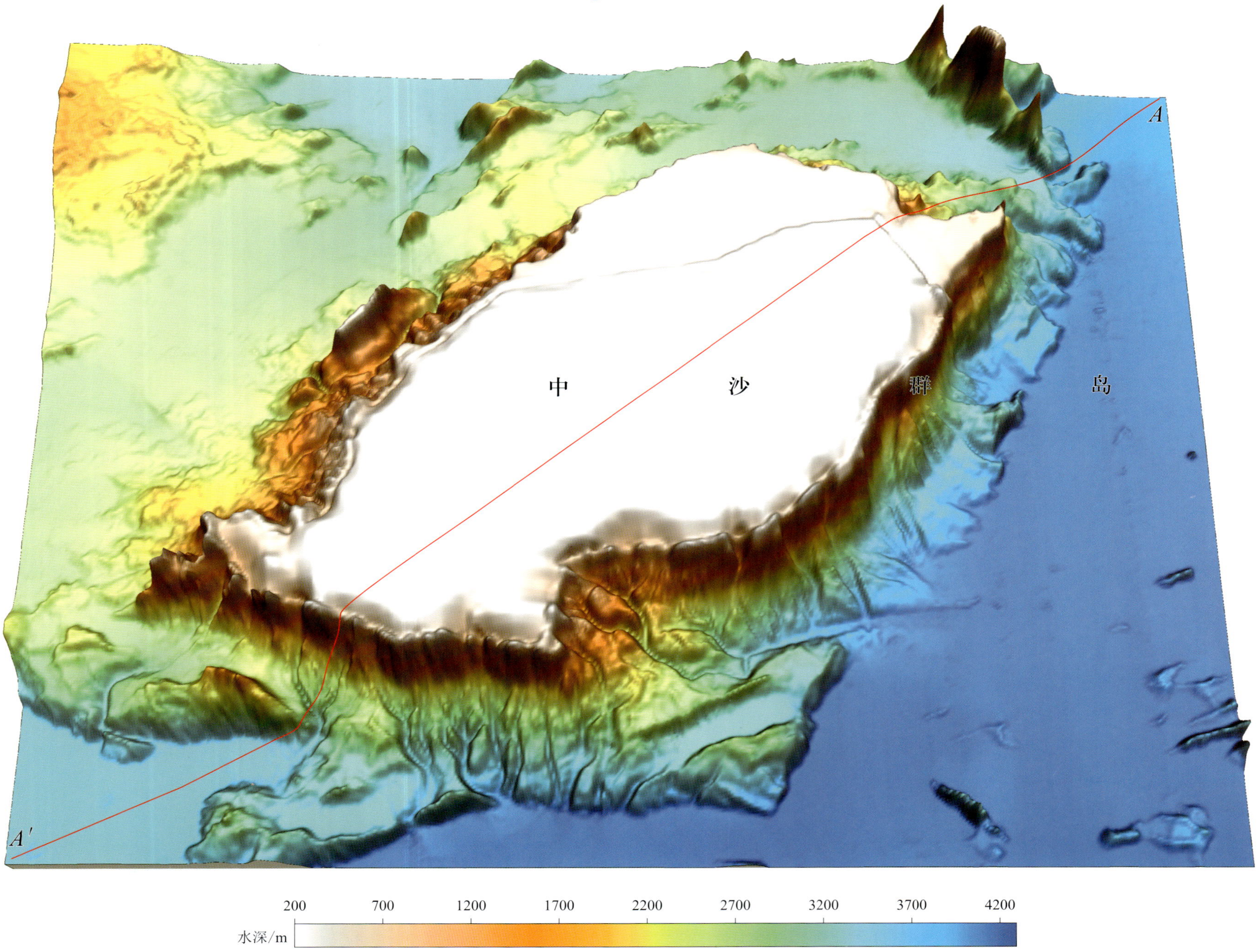

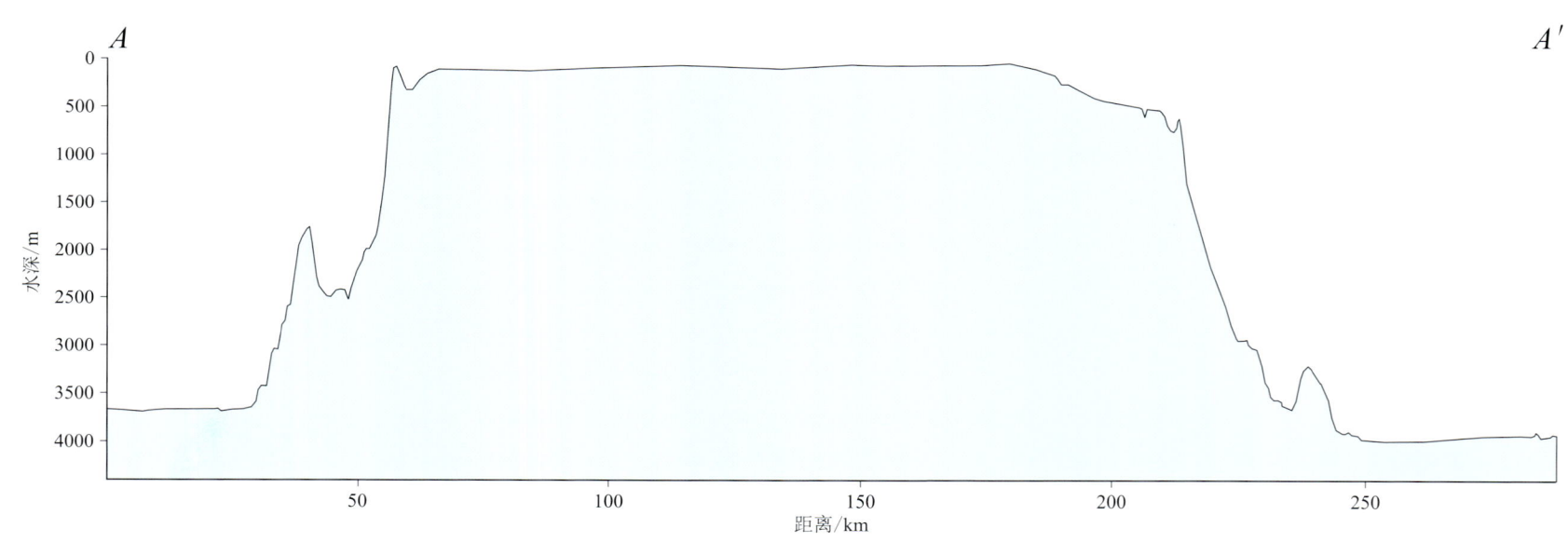

中沙群岛（海台）位于南海中北部，是南海西部大陆坡的一部分，是南海规模最大的海台，平面面积达23500km²。海台平面形态呈近椭圆形，长轴呈北东－南西方向，长轴长约281km，最大宽度约为142km。海台顶面的平面形态也呈近椭圆形，长轴呈北东－南西方向，长轴长约16.5km，最大宽度约为76.5km，平面面积达8370km²。水深范围为30～4280m，海台顶面大致以200～600m等深线圈闭，水深为30～600m，地形相对平坦，发育南北两级台面，南部水深范围为30～400m，面积约为6360km²；北部台面水深范围为240～600m，周边台坡陡坡地形陡峭，受海底断裂活动所控制，地貌界线与北东向大断裂相吻合。海底地形起伏大，形成最大高差约4000m的大陡崖，陡坡上发育有山峰和沟谷。中沙群岛发育一群沙洲、浅滩和暗礁，他们全都淹没在水下20m左右。海台北部和西部均为断裂构造的海槽，因此顶面是一个水深较浅的海底断块隆起区。

宣德群岛
Xuande Islands

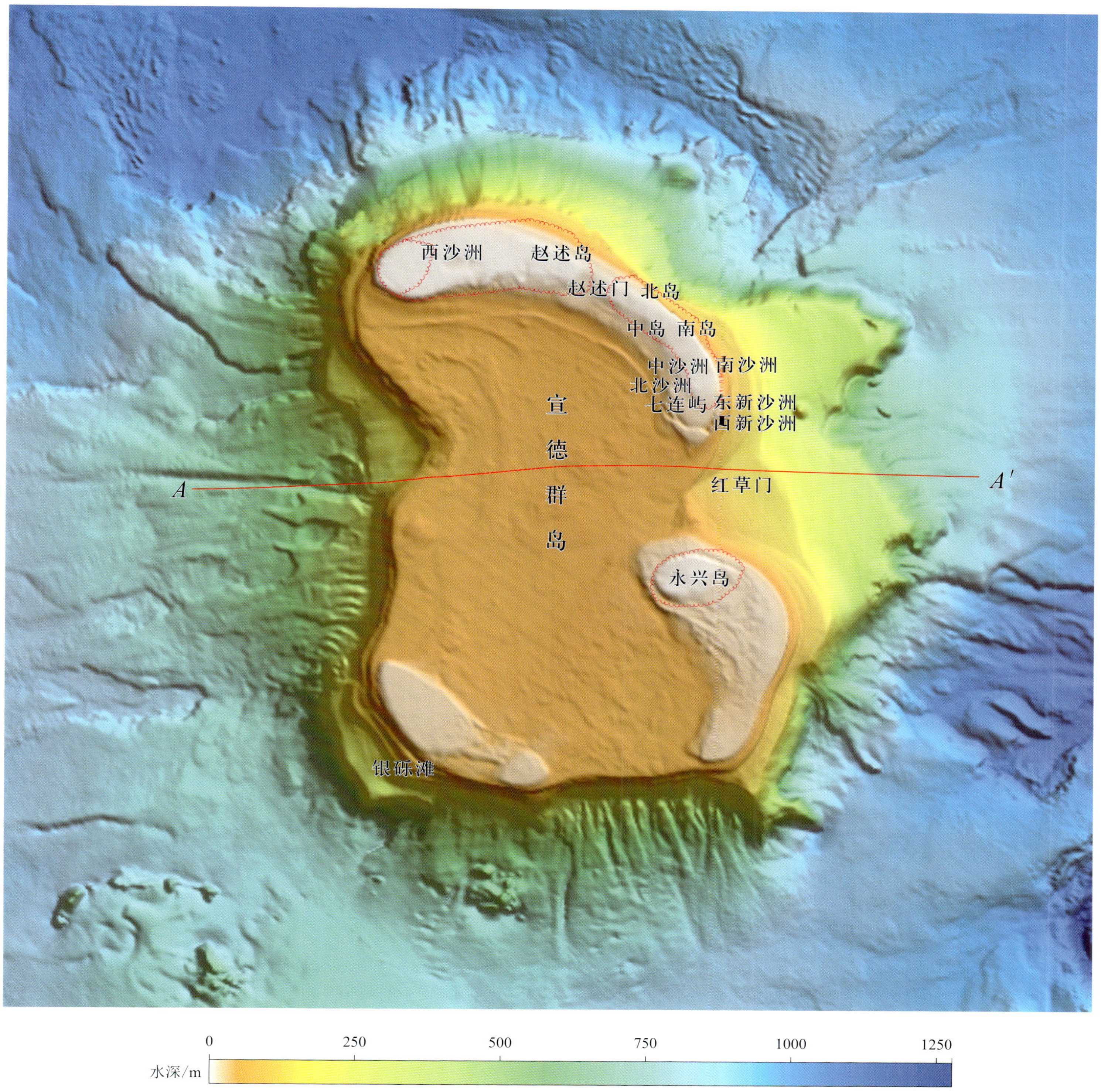

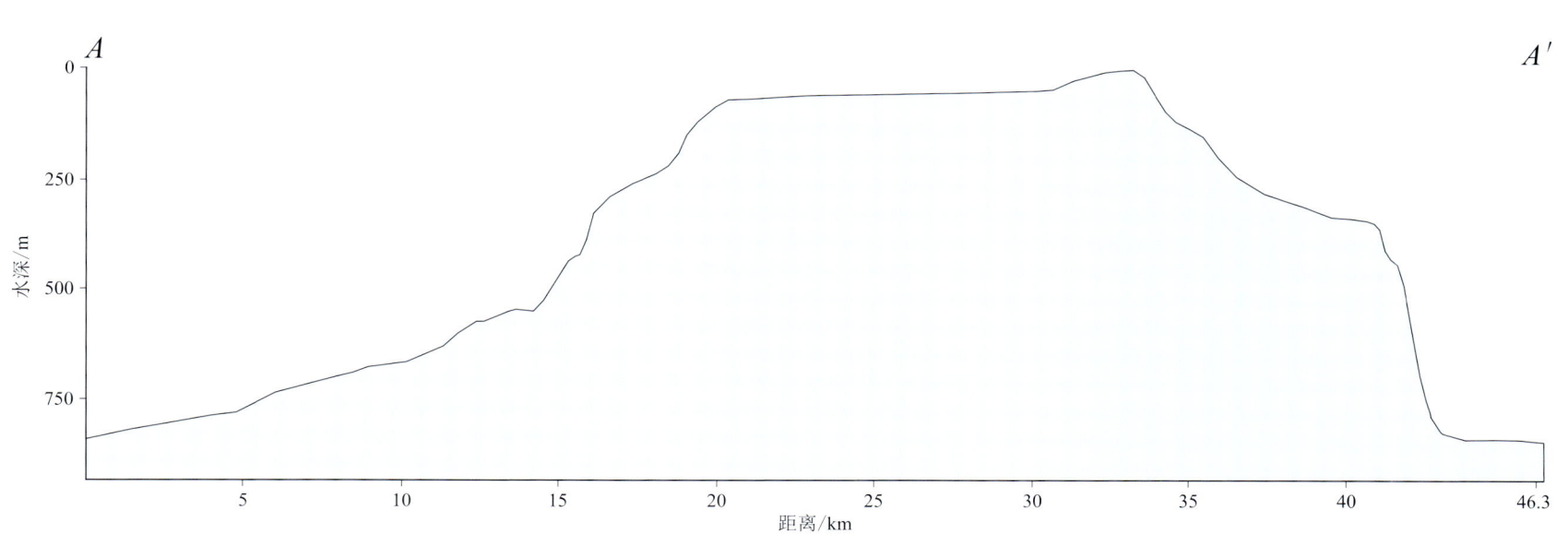

宣德群岛（海台）为永兴岛所在地，以800m等深线为主圈闭而成，大致呈椭圆形，长轴指向南北；南北长约46km，东西宽约40km，面积达1462km²。海台顶面也呈椭圆形，走向与整个海台一致，大致由100m等深线圈闭而成，面积达1462km²，海台顶面绝大部分区域水深范围为45～60m，整体上中部和北部自东向西部倾斜，东南部银砾滩南边自受其制约，地形自西向东倾斜。其上发育有永兴岛、赵述岛、西沙洲、七连屿、银砾滩等岛礁和沙洲地形。周缘为台坡地形，尤其是西侧台坡缓缓下倾明显，坡度仅1.5°，其他三面台坡坡度在5°左右。

典型地貌单元
Typical Feature of Geomorphology

海脊、海岭和海隆
Ridge and Rise

加瓜海脊
Agua Ridge

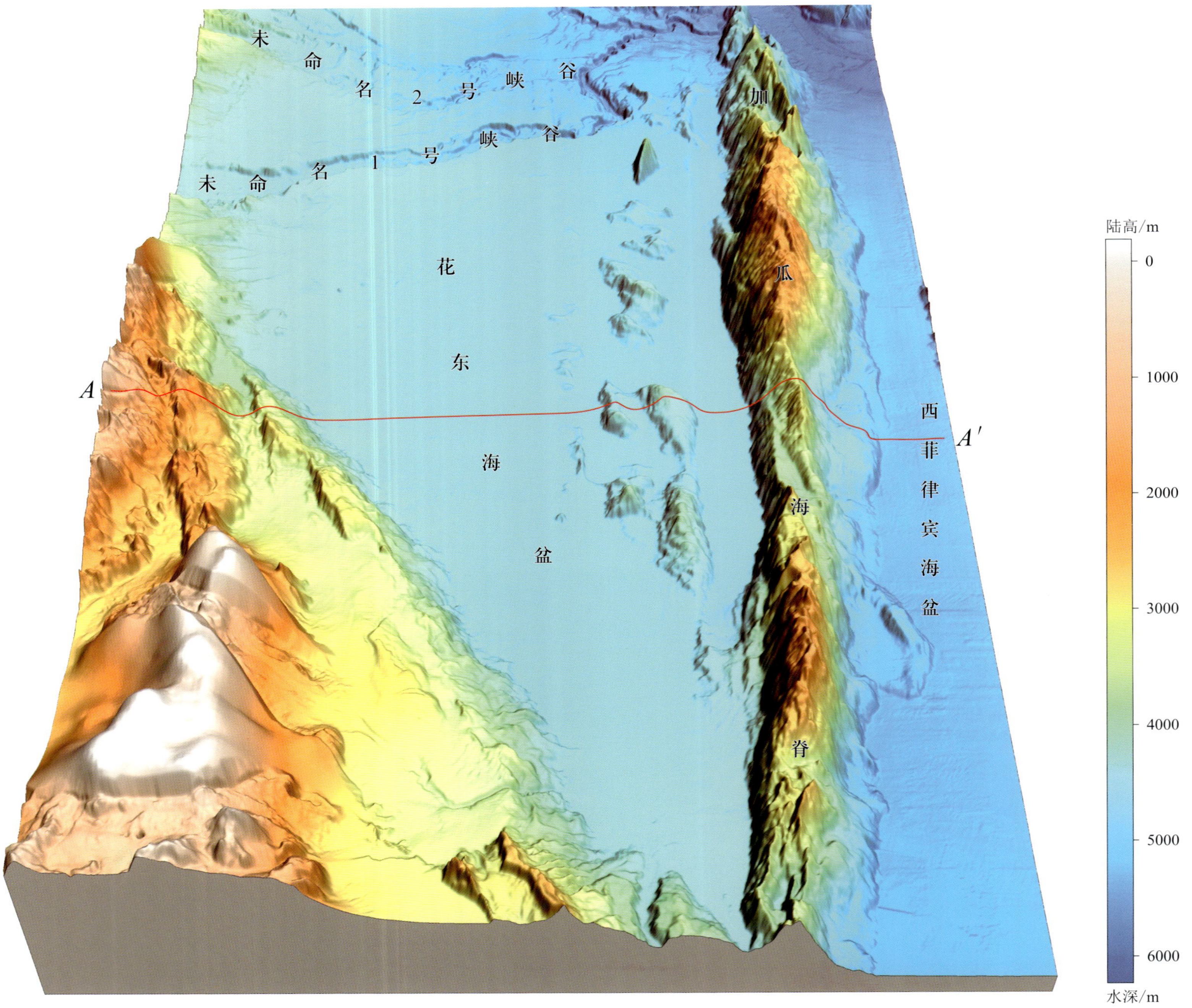

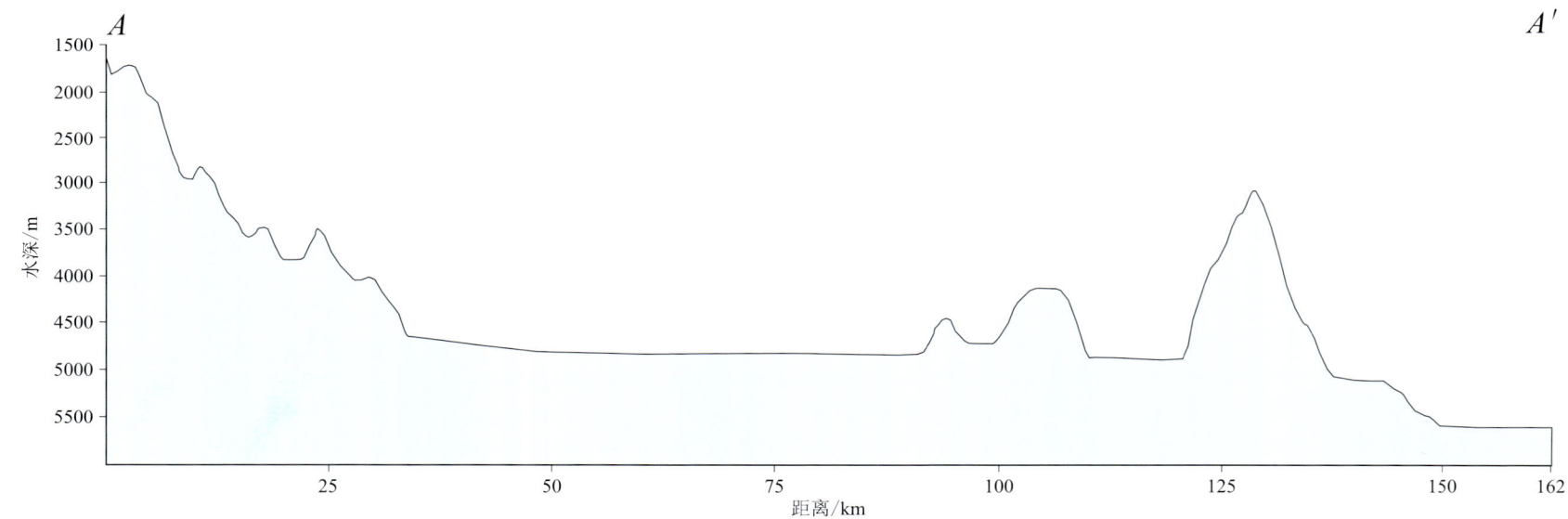

加瓜海脊由三座海山组成，海山自北向南依次分布加瓜北海山、加瓜中海山和加瓜南海山（暂定名），形态呈中部宽两边变窄。加瓜北海山位于加瓜海脊北部，平面形态呈长条状南北向展布，山脊走向北西西—南南东向，南北长约105.2km，东西最大宽度约为19.1km，基座面积约为1350km²，为三座海山中面积最小的一座；顶峰位于南部，水深为2880m，山麓水深为3570~6104m；山坡西陡东缓，最大坡度出现在峰顶西坡，约为19.3°。加瓜中海山位于加瓜海脊中北部，平面形态呈长条状南北向展布，山脊为南北走向，南北长约189.6km，东西最大宽度约为31.6km，基座面积约为3703km²，为三座海山中面积最大的一座，顶峰位于中部，水深为1506m，山麓水深为4170~5620m；山坡西陡东缓，最大坡度出现在西坡，约21.3°。加瓜南海山位于加瓜海脊南部，平面形态呈长条状南北向展布，山脊为南北走向，南北长约176.1km，东西最大宽度约为25.1km，基座面积约为2983km²，为三座海山中面积较大的一座，顶峰位于中北部，水深为1669m，山麓水深为4034~5450m，最大高差达3781m；山坡西陡东缓，最大坡度出现在西坡，约20.3°。

海脊、海岭和海隆
Ridge and Rise

盆西海岭
Penxi Ridge

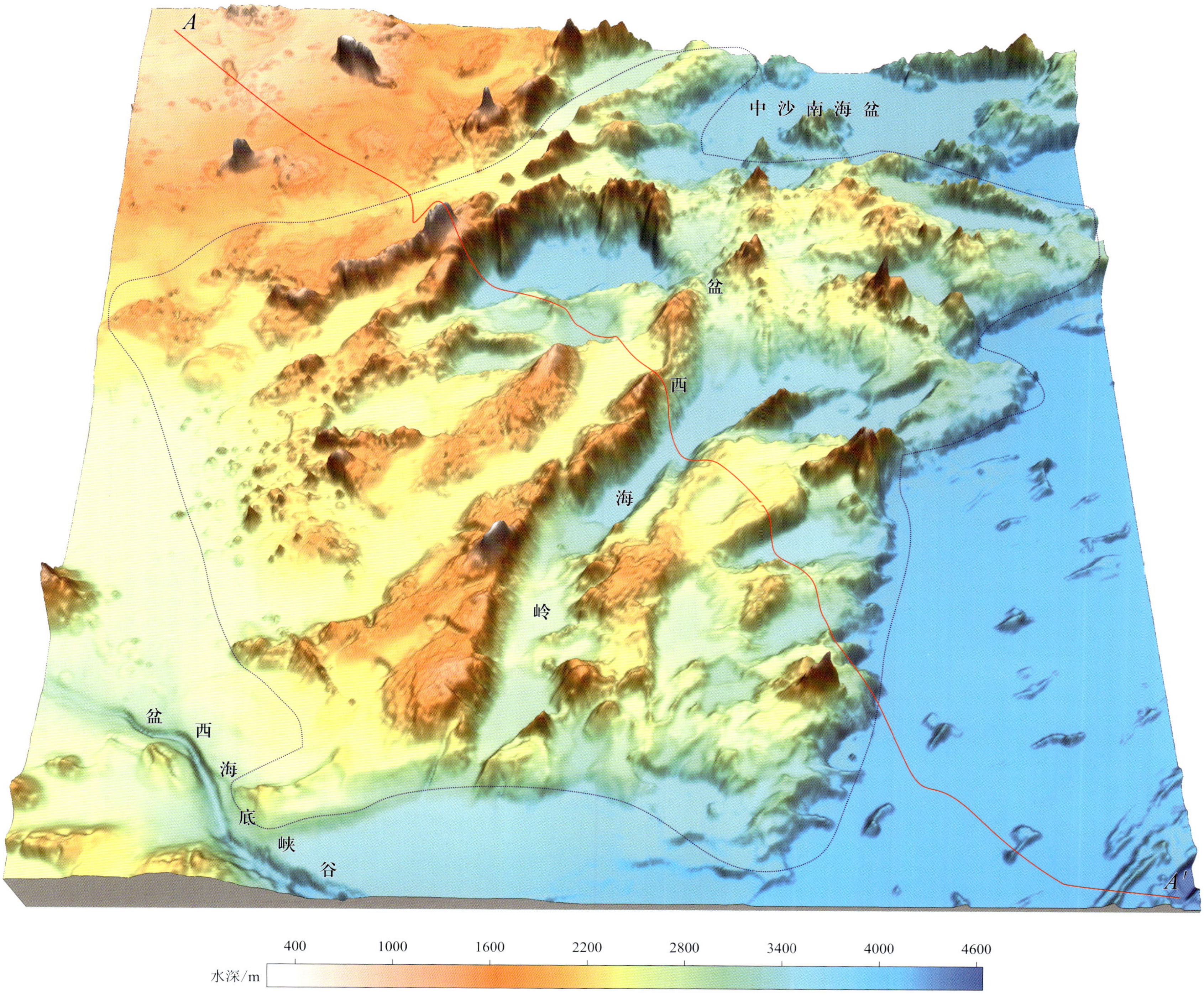

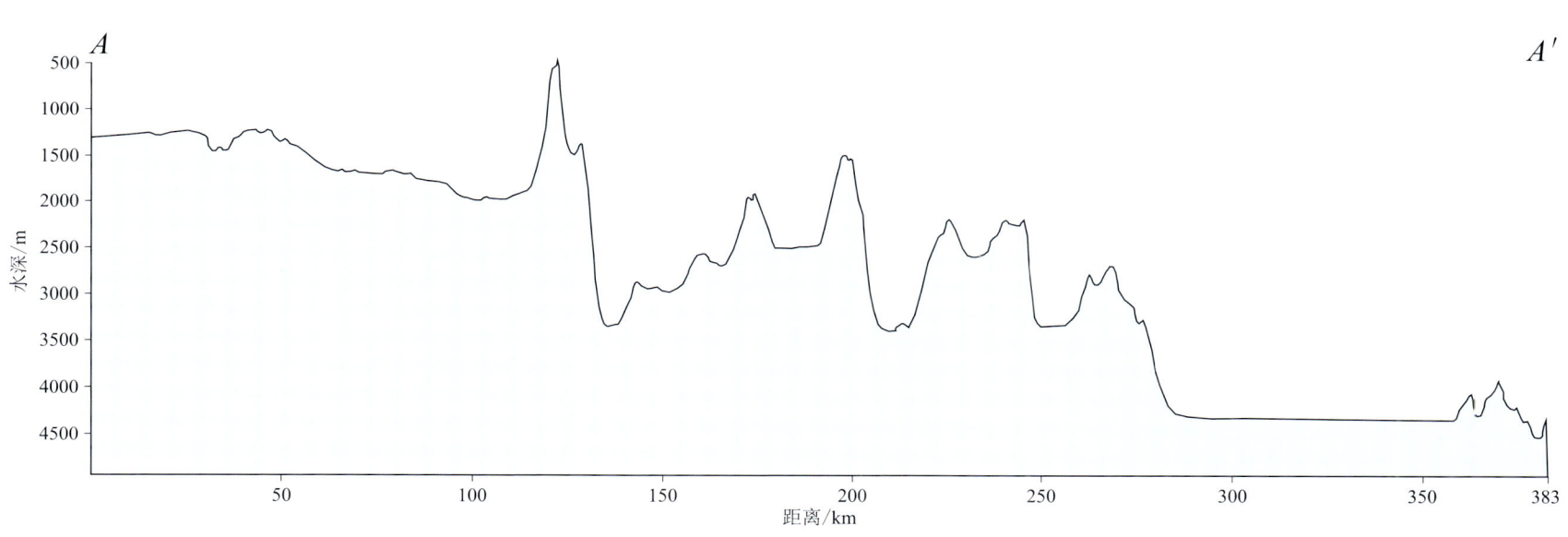

盆西海岭位于南海西部中段，是南海西部陆坡的一部分，西南接盆西海底峡谷和中建南海盆，东部临南海海盆西南深海平原，北部和南部分别与中沙南海盆和盆西南海岭相连。盆西海岭是南海最为壮观的海岭，由众多海山、海丘及山间盆地呈带状排列构成，峰谷相间，地形连续绵起伏，其中发育十多条北东向或者北东东向线状延伸的海山，它们的长度各地不一，长者可达150 km。水深变化大，为296～4325m，平均为2784m。海岭平面形态似椭圆形，长边东北走向，长边长约273km，宽约167km，区域总面积约4.3万km²。盆西海岭的海山总体上呈东北偏北向平行排列，海山之间构成了两个明显的较宽阔的长条形盆地，盆地中心点分别位于14°38′N，112°29′E和13°53′N，112°37′E，平均水深分别为3168m和3145m，面积分别为645km²和1003km²。海岭东部与西南深海平原相接，高耸的群山和低缓深海平原之间形成的巨大落差，使海岭更显陡峭。

典型地貌单元
Typical Feature of Geomorphology

盆西南海岭
Penxi'nan Ridge

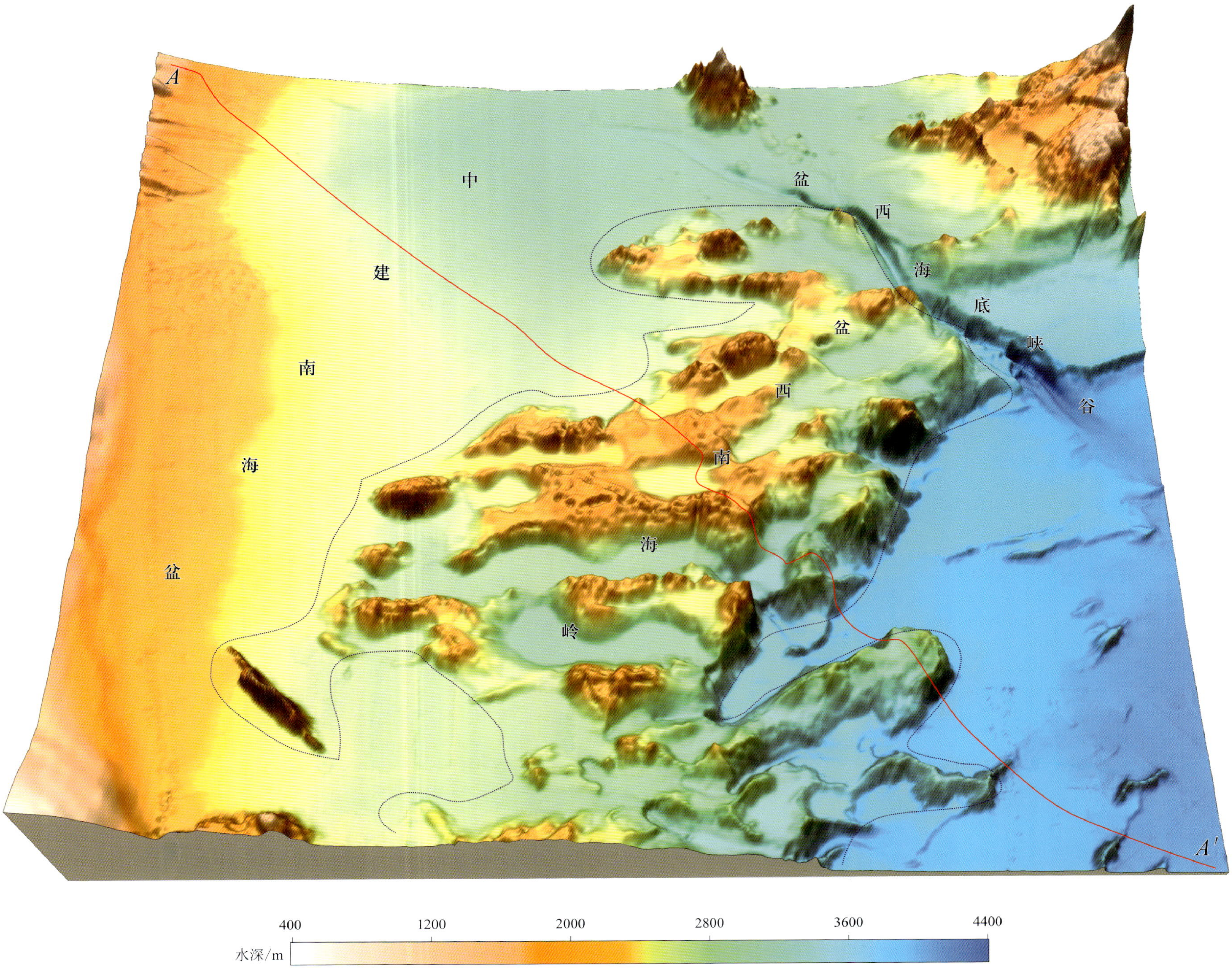

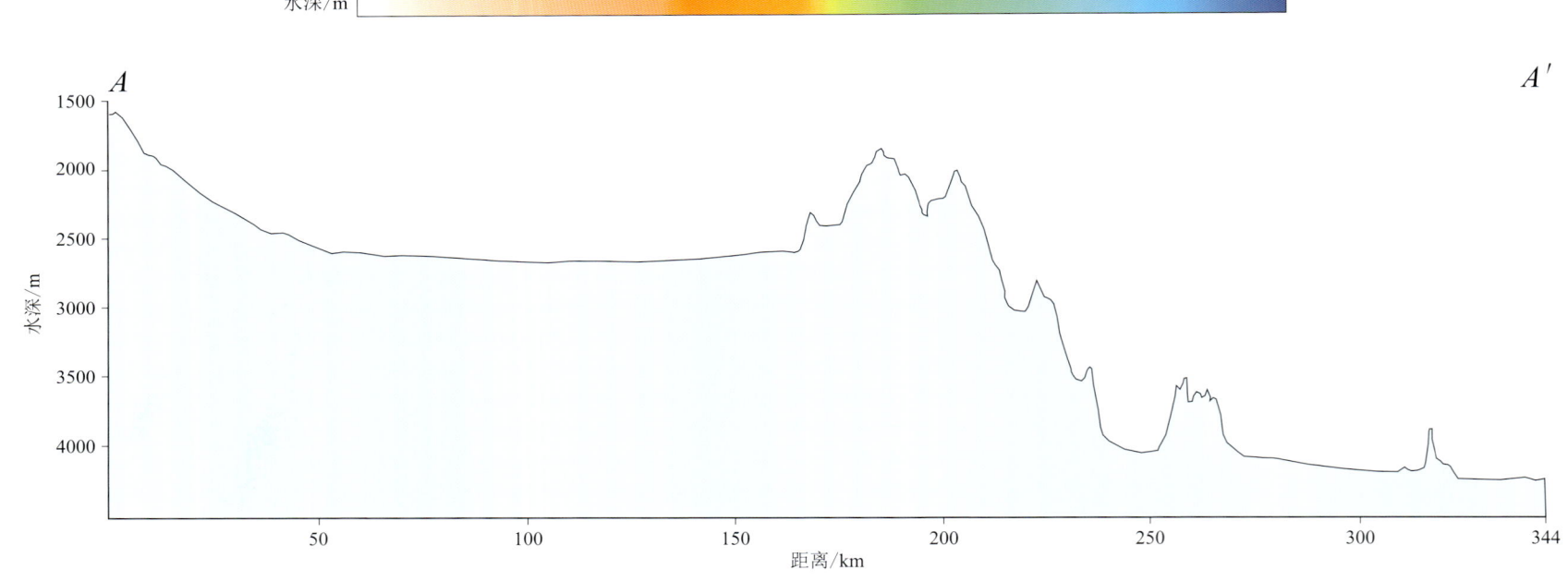

盆西南海岭位于南海西部陆坡，东临南海海盆，西接中建南海盆，北面以盆西海底峡谷相隔于盆西海岭，南边与广雅斜坡相邻，是由众多海山、海丘及山间盆地呈带状排列构成。水深变化大，为1700～4170m，地形多变，平均水深为2588m。平面形态呈四边形，平均坡度为4.8°。长轴方向为东北偏北，长边长115～176km，宽62～112km，区域总面积约为1.37万km²。在北半部，海山走向基本呈东西向，在南半部，海山呈长条形，但不同海山走向变化大，既有南北走向，也有东北走向。海山之间形成了众多的山间盆地，海山山体及其山间谷地地形向深海平原延伸切割，使海岭东西部地形呈锯齿状，较为凌乱复杂。

海脊、海岭和海隆
Ridge and Rise

永乐海隆
Yongle Rise

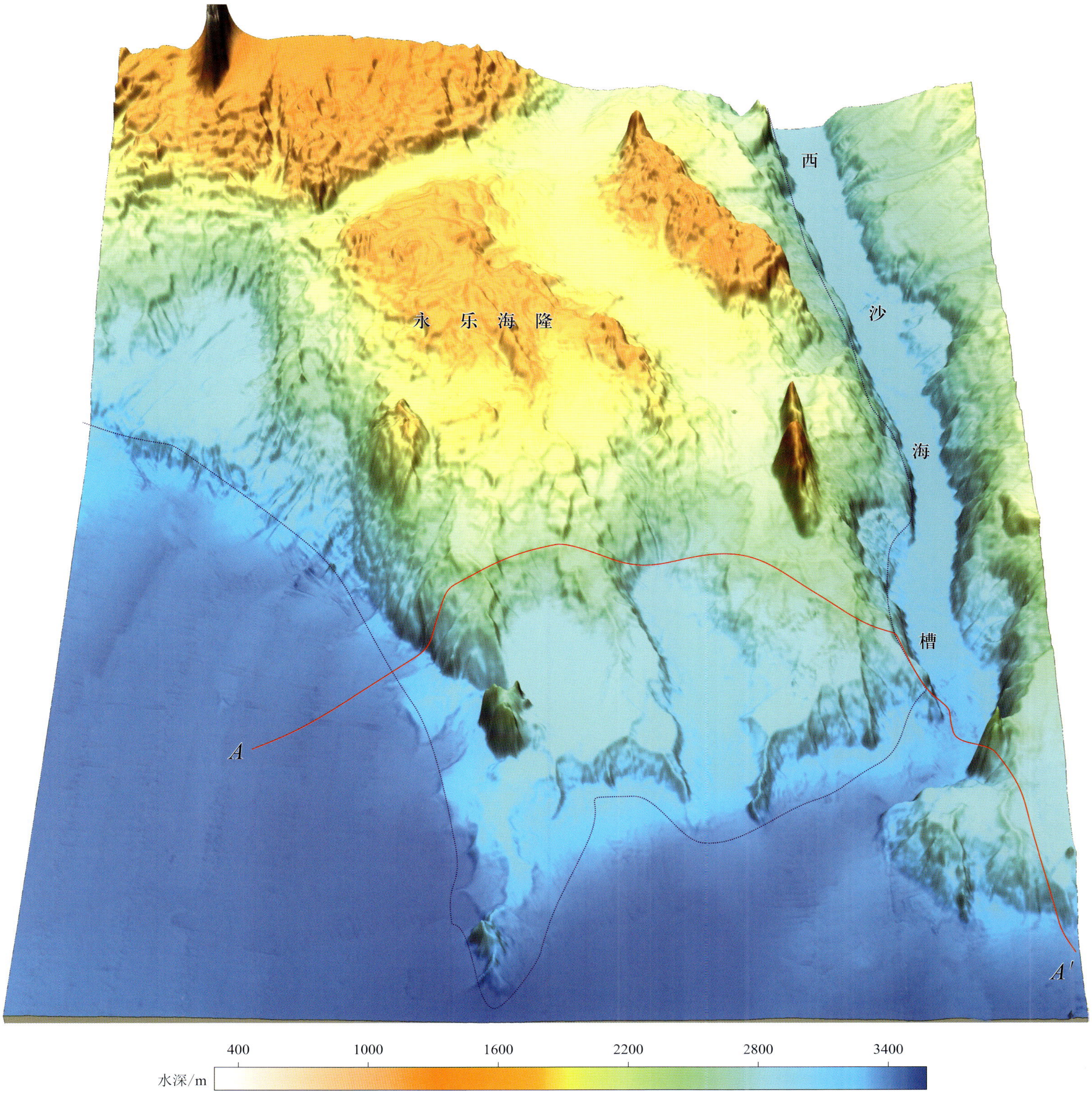

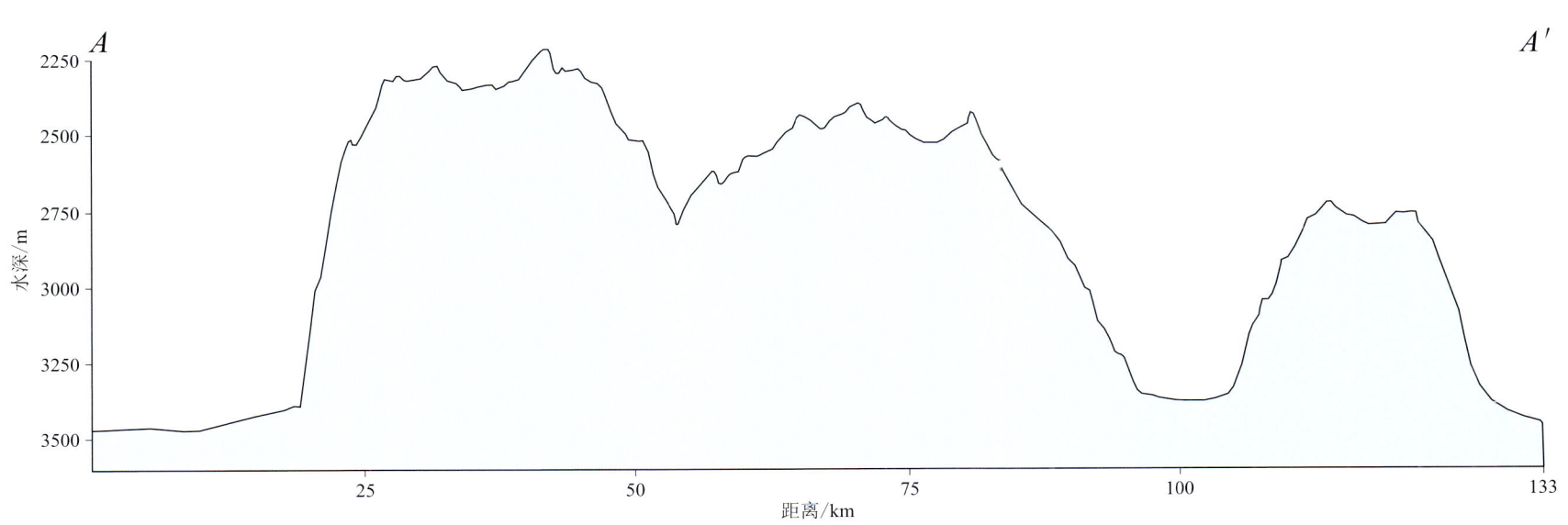

永乐海隆位于西沙群岛东北部，西沙海槽以南，平面形态大致呈四方形，长约113km，宽约85km。海隆水深范围为1431～3578m，自西南向东北方向水深逐渐加大，最终与南海海盆相接。海隆上发育有一个小型海台、三个海山和一个海谷。三个海山峰顶水深分别为1452m、285m、1431m。海谷为西北-东南走向，长约107km，宽度为4～17km，切割深度约为100m。

典型地貌单元
Typical Feature of Geomorphology

中沙北海隆
Zhongshabei Rise

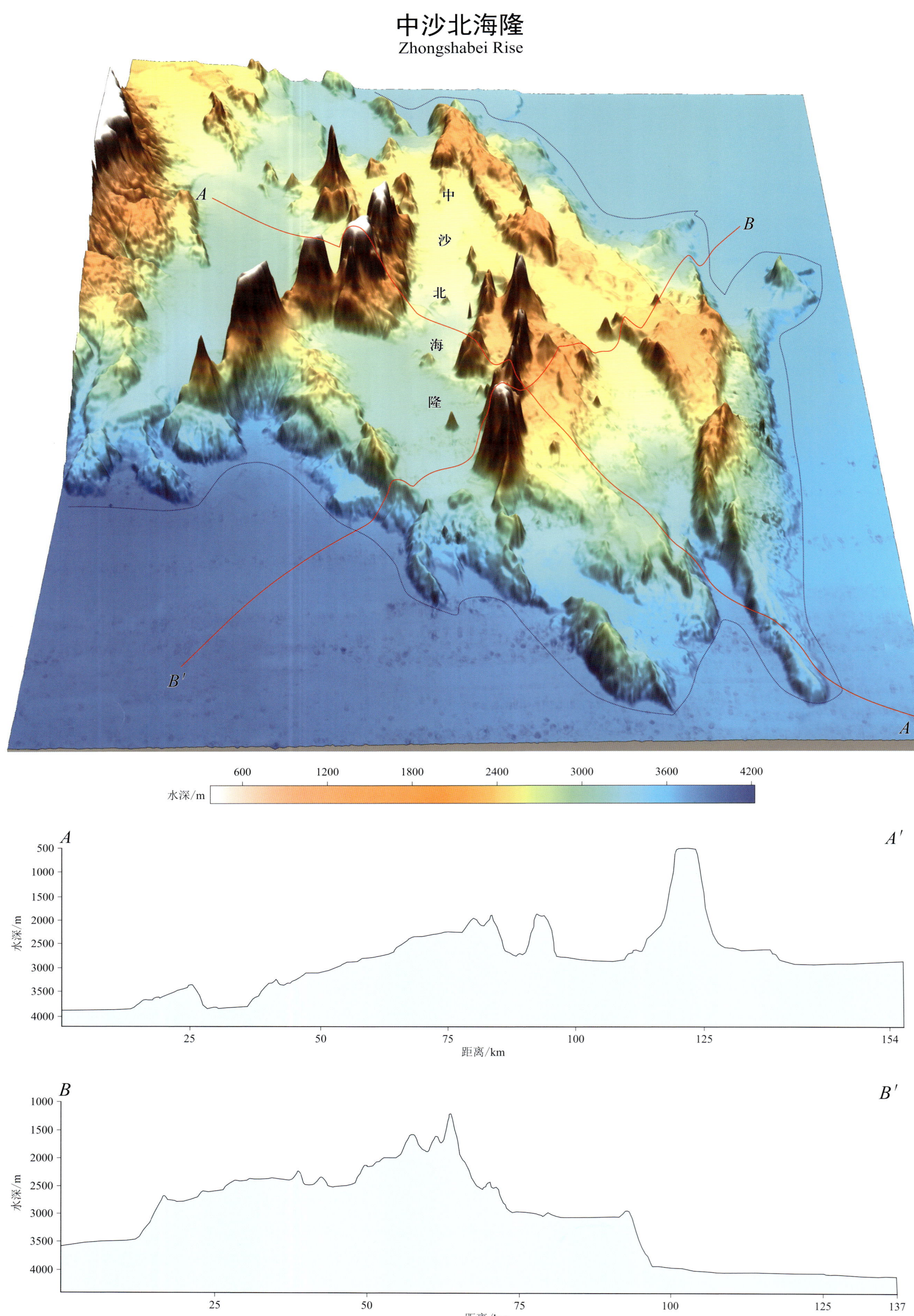

海山（群）和海丘（群）
Seamounts and Seaknolls

珍贝-黄岩海山链
Zhenbei-Huangyan Seamount Chain

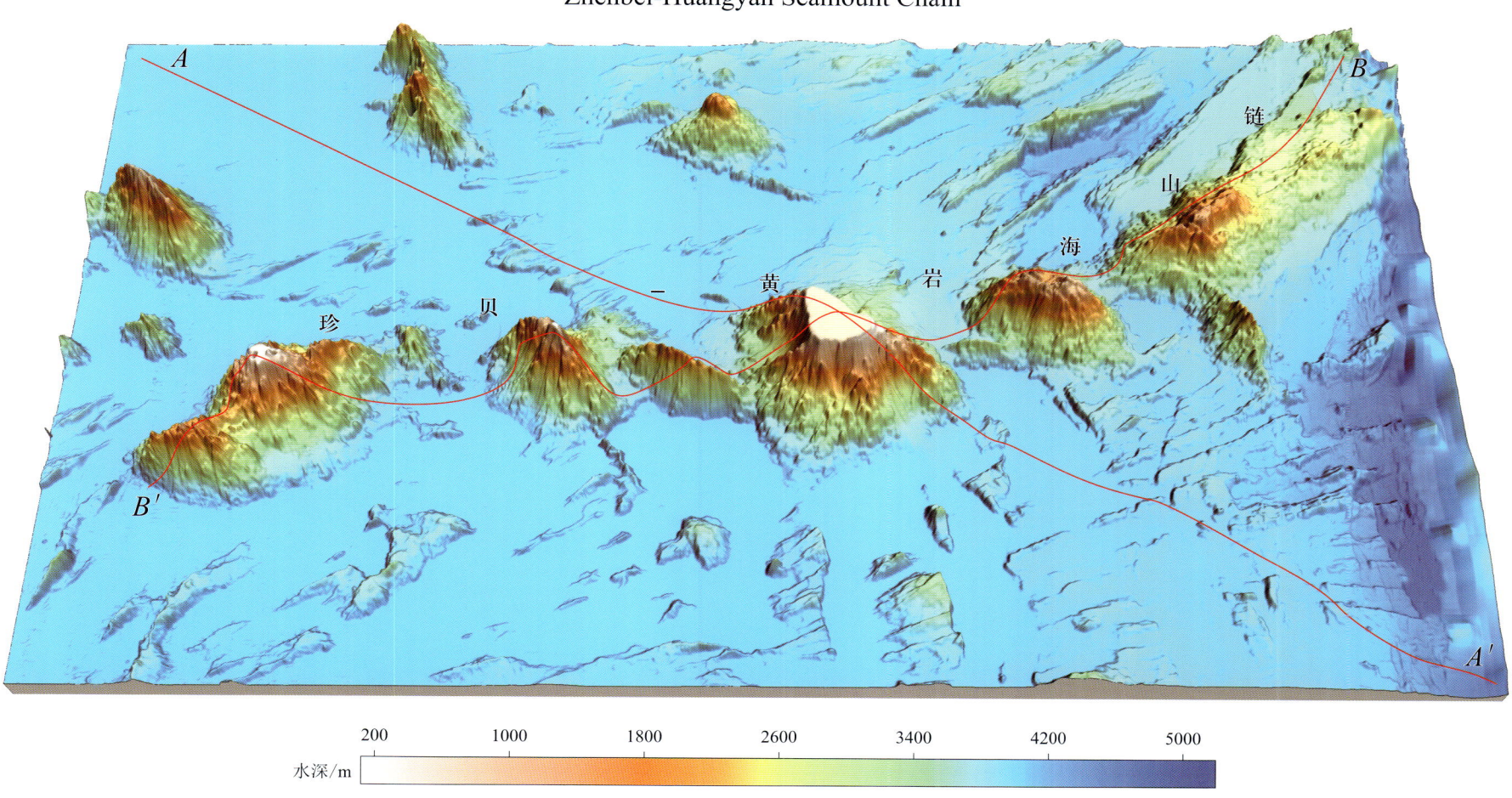

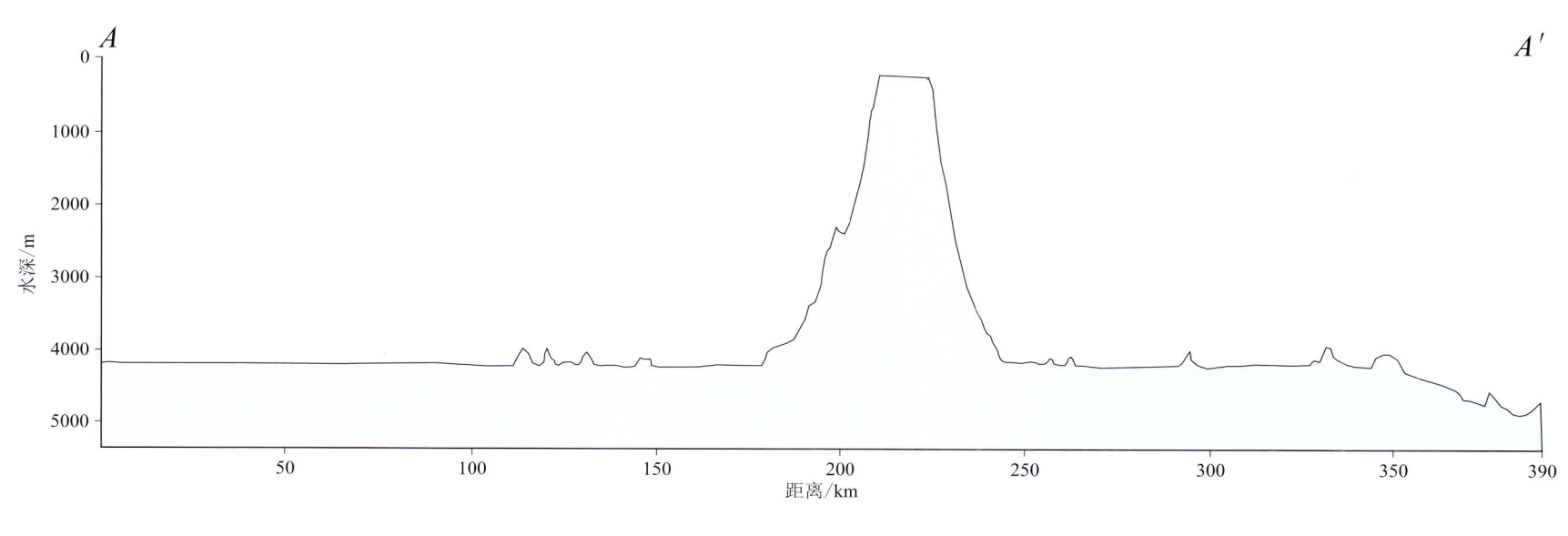

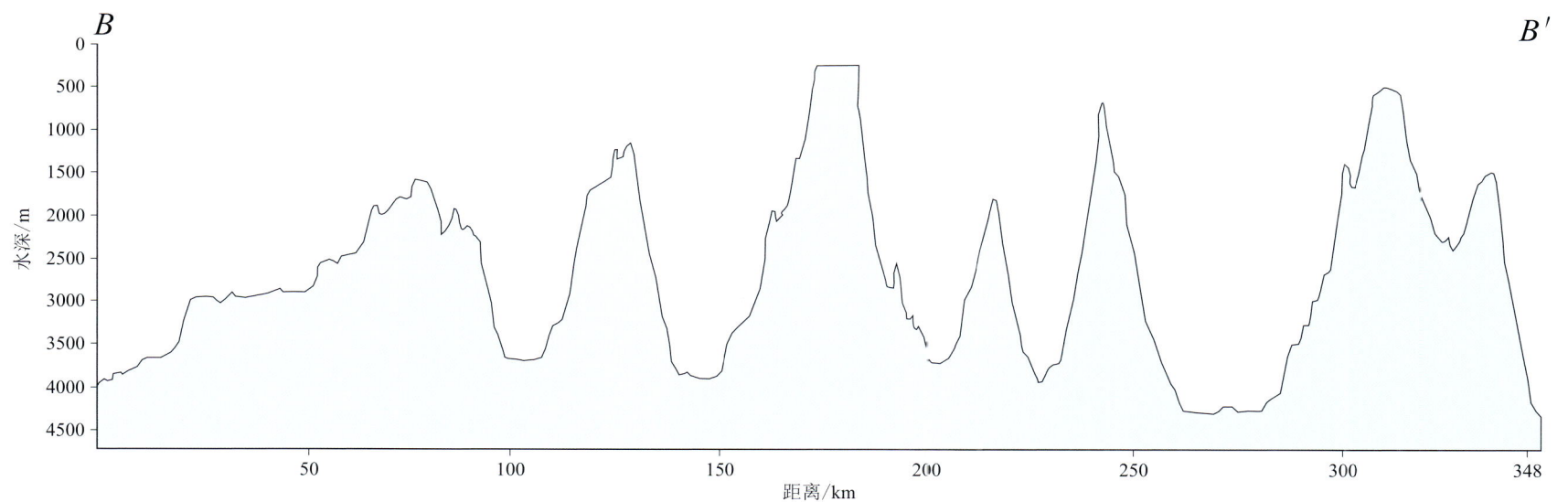

珍贝-黄岩海山链位于南海海盆中部，由黄岩海山、珍贝海山等六个大小不一的海山呈长条链状排列组成，北东东向展布，长约375km，宽40～90km，面积约为2万 km²。其中的黄岩海山出露于水面形成黄岩岛，黄岩岛长15km，面积约为130km²。海山链上的珍贝海山和黄岩海山的岩石同位素年龄分别为9～10Ma和7.7Ma。南海在约16Ma前停止扩张，因此珍贝-黄岩海山链是东部次海盆扩张停止后的火山活动产物。珍贝-黄岩海山链自西向东分别发育了珍贝海山、黄岩西海山、紫贝海山、黄岩海山、黄岩东海山和贝壳海山等六个大型海山。

典型地貌单元
Typical Feature of Geomorphology

中南海山
Zhongnan Seamount

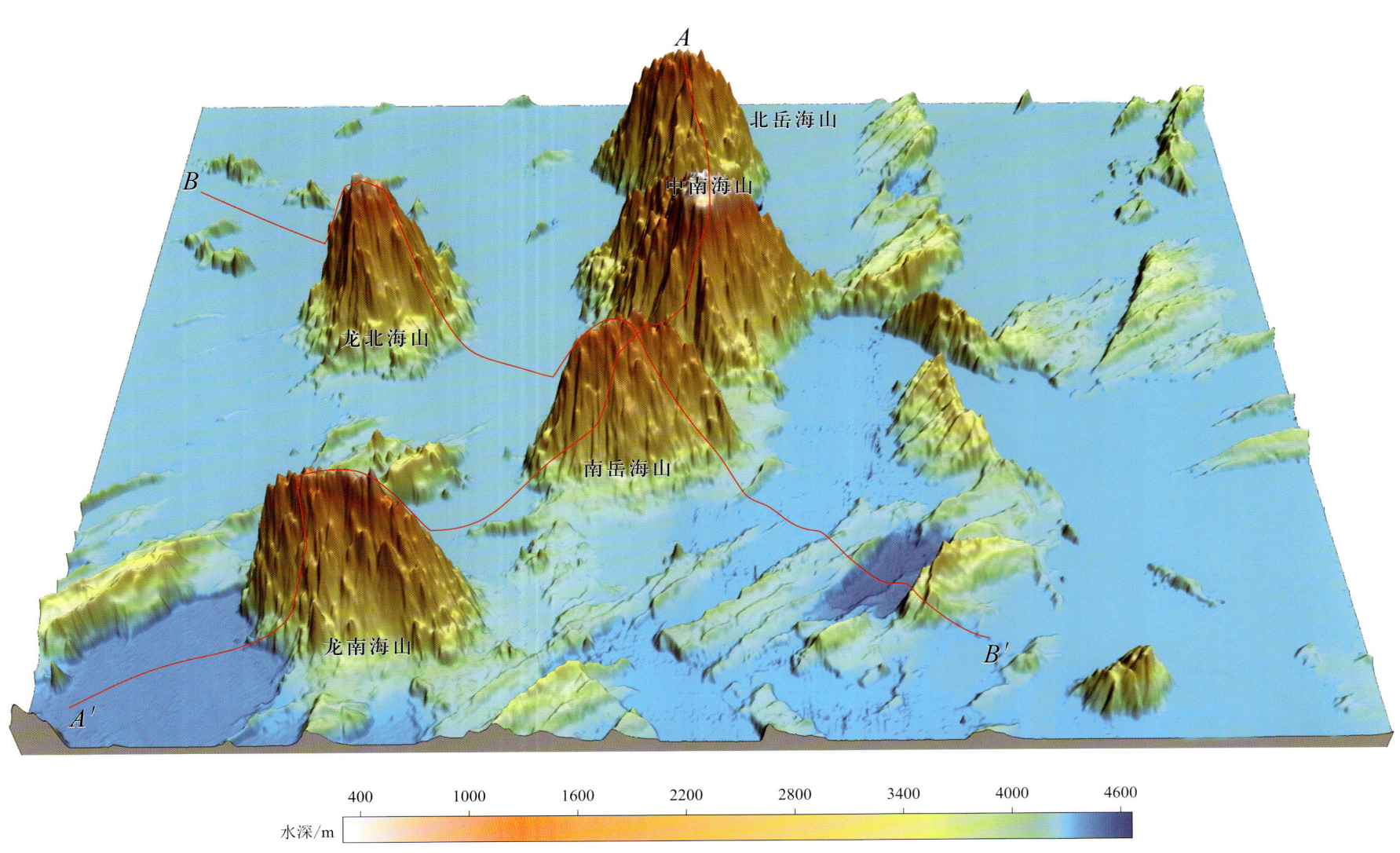

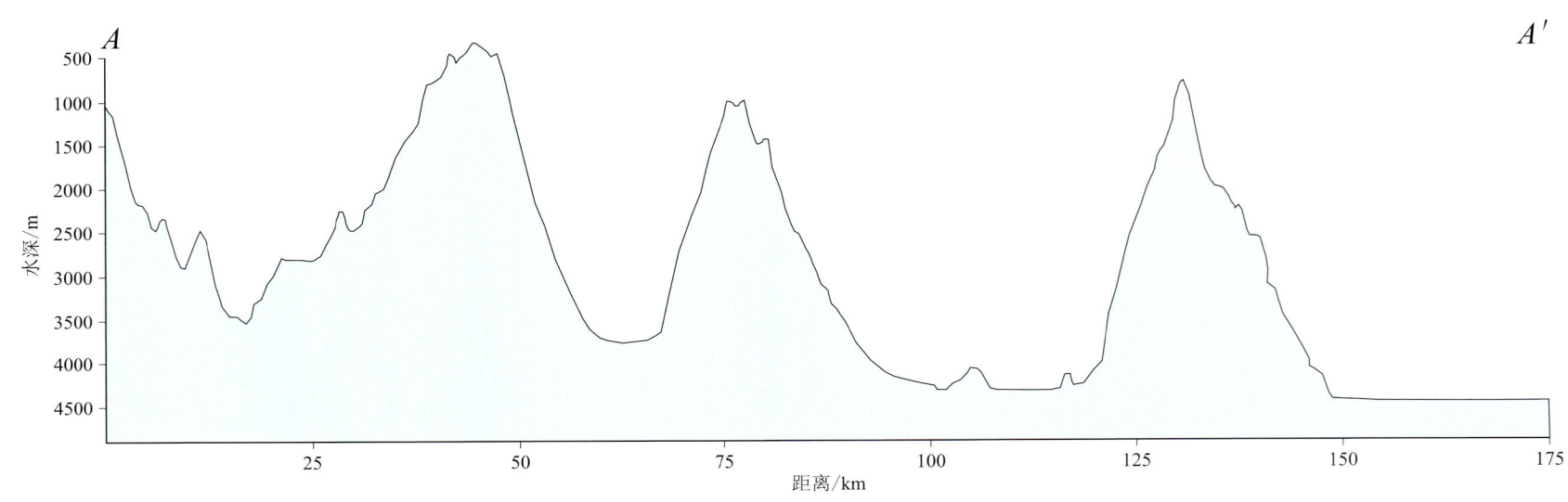

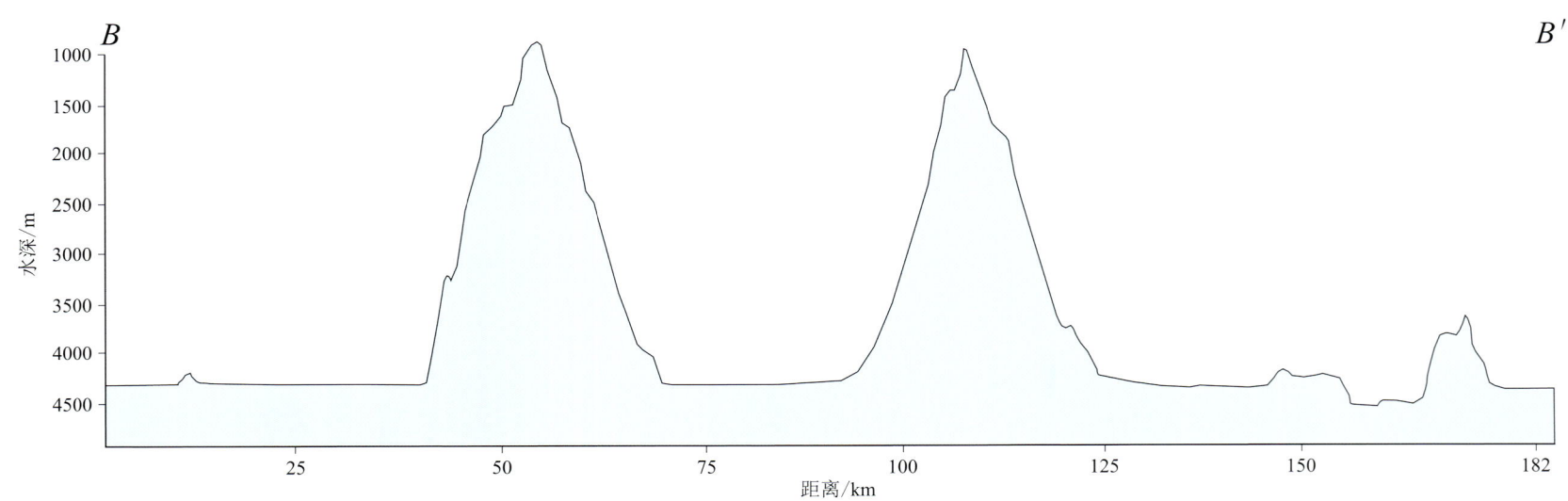

笔架海丘及周围海山、海丘
Bijia Seaknoll and surrounding Seamounts and Seaknolls

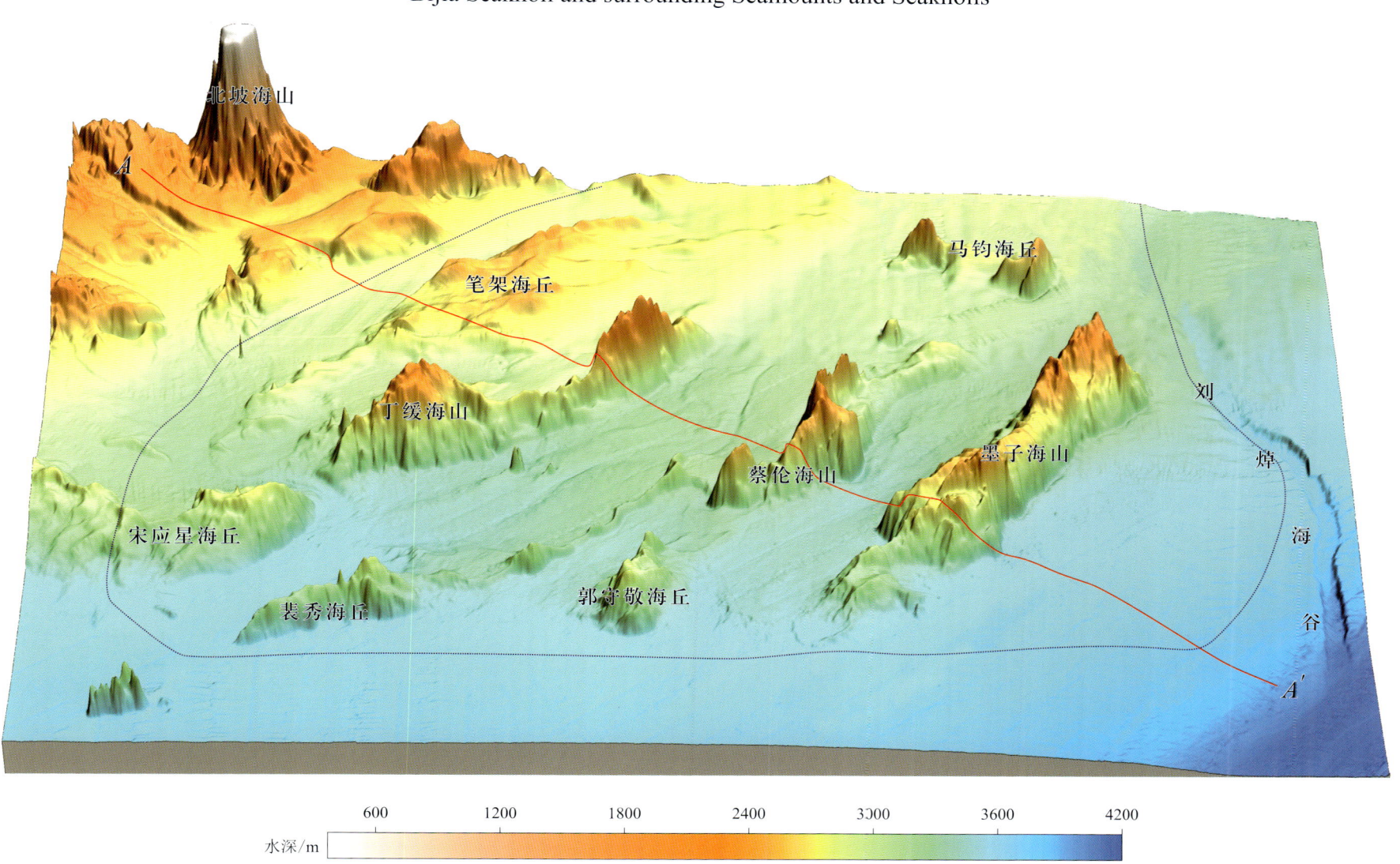

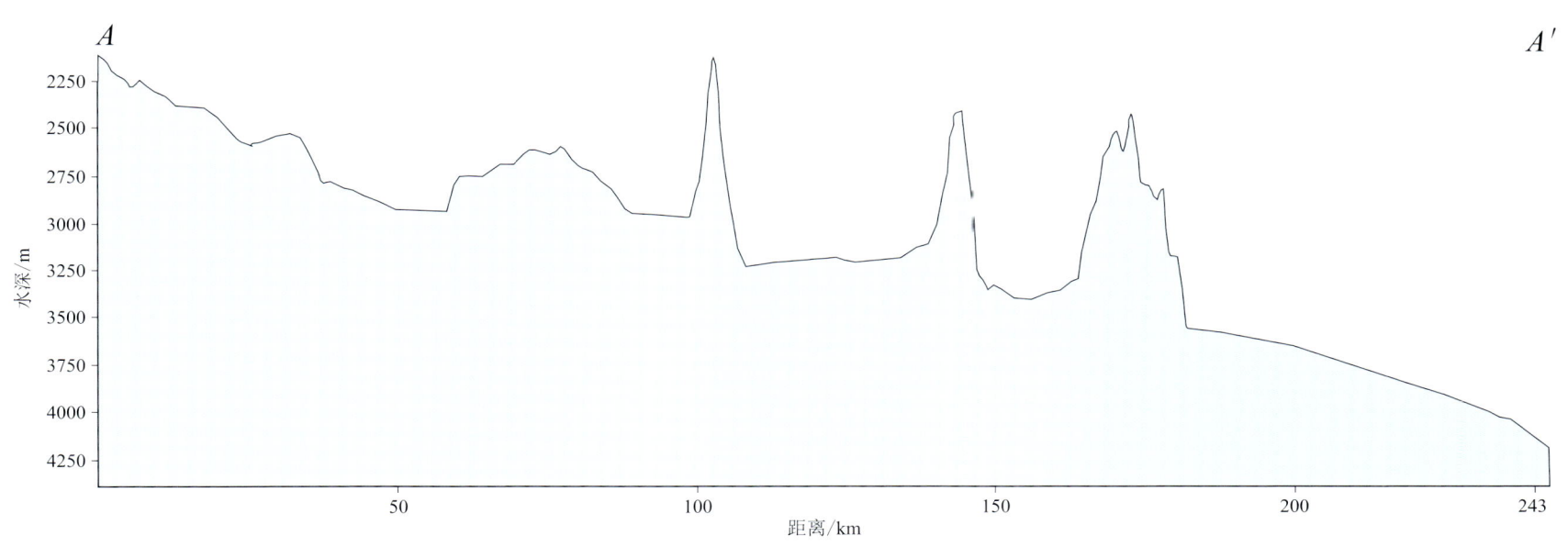

笔架海丘及周围海山、海丘位于尖峰斜坡的东南边，由数座线状海山组合而成，长约 203km，宽约 130km，面积约为 1.98 万 km²。其中有四座海山呈东北走向的线状形态，峰顶水深分别为 2003m、2114m、1912m、2897m，相对应的山麓水深分别为 3500m、3300m、3360m 和 3500m。笔架海丘及周围海山、海丘南部另发育有一座小型海山，峰顶水深为 2848m。

笔架海丘及周围海山、海丘中的主要海山呈线状沿着东北方向平行排列，这可能与该区域东北方向的断裂带相关。研究区西邻尖峰斜坡，北靠东沙斜坡，南边与深海盆地相接，由数座线状海山、海丘组合而成，包括笔架海丘、墨子海山、蔡伦海山、丁缓海山、宋应星海丘和郭守敬海丘等九个，其中墨子海山规模最大。群内的六部分海山、海丘呈北东向的长条状，组成五道北东向的海山链：东部的墨子海山为第一道海山链；蔡伦海山和郭守敬海丘自北向南排列形成第二道海山链；裴秀海丘和徐光启海丘等形成第三道海山链；丁缓海山和宋应星海丘形成第四道海山链；笔架海丘单独组成第五道海山链。

典型地貌单元
Typical Feature of Geomorphology

南海海盆中央海丘群
Seaknolls of central South China Sea Basin

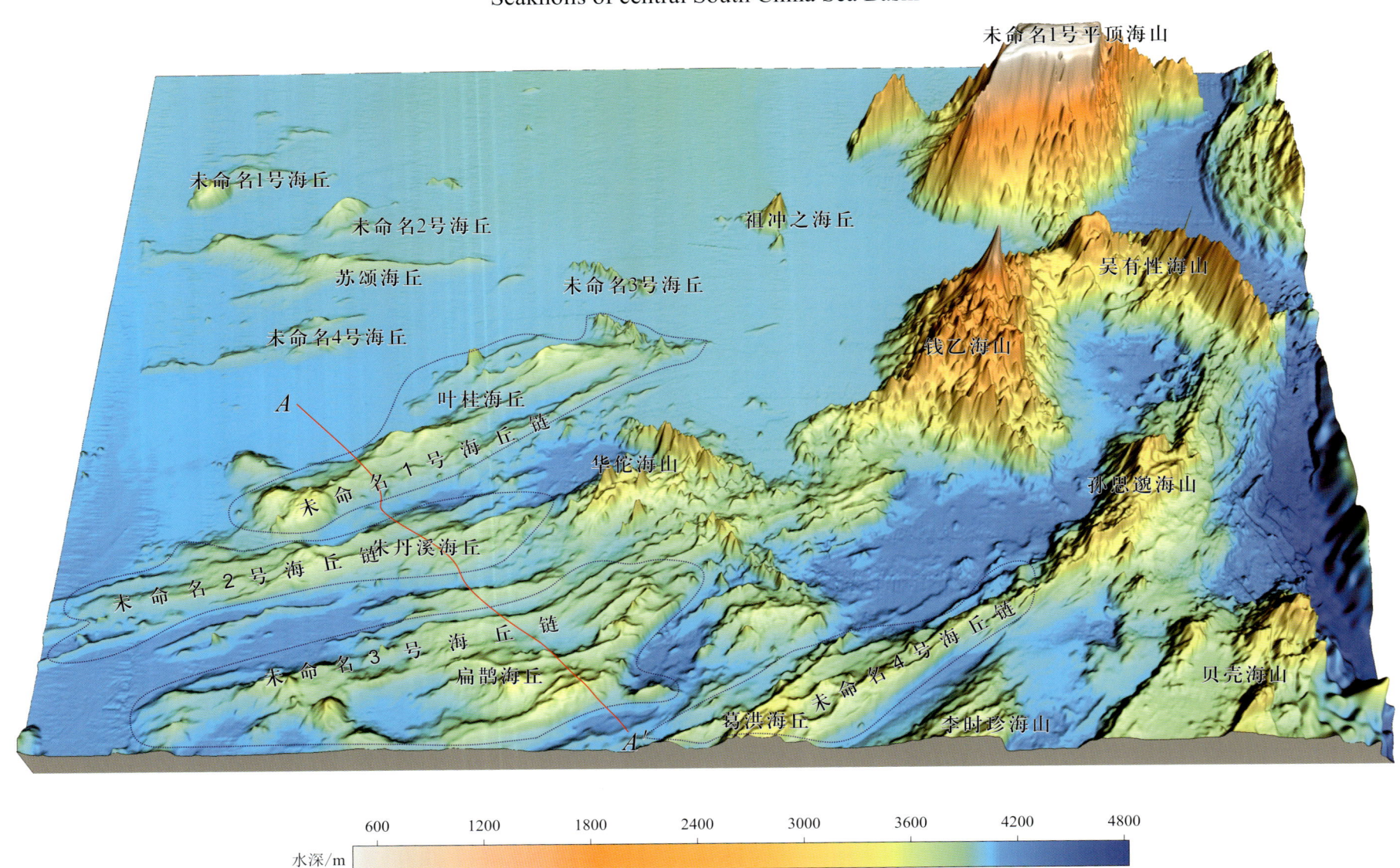

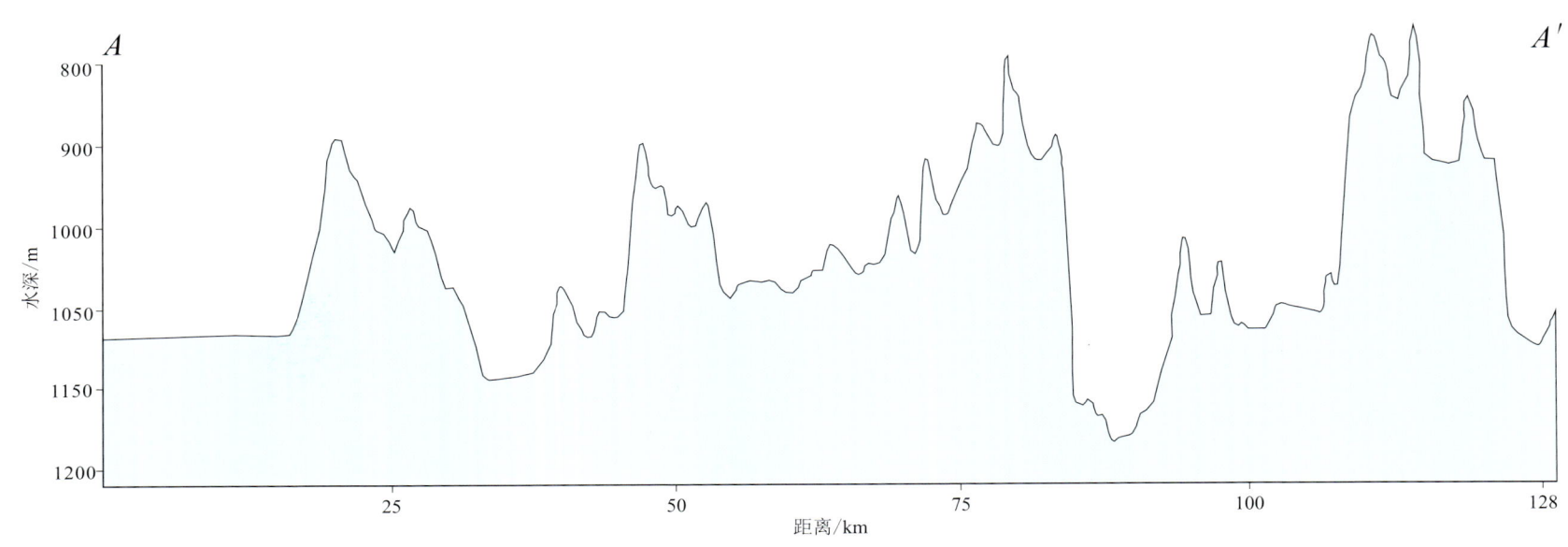

南海海盆中央海丘群位于东部次海盆中部，是南海海盆规模最大的海丘群，平面形态不规则，规模巨大，总面积约12000km²。海丘群东、西、北侧分别被未命名1号平顶海山、宪北海山、宪南海山和珁瑁海山等众多海山所环绕，东南侧与涛静海丘、指掌海丘和济猛海底峰以山间谷地相接。海丘群大部分海丘呈北东向，与北部大陆坡和深海平原的部分海山的走向一致。

未命名平顶海山和玳瑁海山
Unnamed flat topped seamount and Daimao seamount

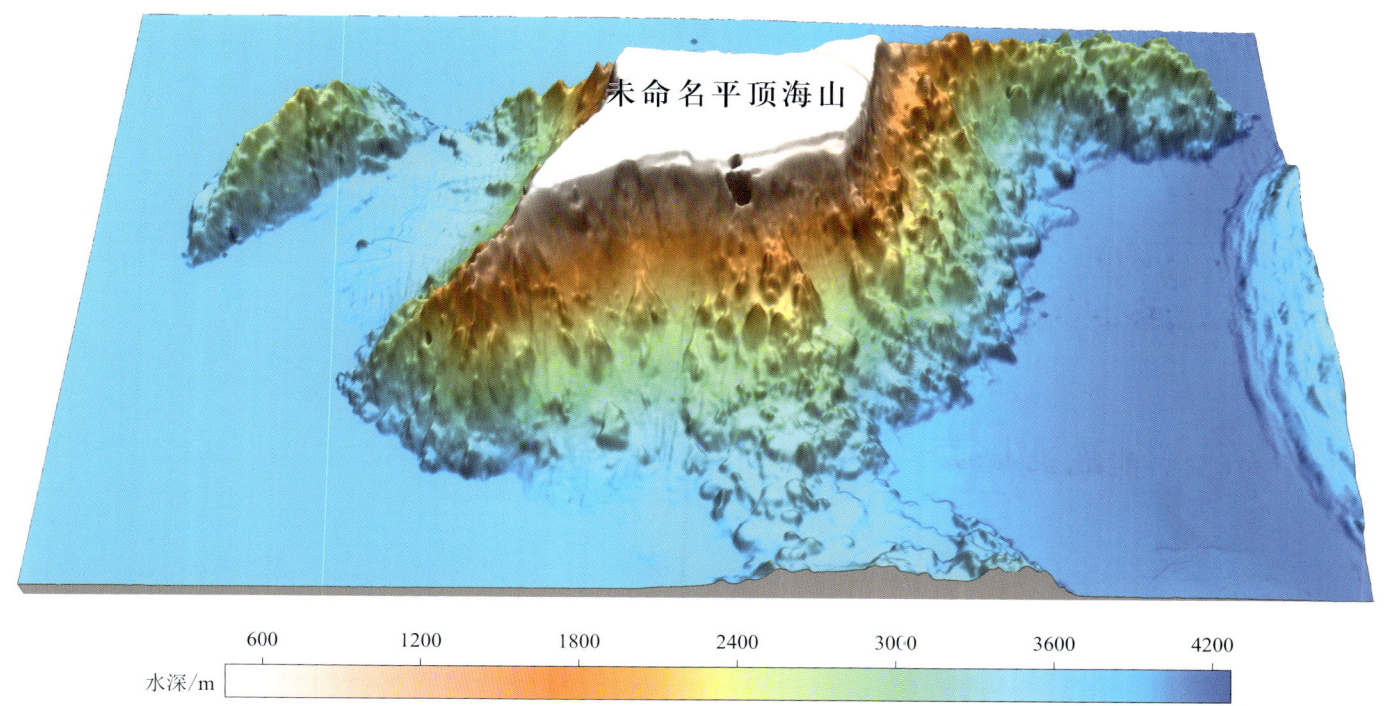

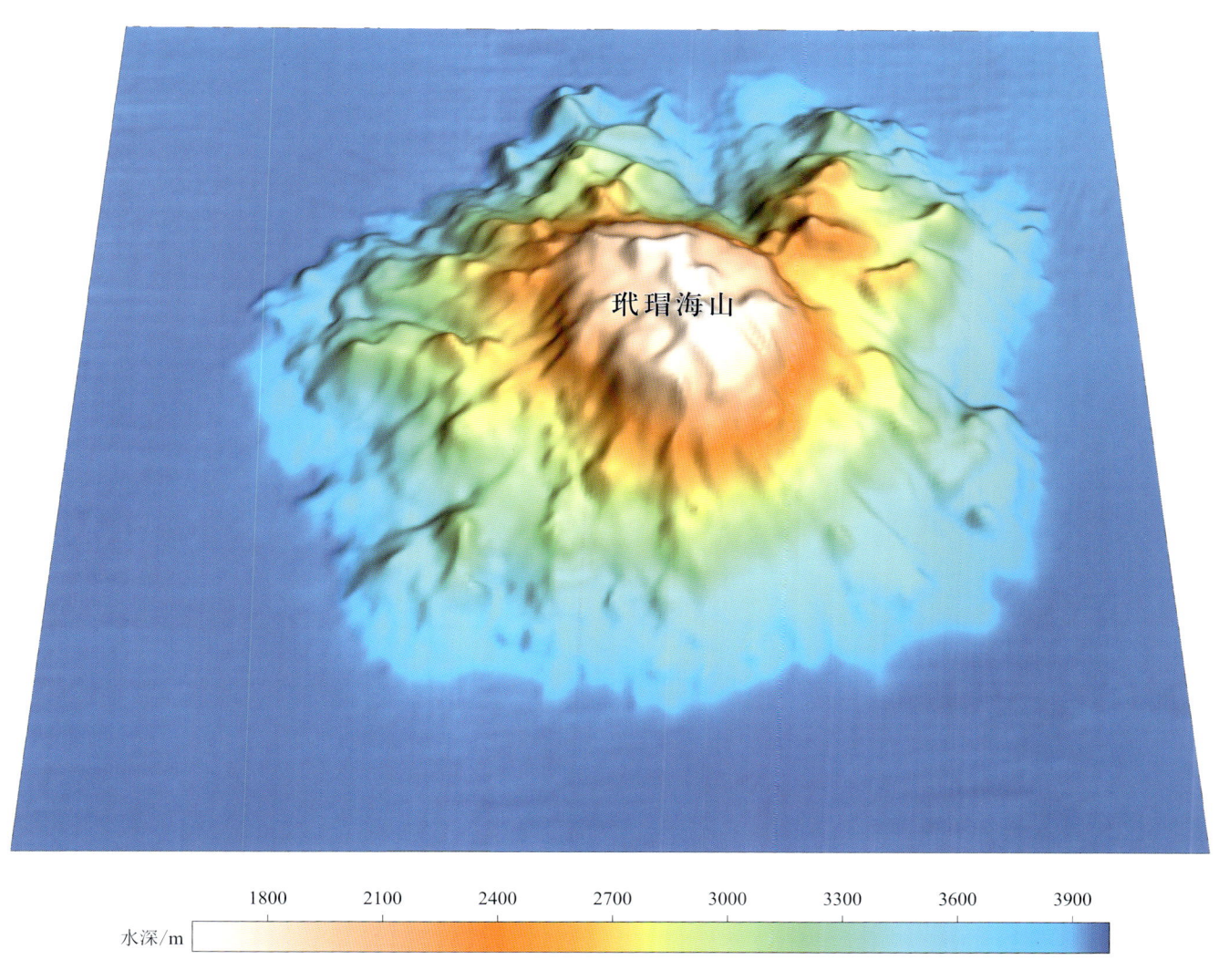

　　未命名平顶海山位于深海盆地东南部，与北吕宋岛相邻，是一平顶型海山，由地形平坦的山顶平台和陡峭的山坡这两大地貌单元构成，规模庞大，总面积为1738km²。海山平台边缘水深范围为500～900m，平面形态呈菱形，长轴北东向，长25km，平台最小水深出现在西南部平台边缘，水深为465m，地形自西南向东北平台周围缓慢下降，与边缘最大高差为435m，地形坡度在0.6°～1°。海山山顶平台边缘形成陡峭的斜坡，并呈上陡下缓的地形特征，山坡3200m以浅山坡地形陡峭，坡度为7°～20°，而3200m以深山坡地形相对平缓，坡度为3.7°～16.5°，山坡山麓水深范围为3700～4200m，东北山坡落差最大，达到3500m。海山东部山坡即为马尼拉海沟的沟坡；山坡发育四条巨大的山脊，其中东北向规模最大，长32km，宽6～25km，山脊顶底最大高差超过3200m。

　　玳瑁海山位于深海平原中央，海山规模较大，平面形态呈圆形，直径约18km，面积为308km²，顶部水深为1680m，山麓以3950m等深线圈闭，高差为2270m。海山自山顶边缘开始，水深迅速增大，地形下降，形成陡峭的斜坡，呈上陡下缓地形特征。水深2600m以浅坡段地形陡峭，最大坡度出现在北部，约22.1°，水深2600m以深坡段，地形相对平缓，坡度为9.6°～18.6°。整体上海山地形陡峭。

典型地貌单元
Typical Feature of Geomorphology

火山口
Submarine Crater

未命名火山口1
Unnamed submarine crater 1

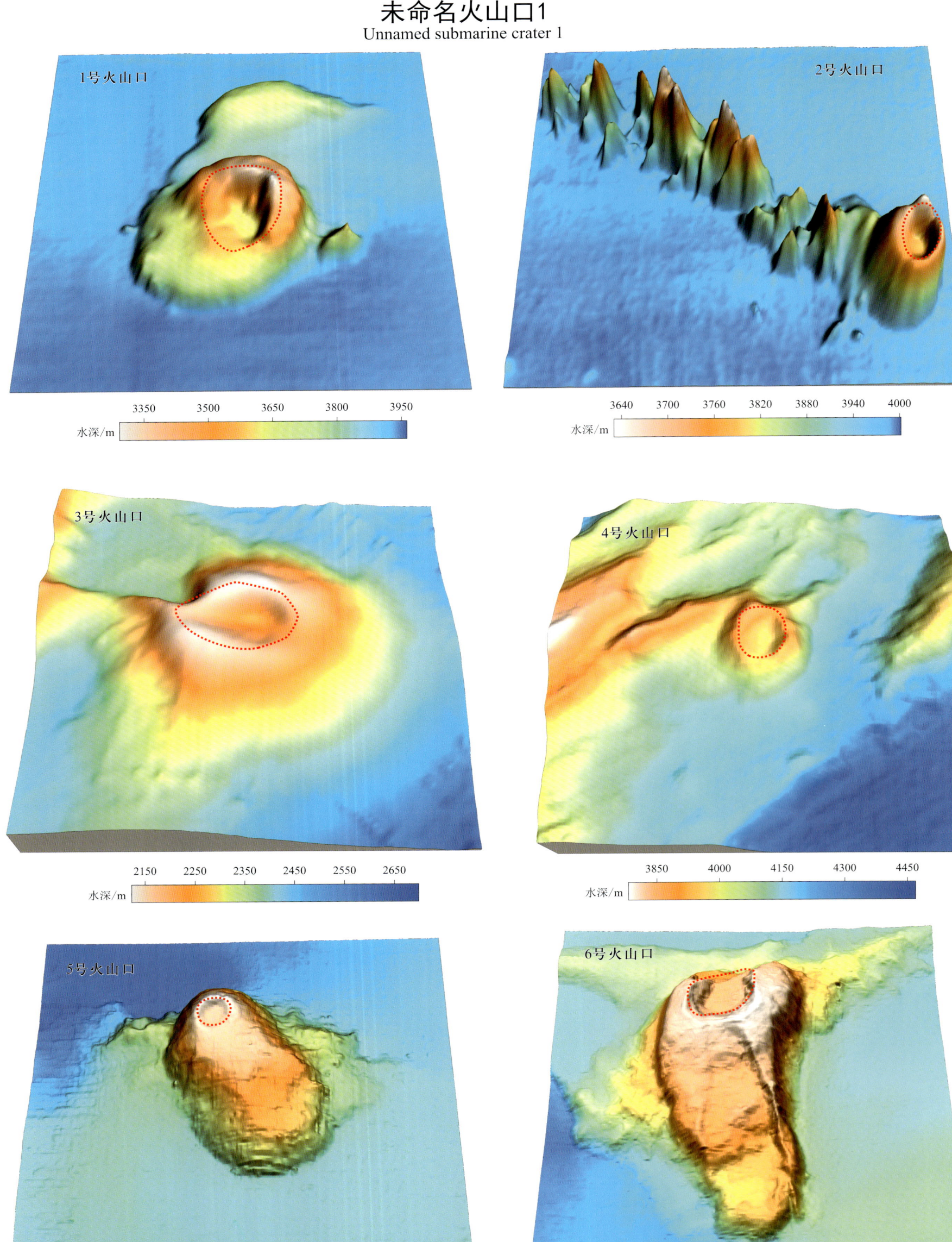

火山口
Submarine Crater

未命名火山口2
Unnamed submarine crater 2

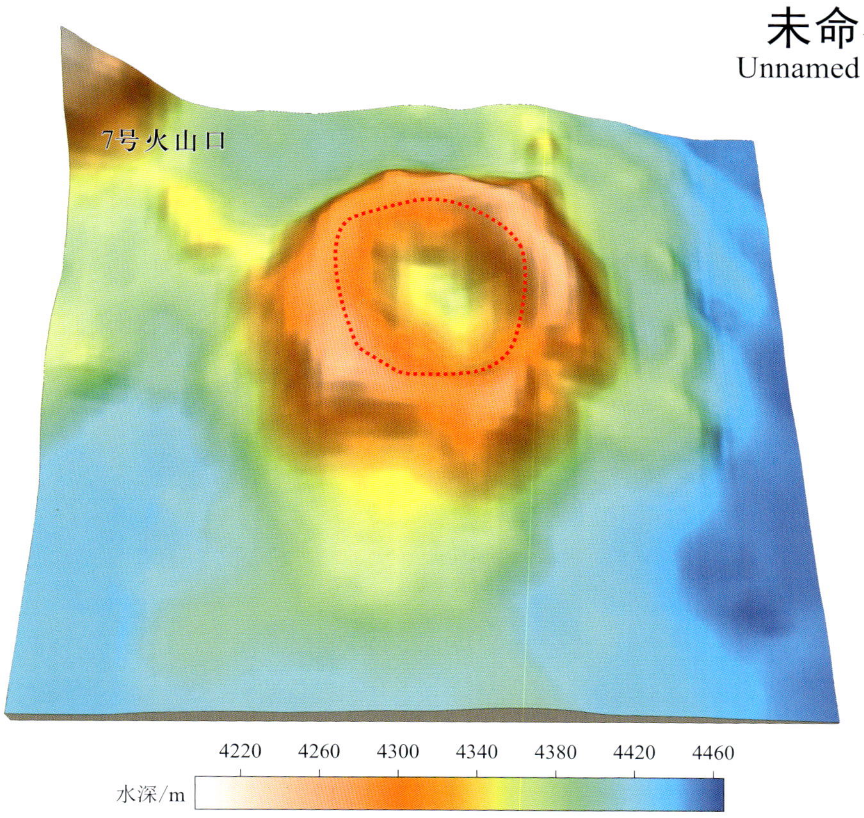

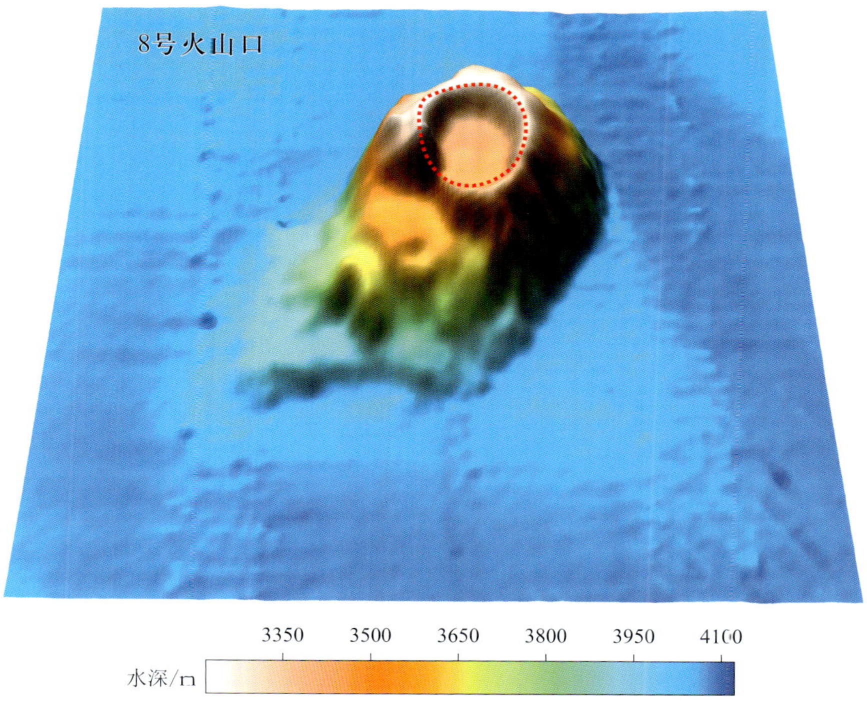

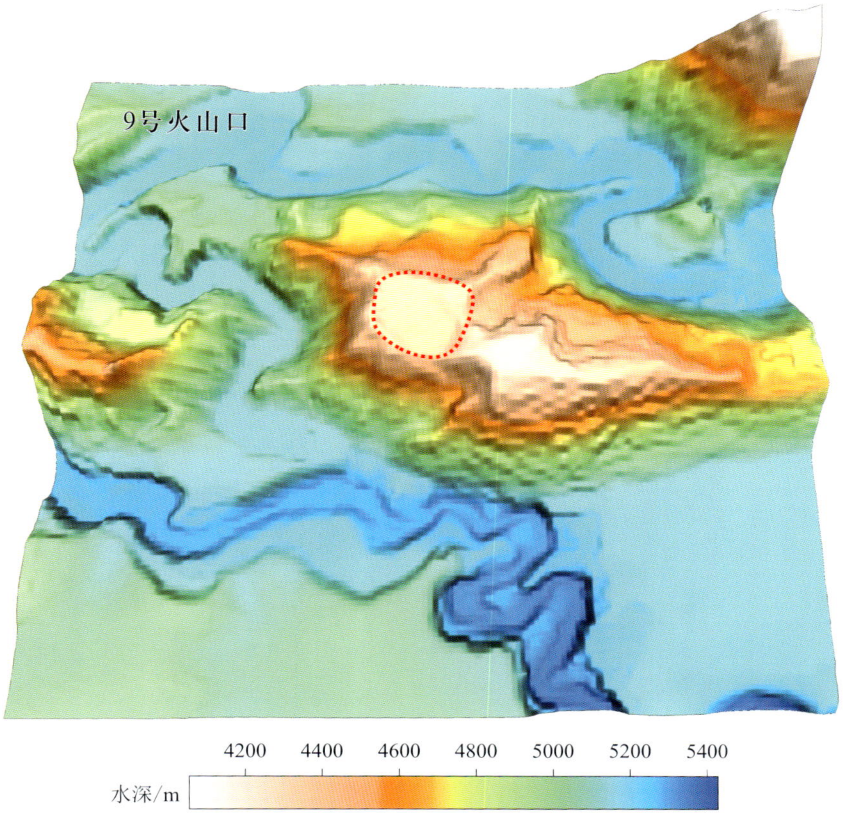

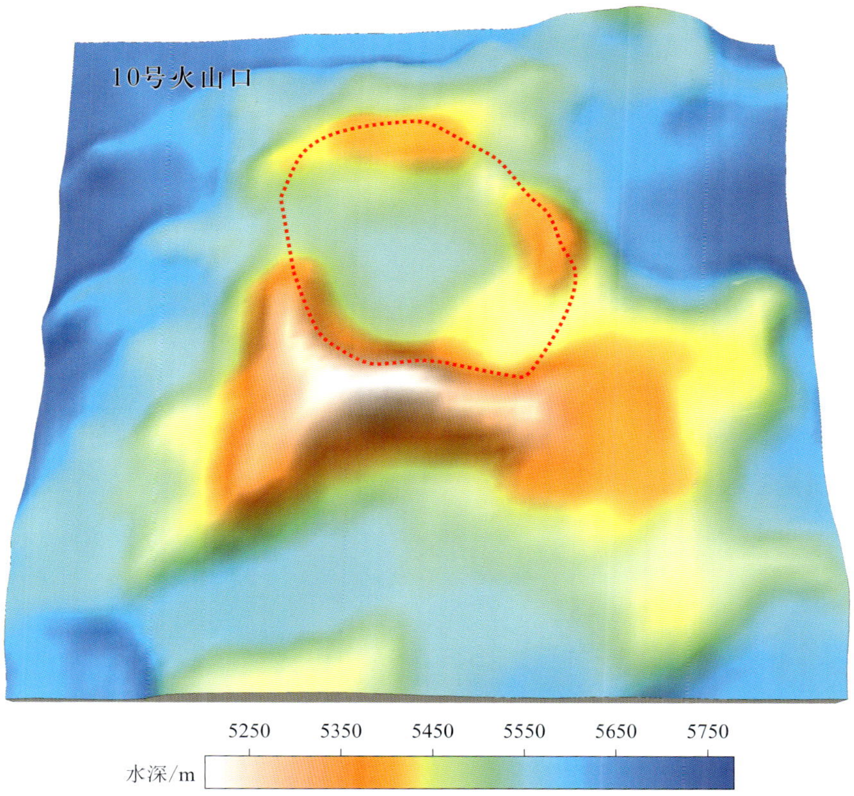

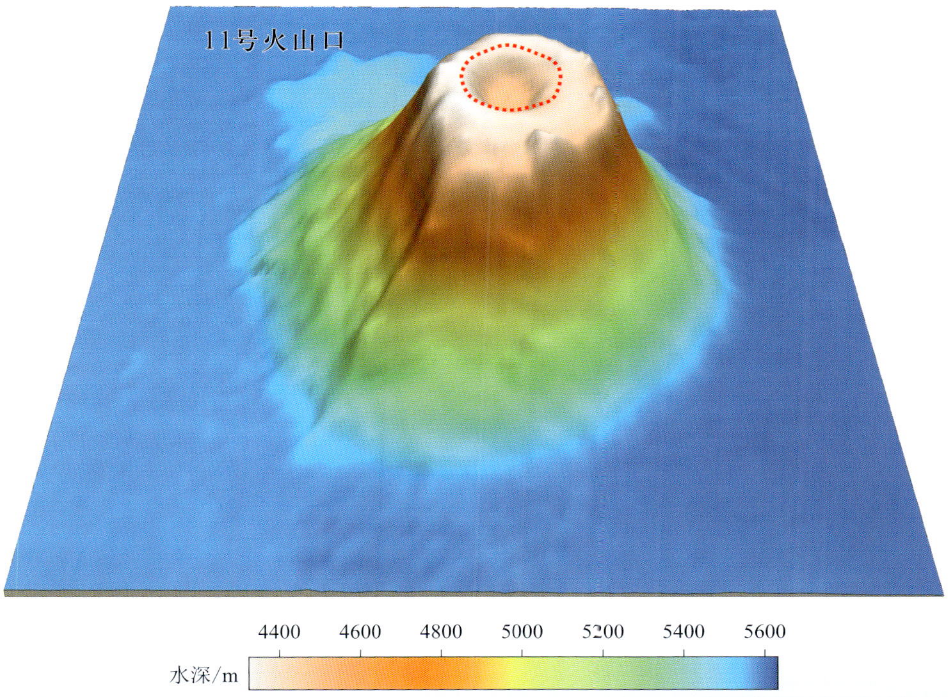

7号火山口

水深/m 4220 4260 4300 4340 4380 4420 4460

8号火山口

水深/m 3350 3500 3650 3800 3950 4100

9号火山口

水深/m 4200 4400 4600 4800 5000 5200 5400

10号火山口

水深/m 5250 5350 5450 5550 5650 5750

11号火山口

水深/m 4400 4600 4800 5000 5200 5400 5600

典型地貌单元
Typical Feature of Geomorphology

阶地和深海扇
Terrace and Abyssal Fan

中建阶地
Zhongjian Terrace

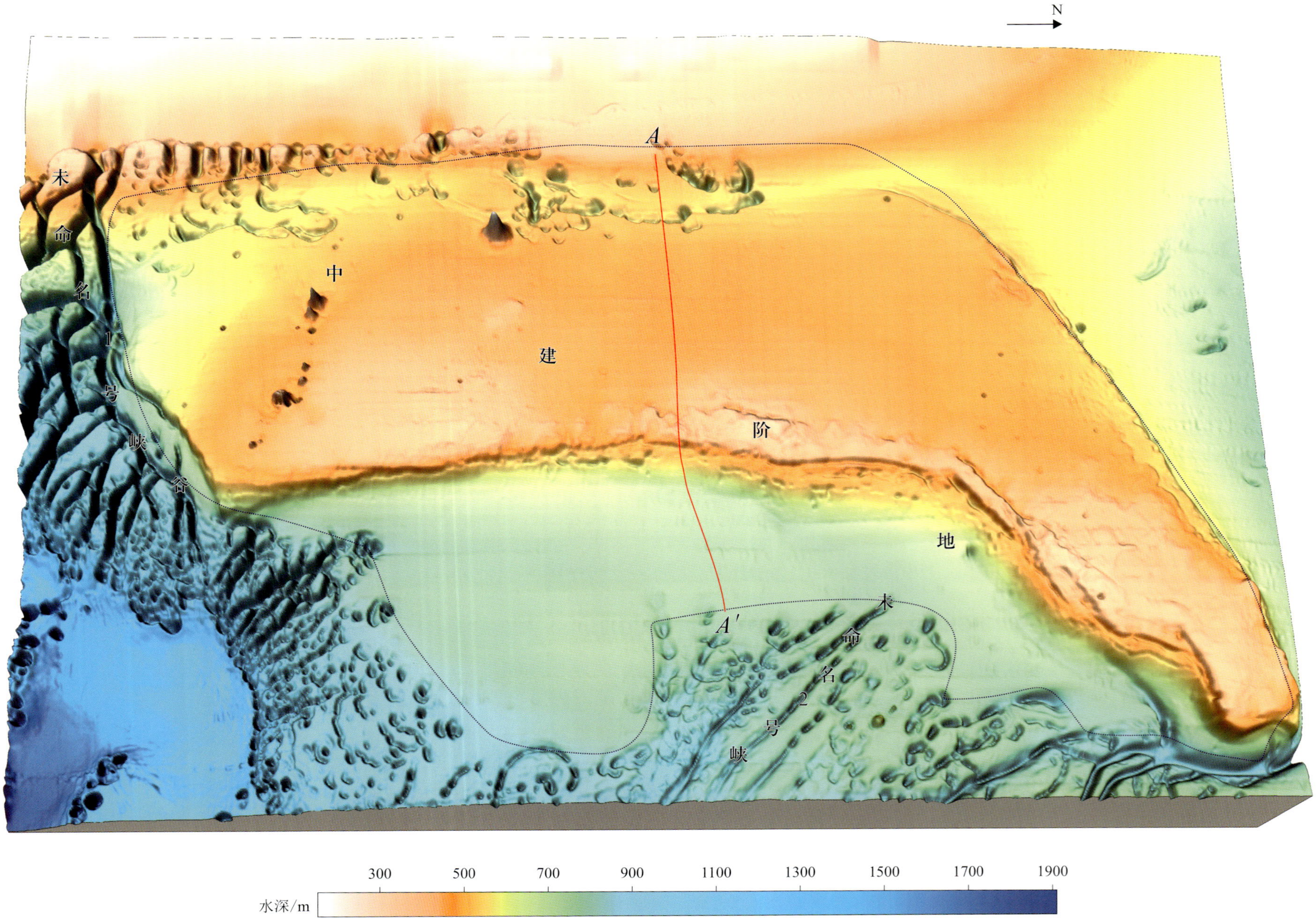

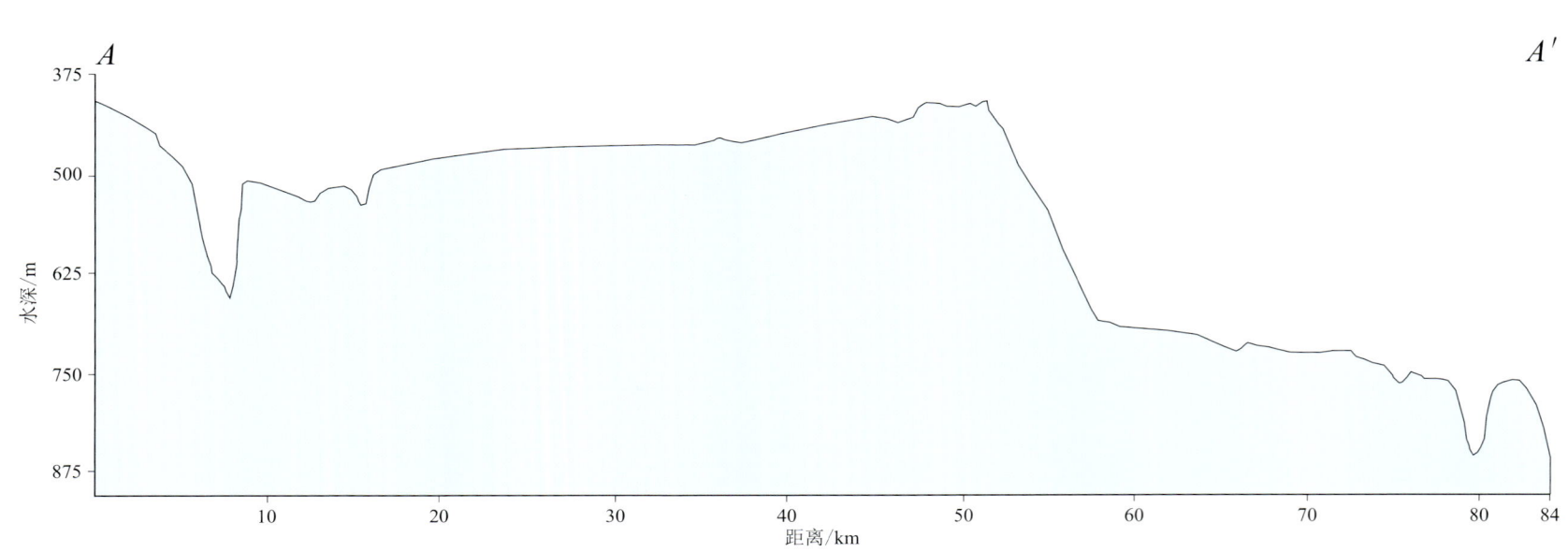

中建阶地分别与东侧峡谷群、中建南斜坡和南侧峡谷群相接，是南海西部陆坡上呈阶梯状分布的大型地貌单元，由地形平坦的二级阶梯面构成，即西中建阶地和东中建阶地，阶梯之间相对高差约为300m。中建阶地位于南海西部150～970m水深段，平面形态不规则，面积约为16450km²，整体地形自西向东倾斜下降。西中建阶地整体为南北向展布，在北端向东北弯曲延伸且收窄，中南部宽39～49km，东北段宽11～34km，总长约196km，面积达6560km²，水深范围在400～630m，地形开阔且平坦，坡度小于0.1°。东中建阶地位于中建阶地的东部，与西中建阶地隔斜坡相邻，阶地整体为南北向展布，呈不规则块状，中南部宽14～36km，北段宽4～14km，总长约为128km，面积达2194km²，水深范围在650～870m，地形平坦，坡度小于0.05°。

盆西南海岭东侧深海扇
Abyssal fan on the east side of Penxi'nan Ridge

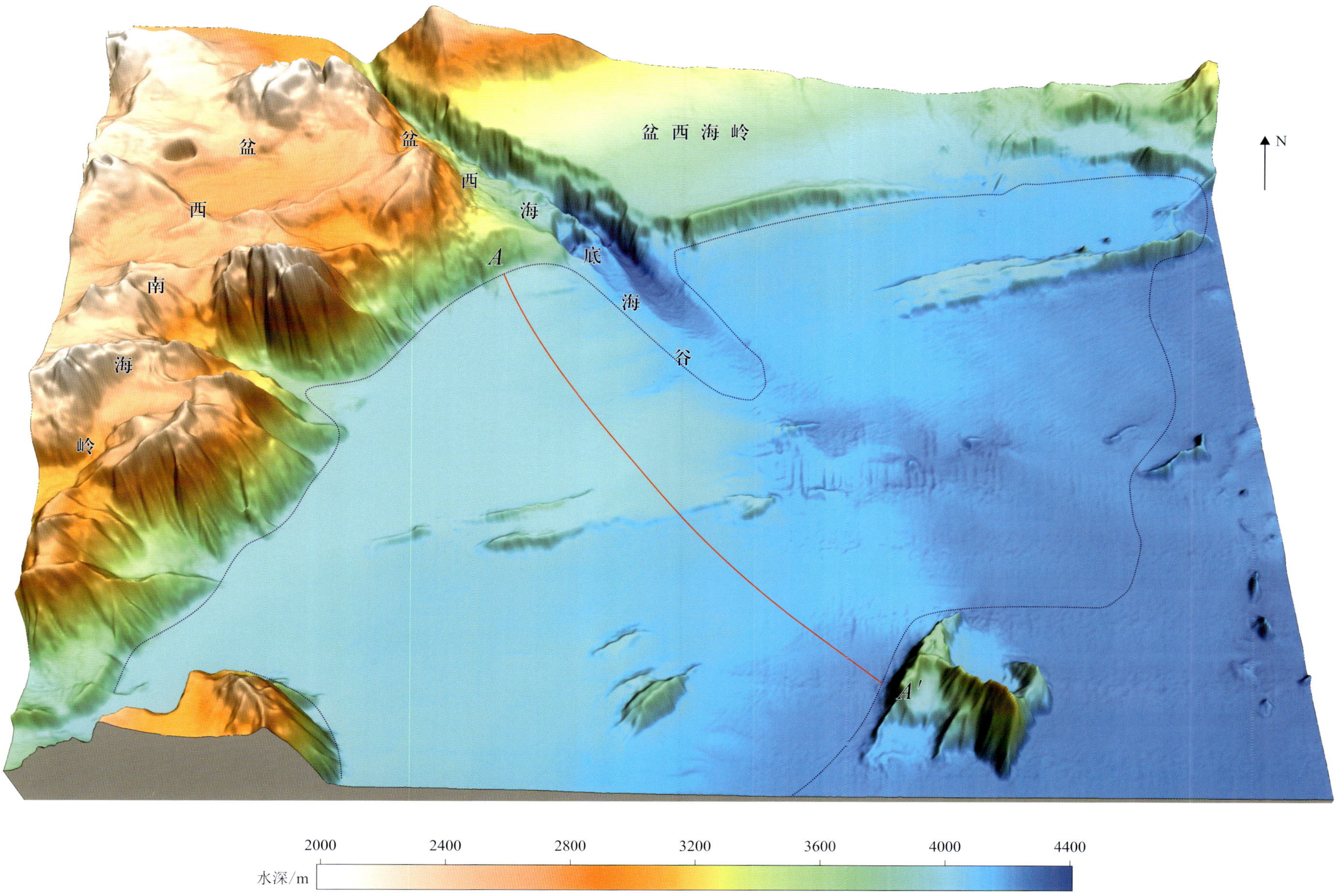

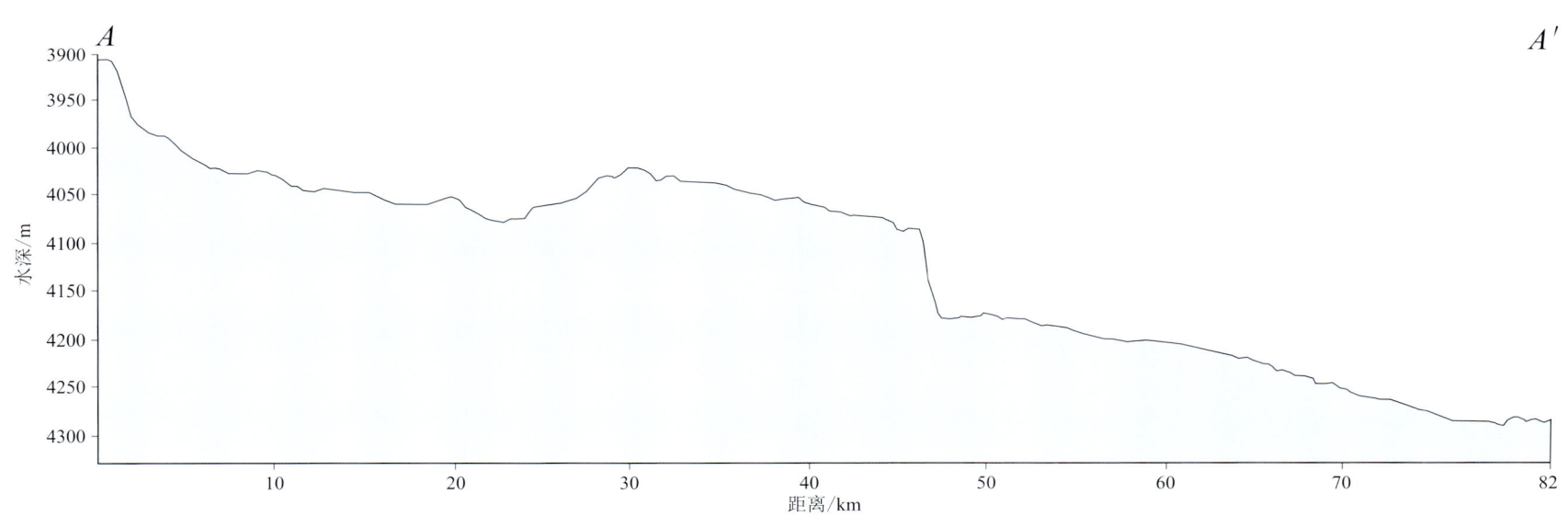

盆西南海岭东侧深海扇位于南海海盆西南部3200～4356m水深段，发育在盆西海底峡谷出口末端，西北靠盆西海岭、盆西海底峡谷和盆西南海岭，东南部临西南深海平原。深海扇平面形态呈长条形，呈北东－南西向展布，长约180km，最大宽度为85km，面积约为8846km²，整个地形自西北向东南缓慢倾斜下降。深海扇自西北部3580～4200m水深段，向东南部4200～4300m水深段缓慢倾斜下降，融入西南深海平原，平均高差为100m，平均坡度为0.18°，整体地形平缓。盆西南海岭东侧深海扇上发育长石海丘和玉佩西海丘。

典型地貌单元
Typical Feature of Geomorphology

深海平原
Abyssal Plain

南海海盆中央深海平原1
Abyssal plain 1 of central South China Sea Basin

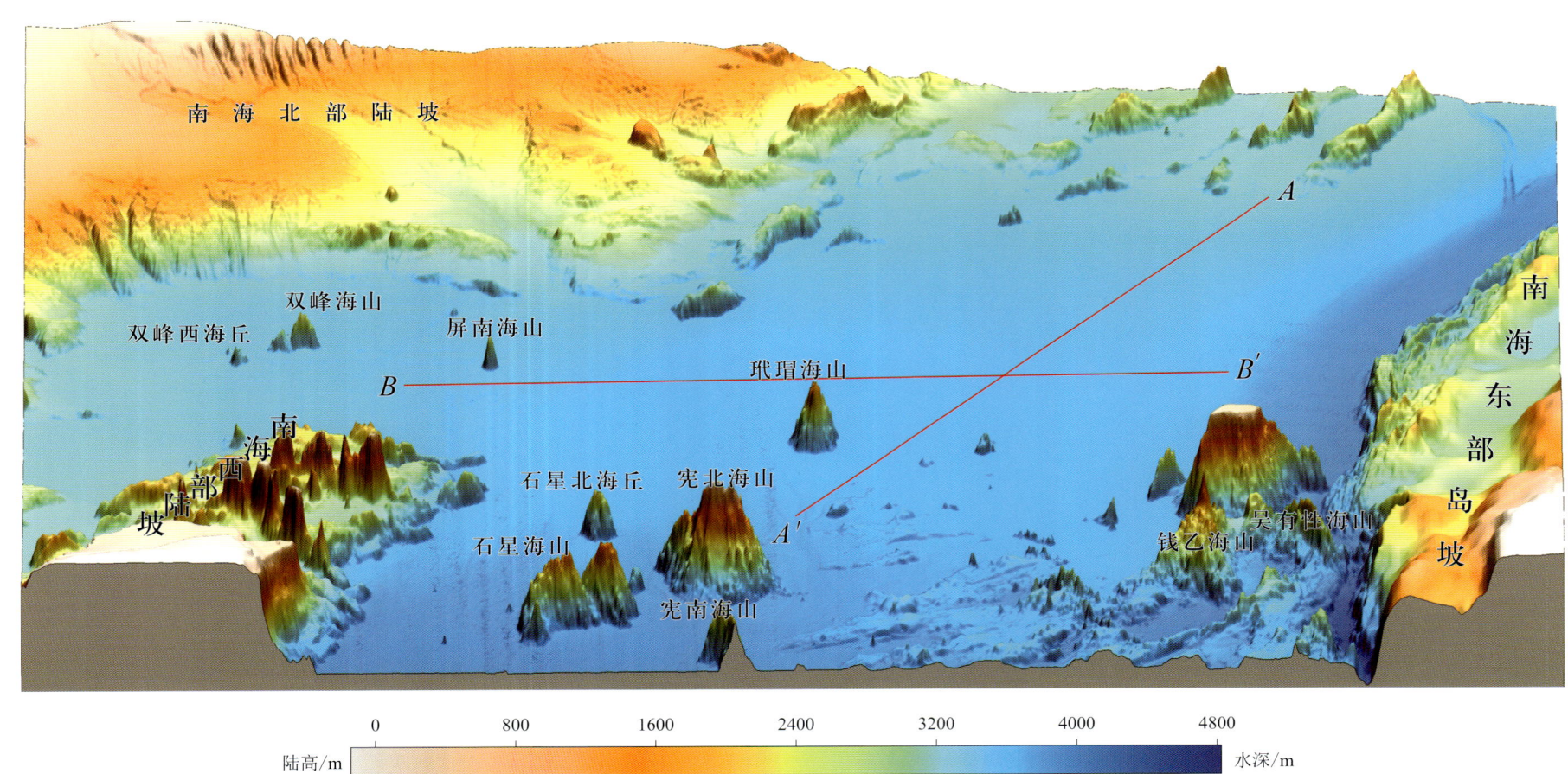

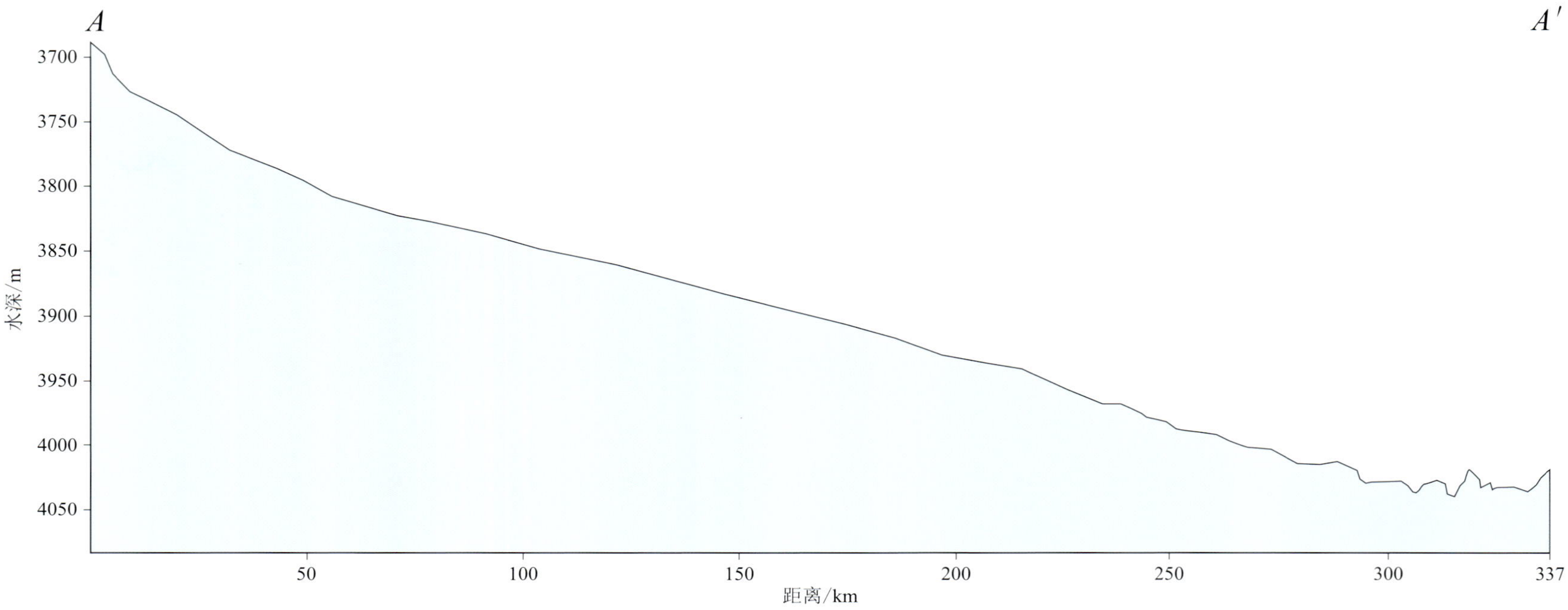

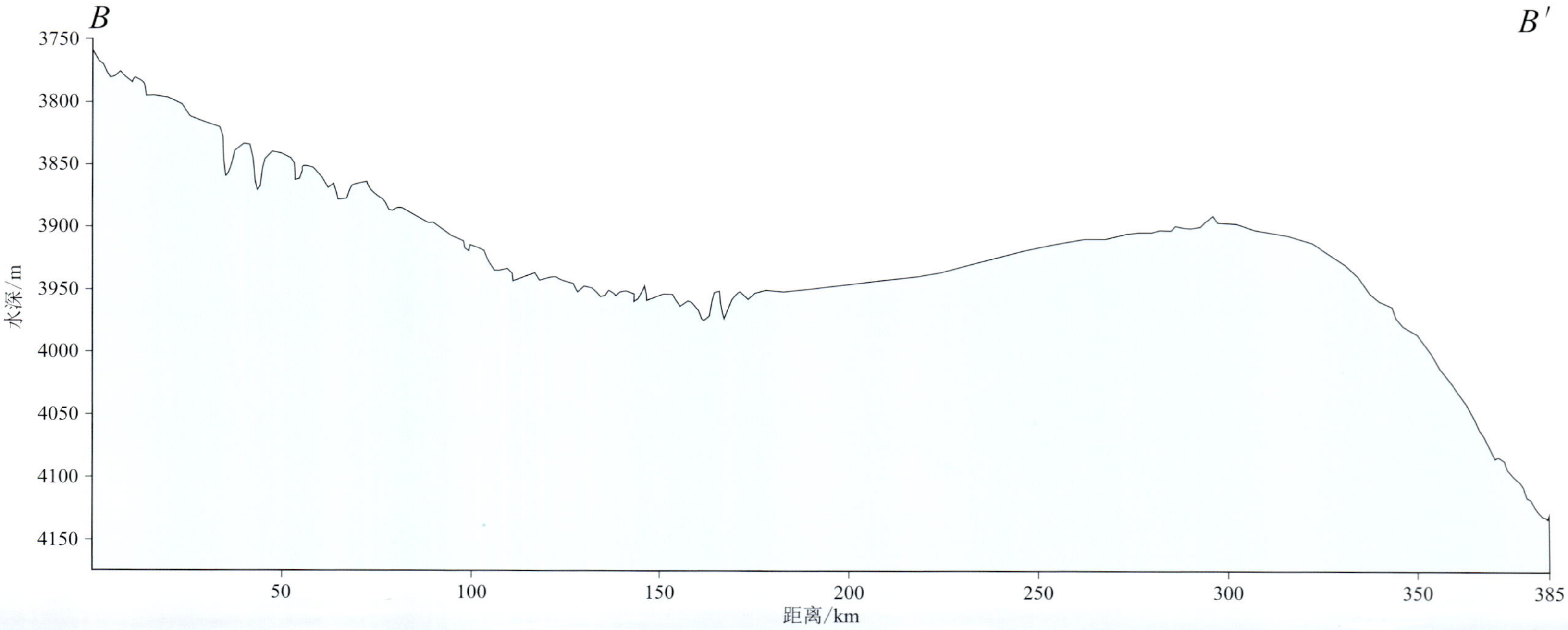

南海海盆中央深海平原2
Abyssal plain 2 of central South China Sea Basin

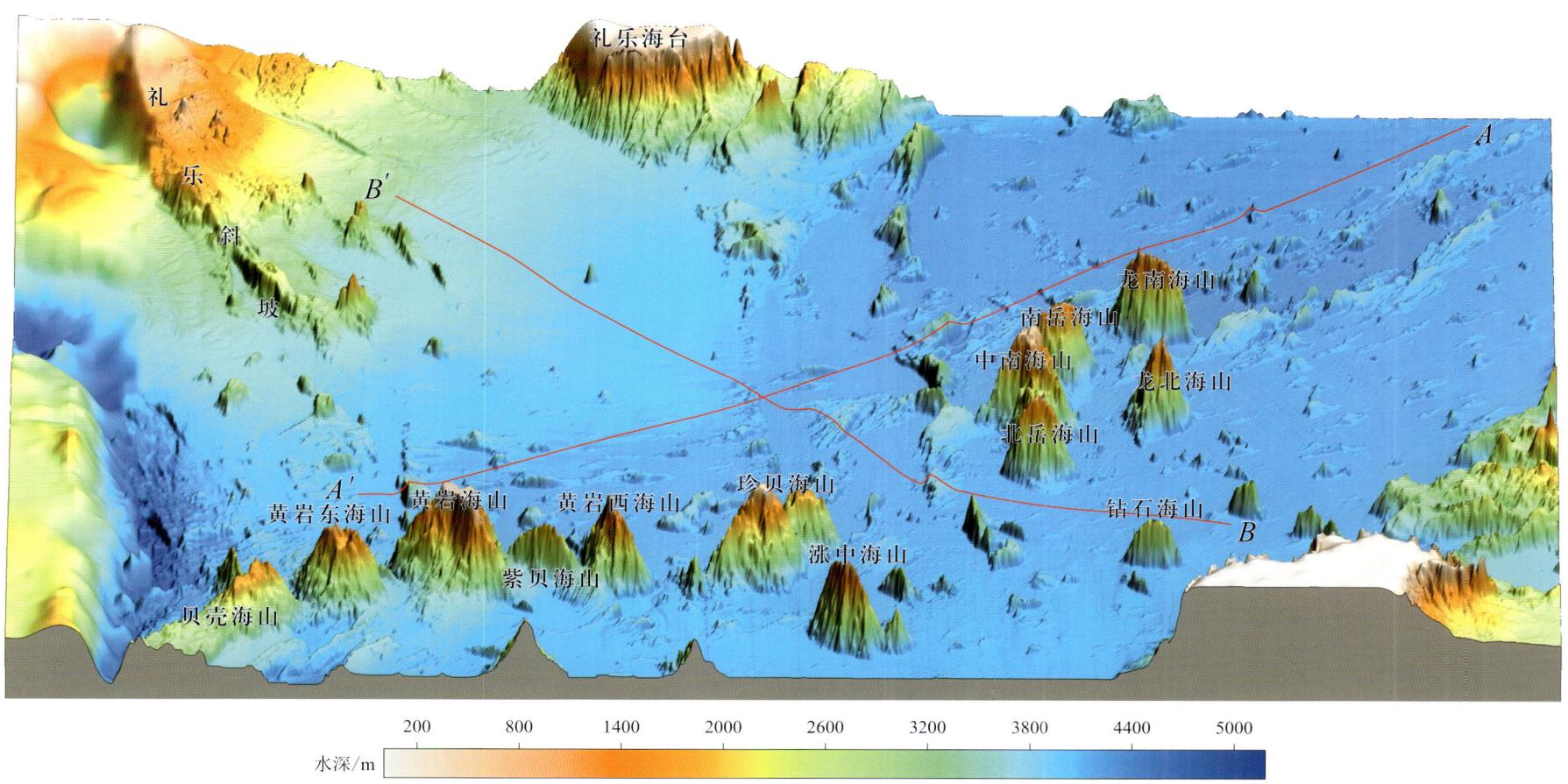

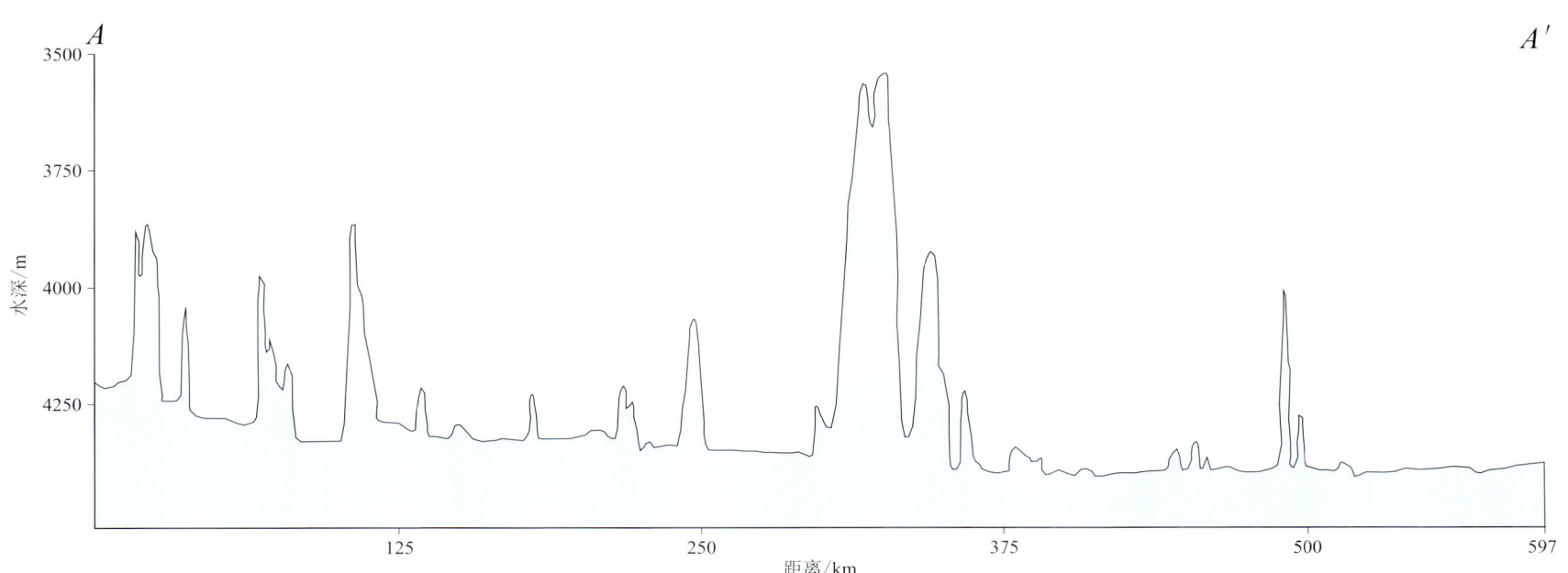

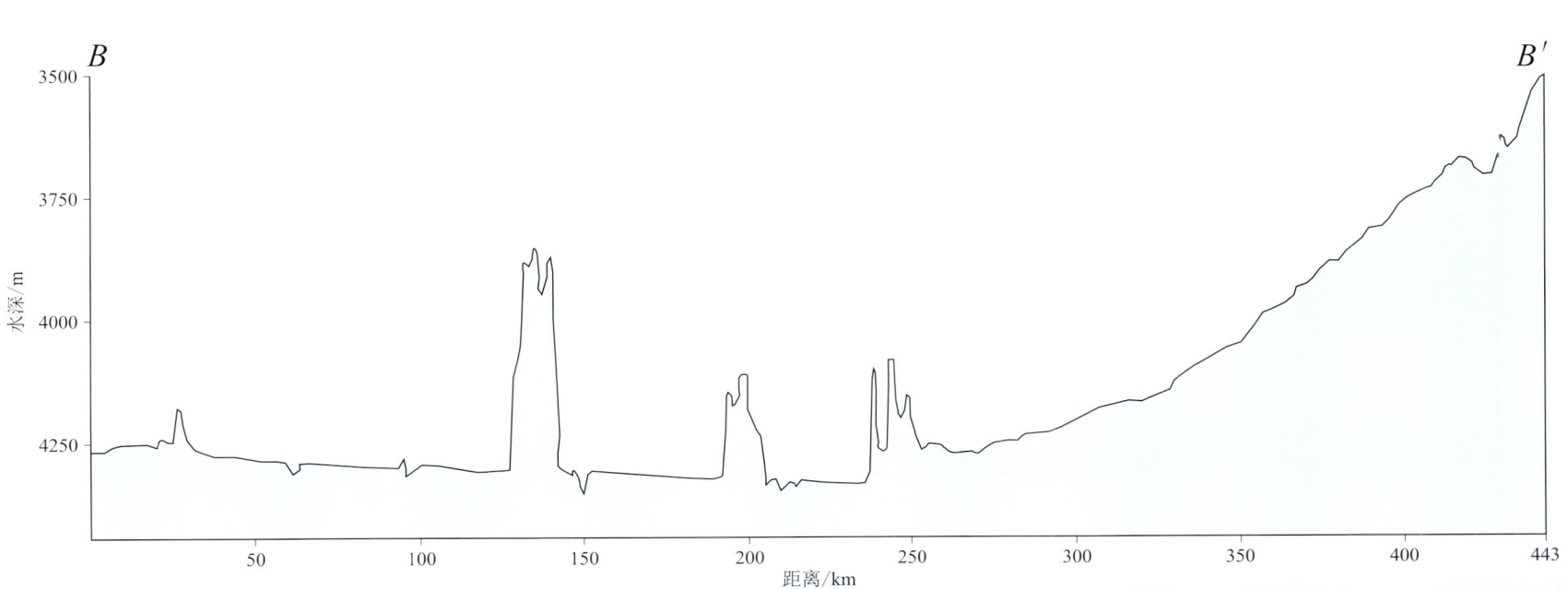

典型地貌单元
Typical Feature of Geomorphology

西菲律宾深海平原
West Philippines Abyssal Plain

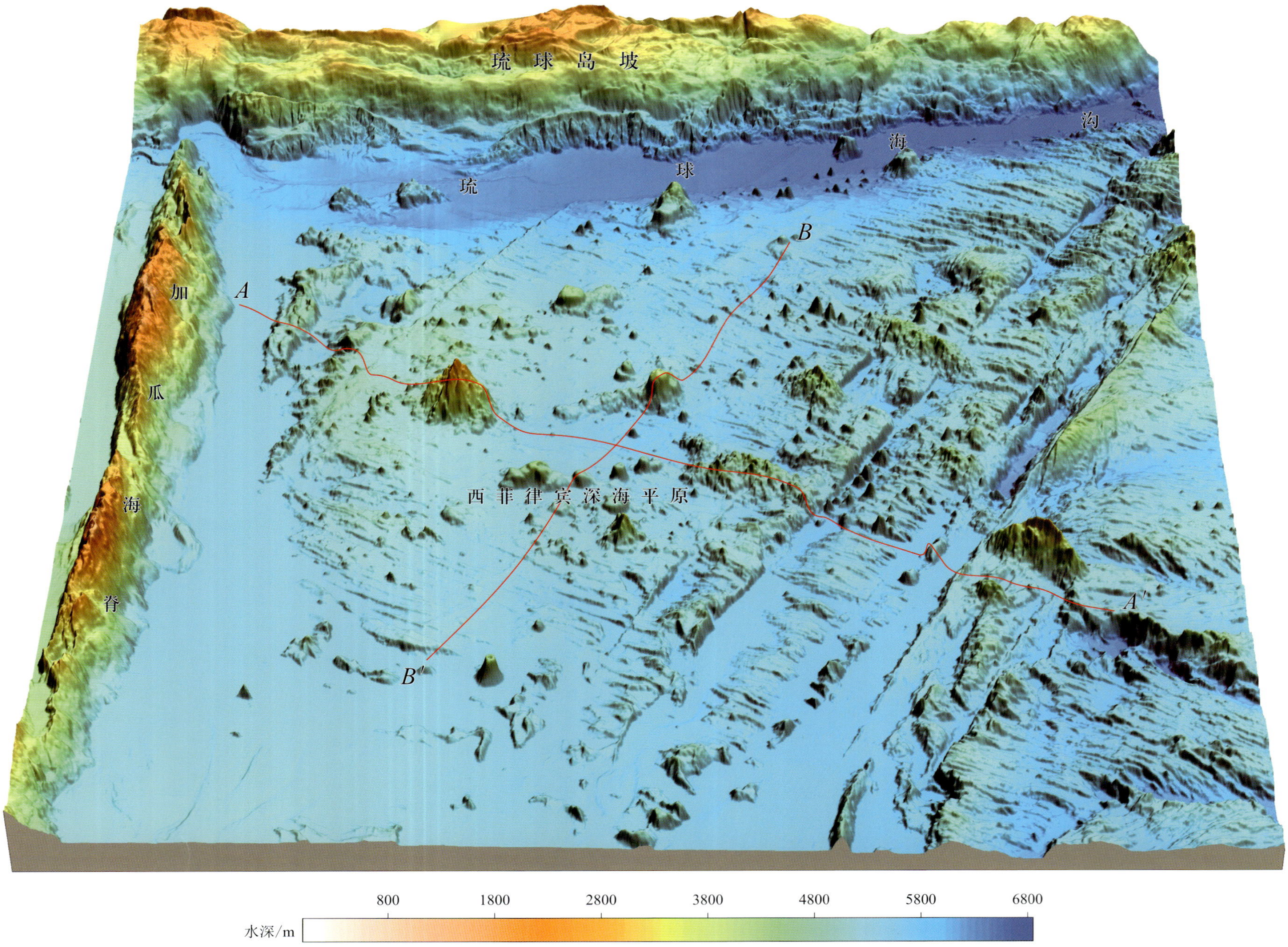

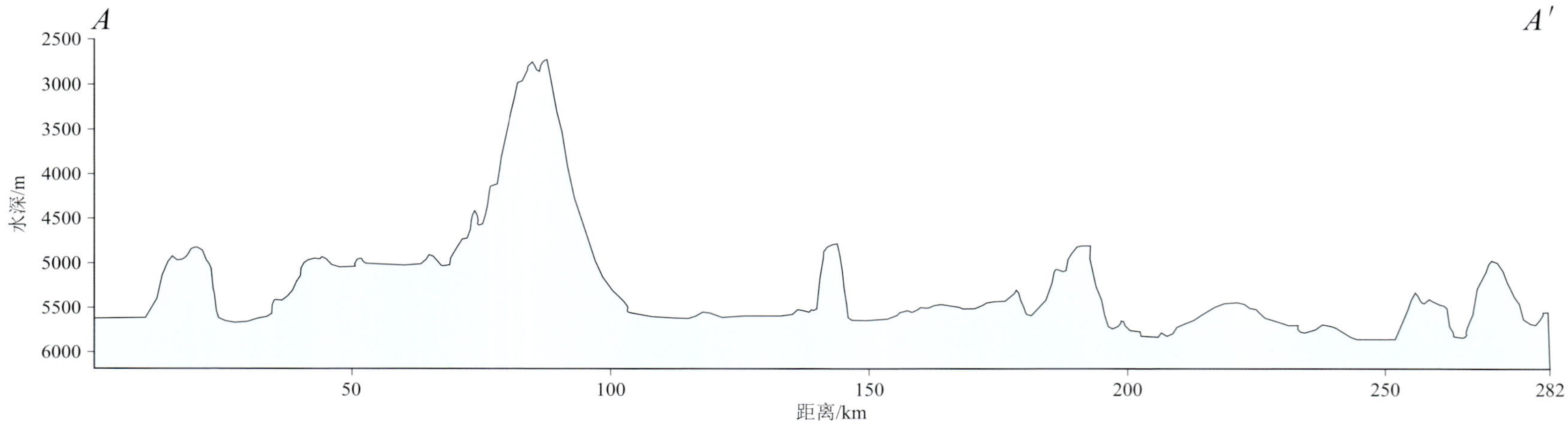

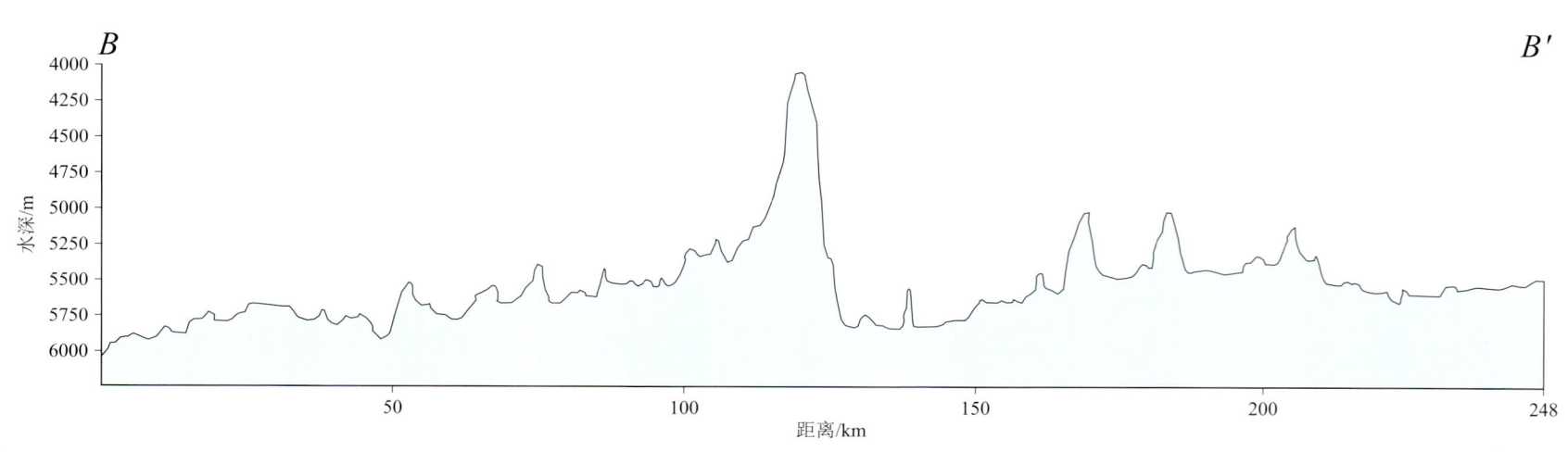

典型地形地貌剖面
Typical Topographic and Geomorphologic Profile

典型剖面
Typical Profile

剖面1—剖面3
Profile 1 to Profile 3

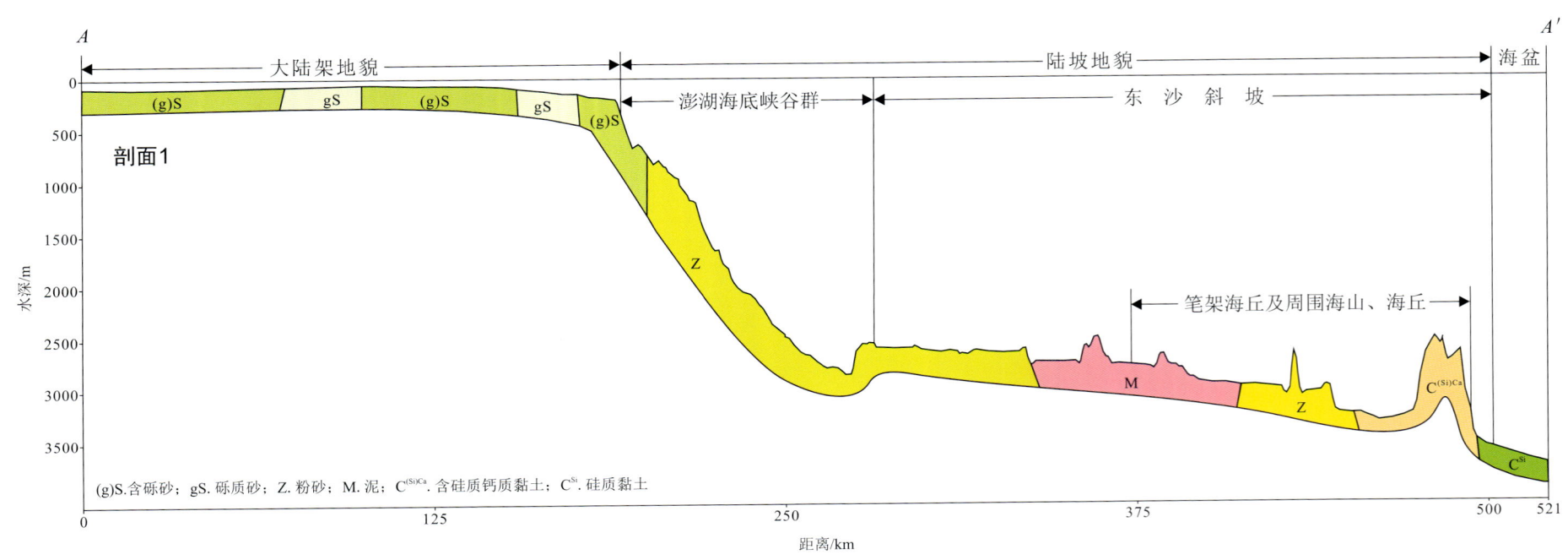

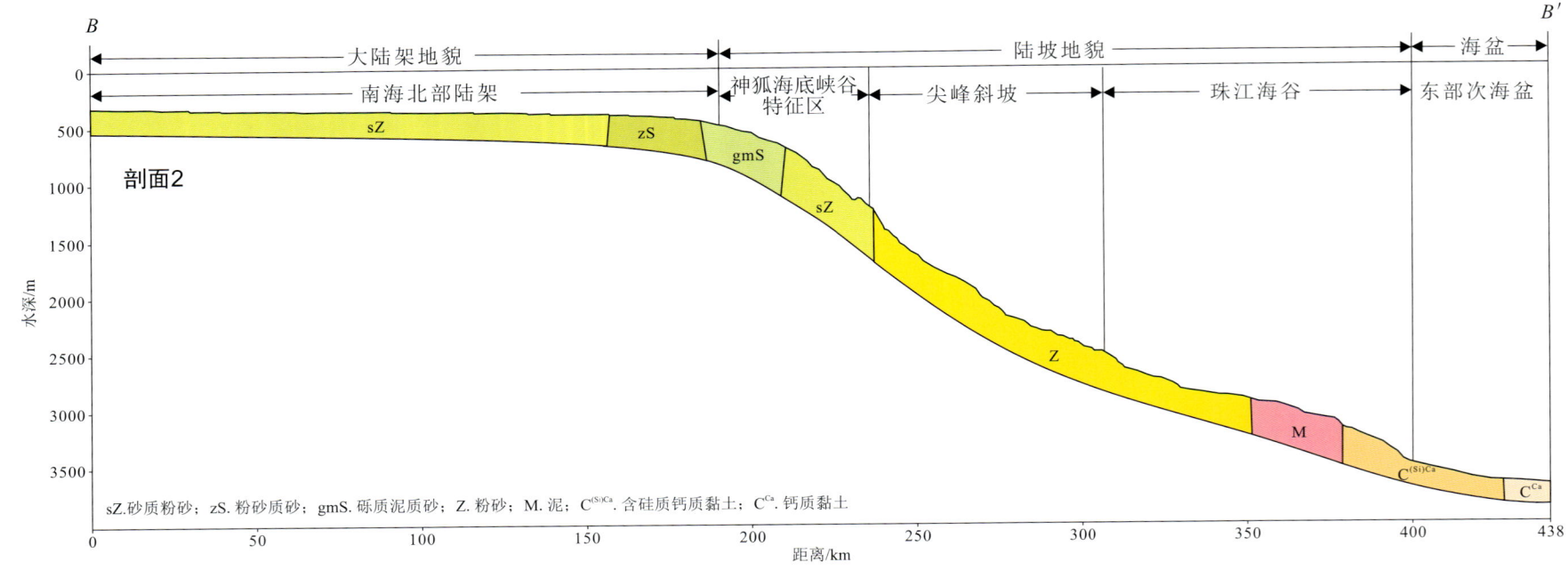

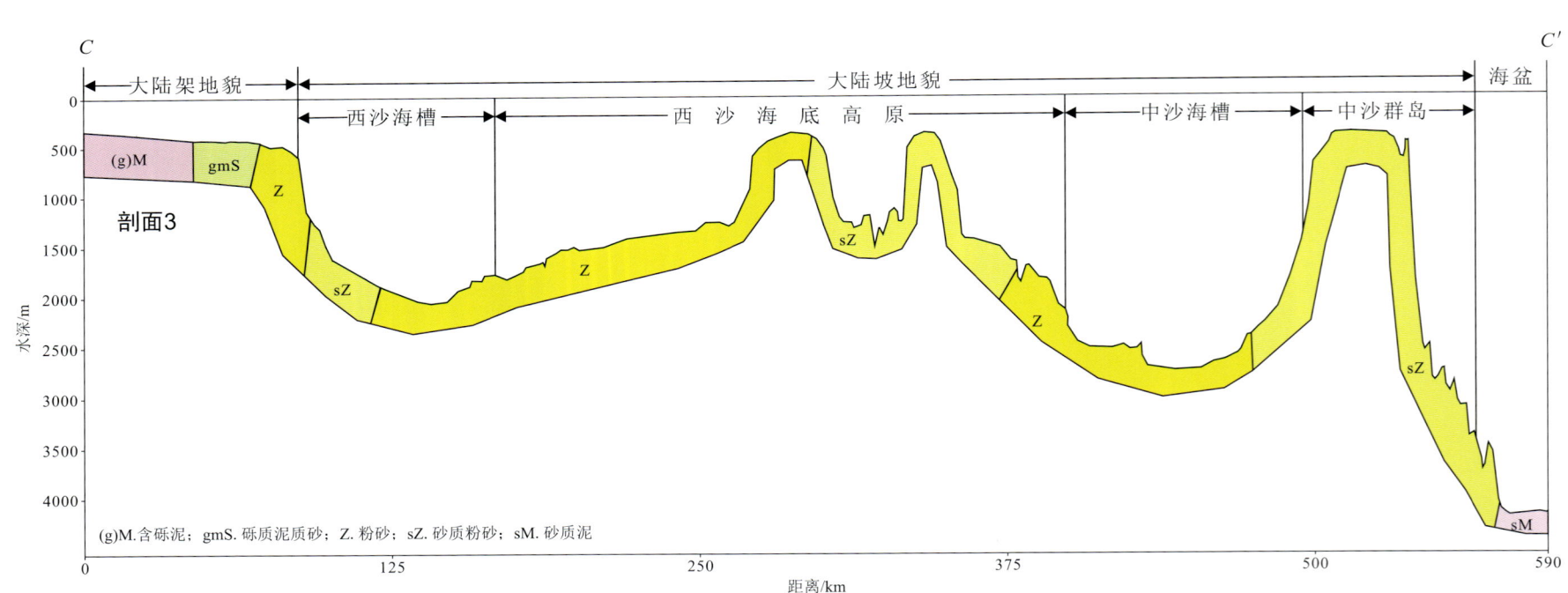

剖面4—剖面6
Profile 4 to Profile 6

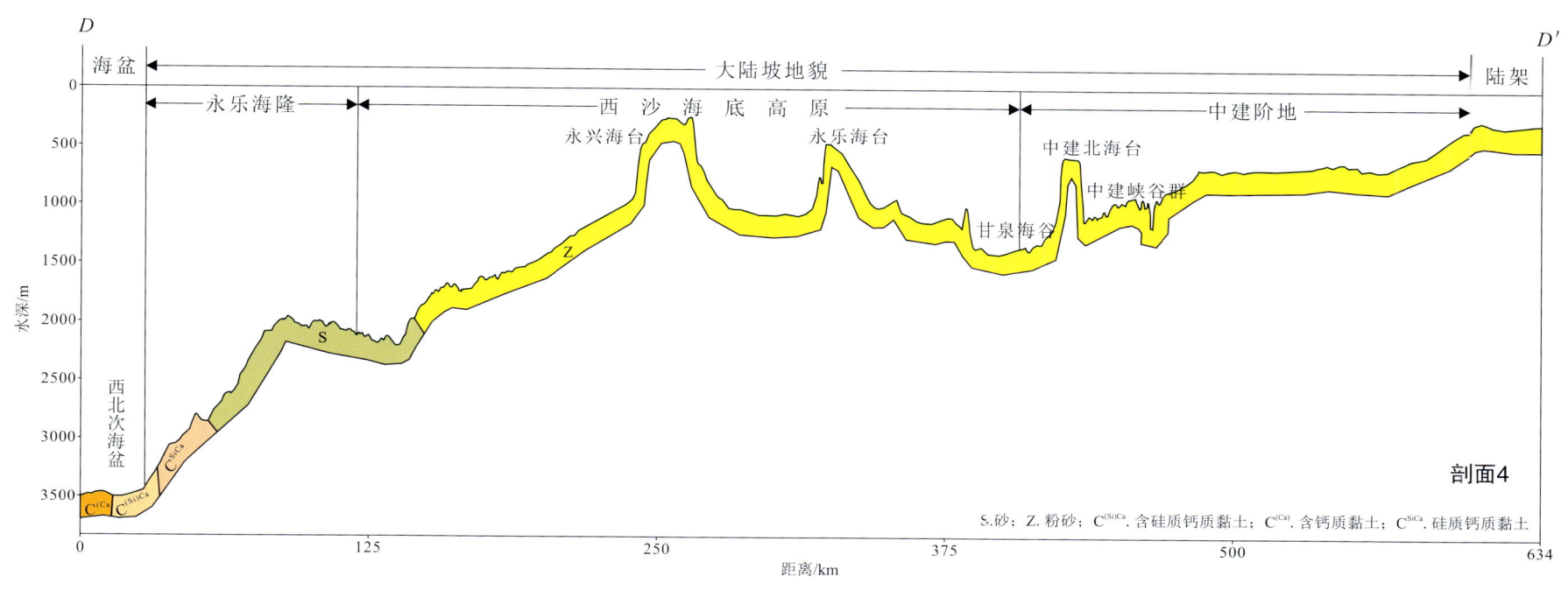

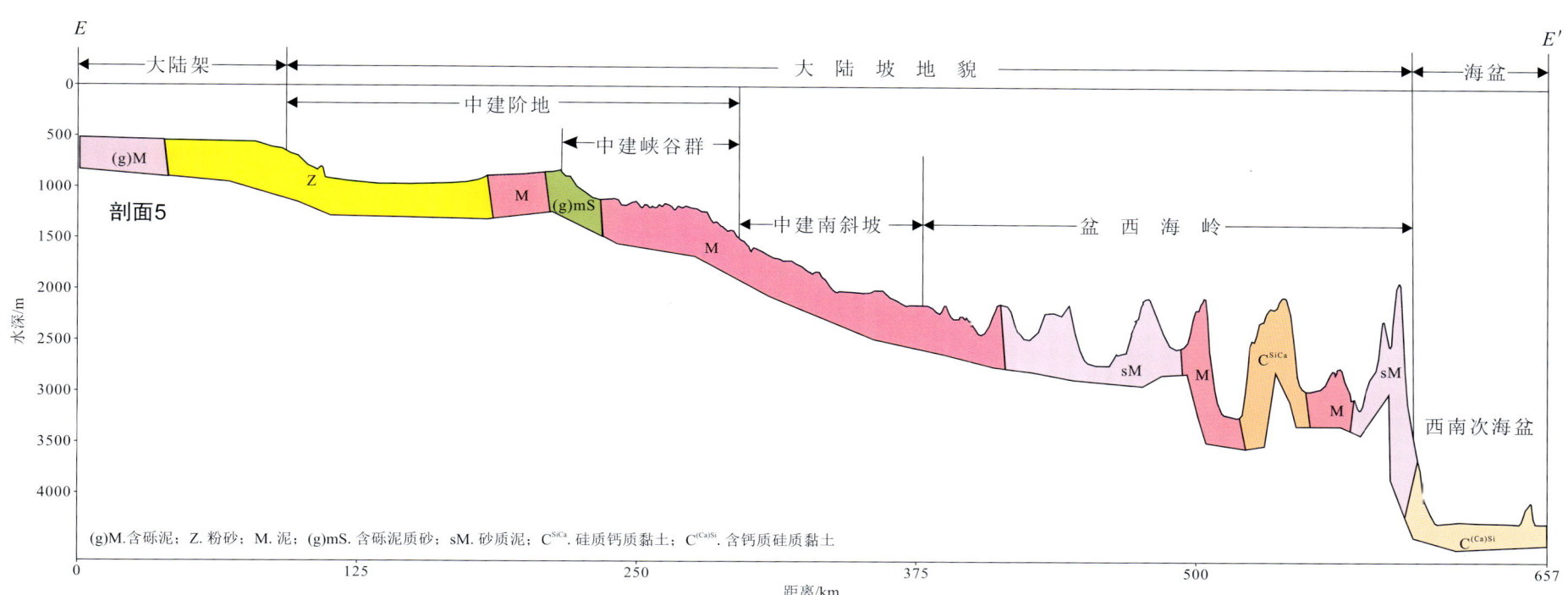

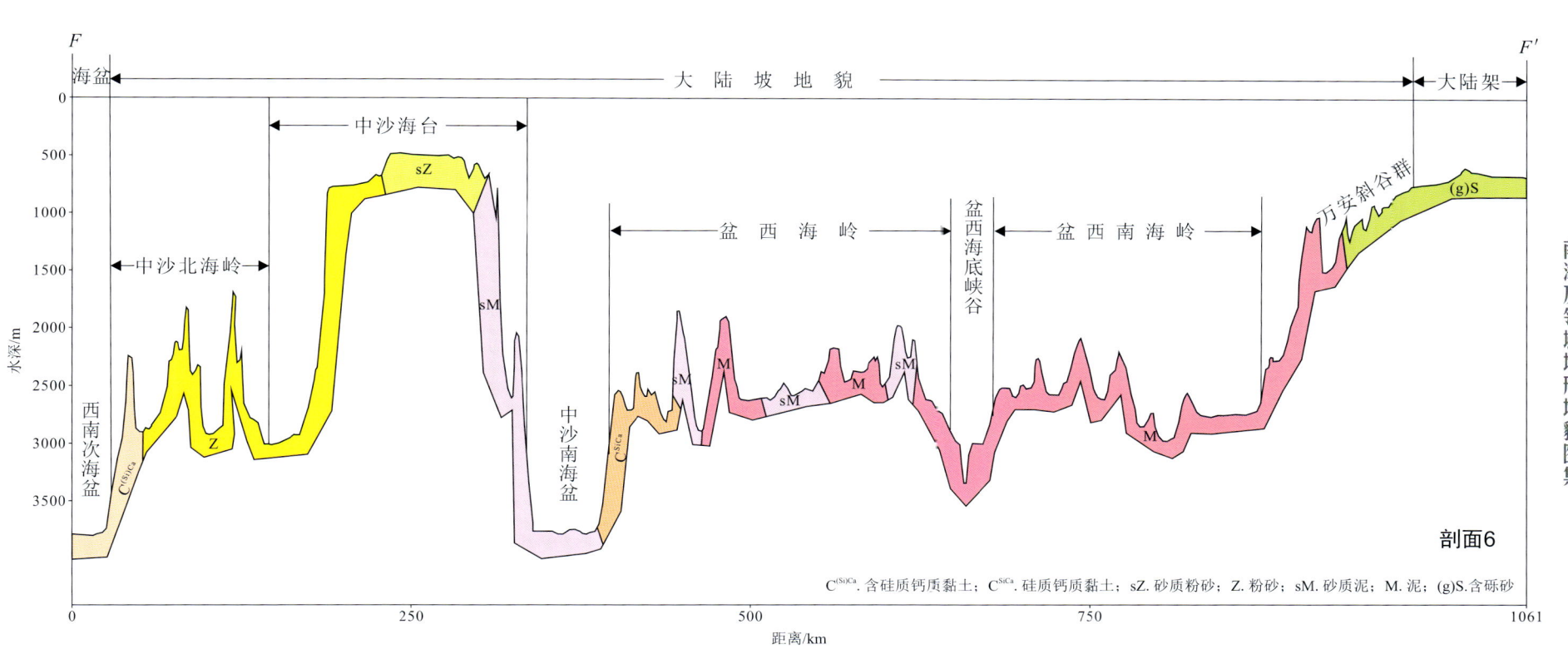

典型地形地貌剖面
Typical Topographic and Geomorphologic Profile

剖面7和剖面8
Profile 7 to Profile 8

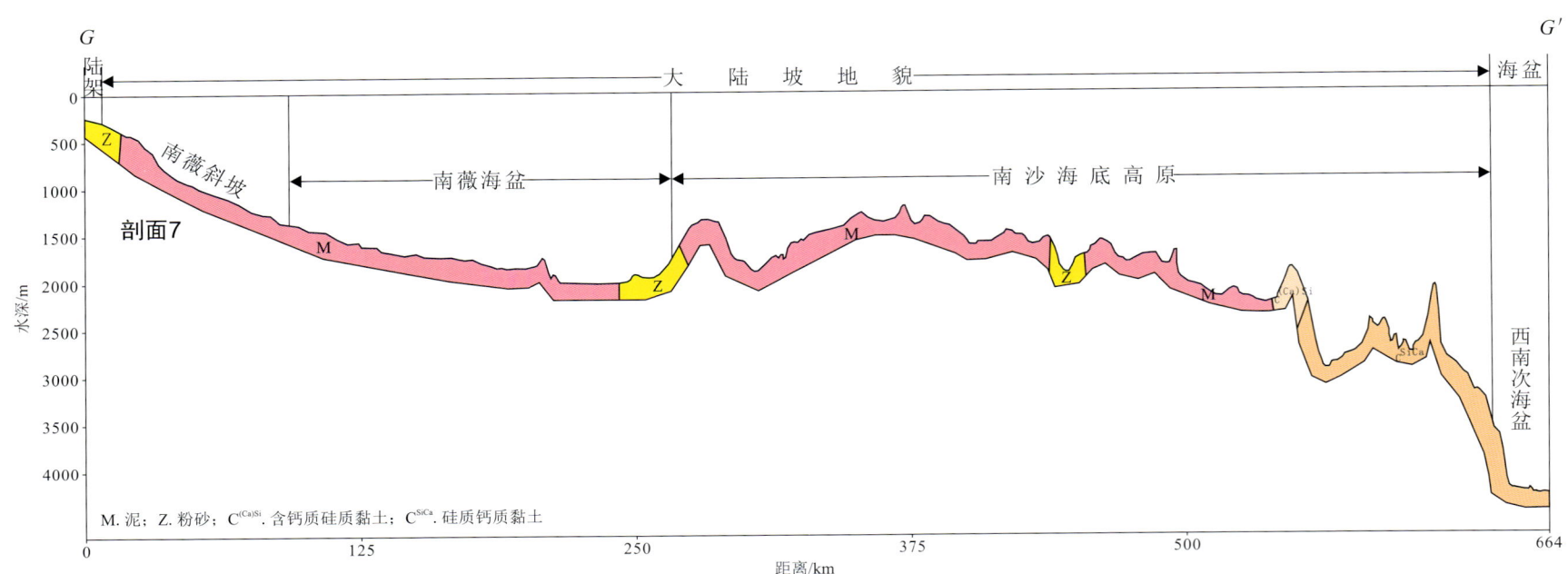

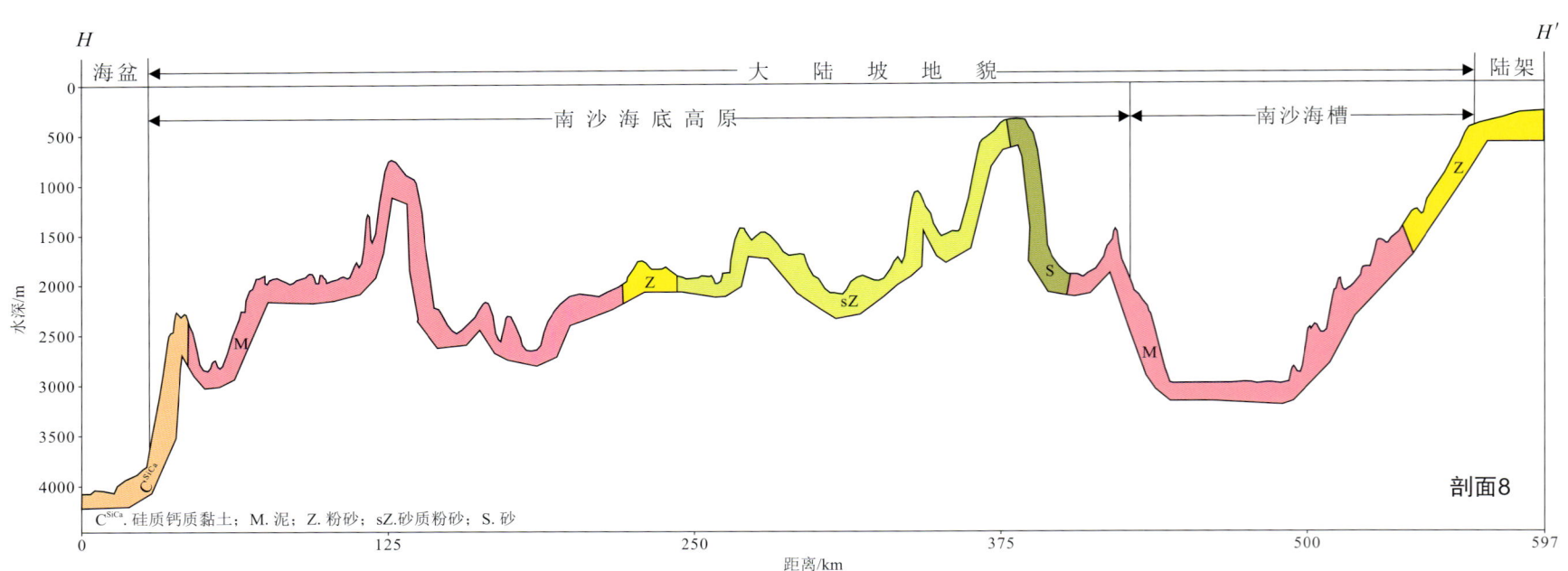

剖面9和剖面10
Profile 9 to Profile 10

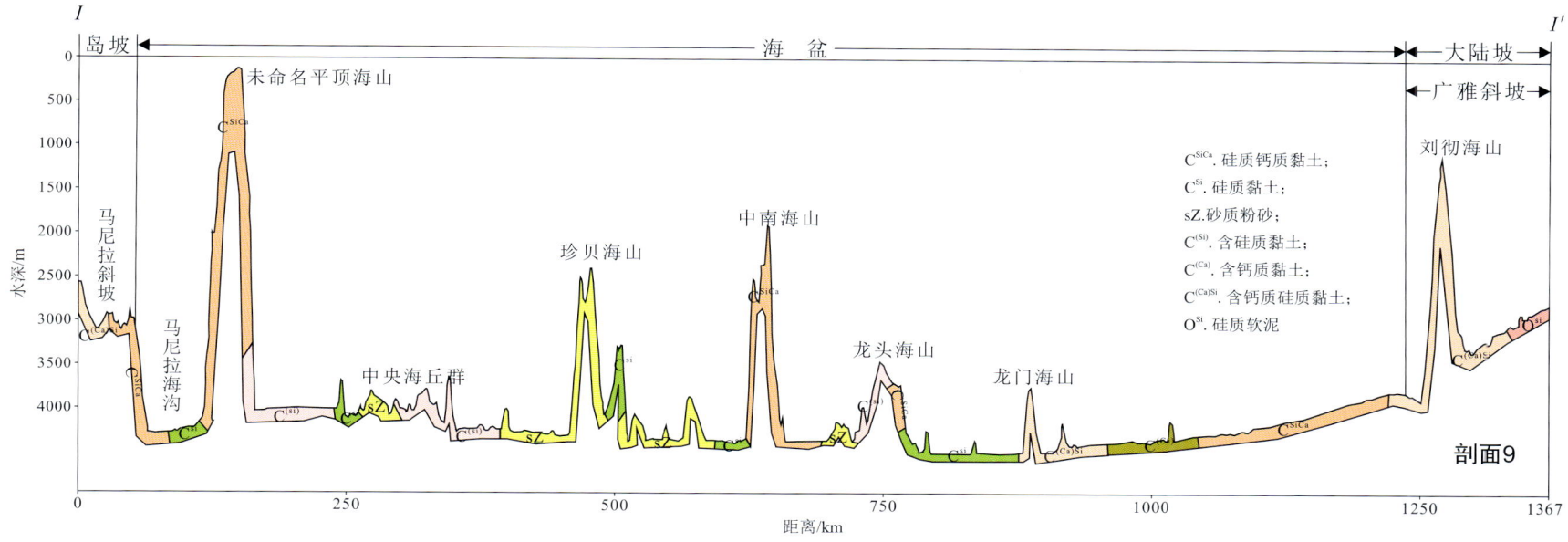

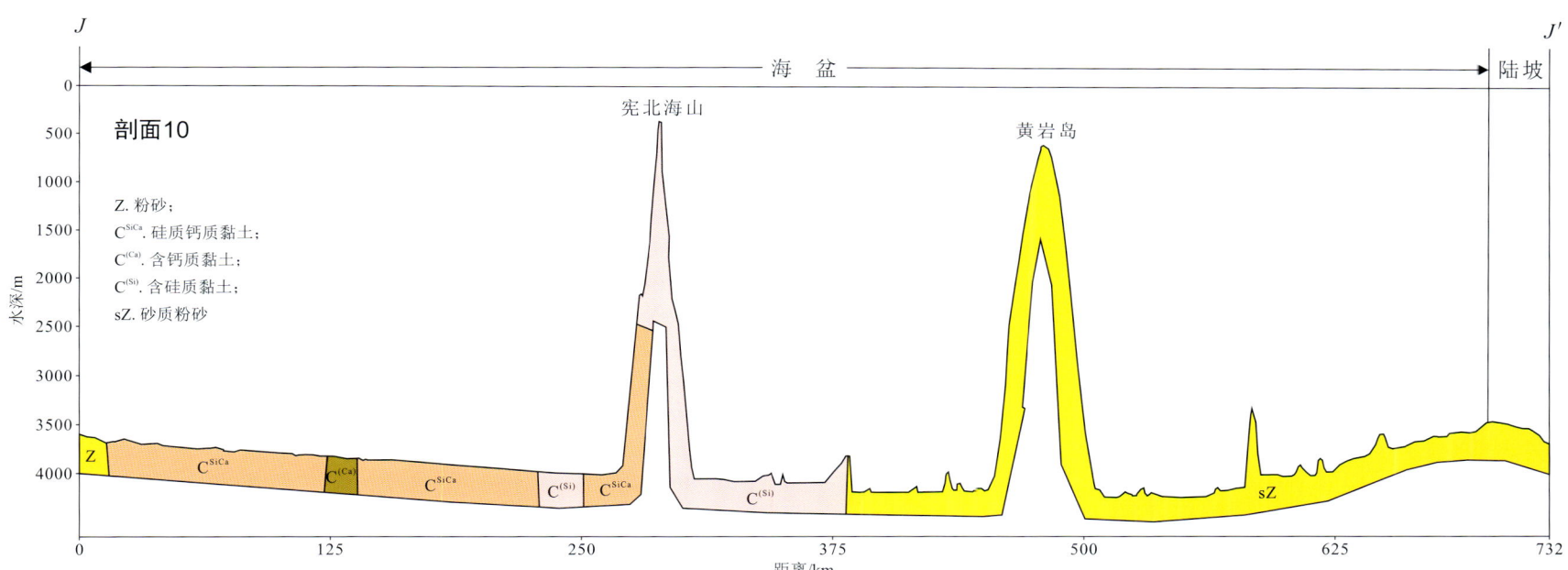